Technologietransfer transkulturell

Dresden Philosophy of Technology Studies
Dresdner Studien zur Philosophie der Technologie
Edited by/Herausgegeben von Bernhard Irrgang

Vol./Bd. 1

PETER LANG
Frankfurt am Main · Berlin · Bern · Bruxelles · New York · Oxford · Wien

Bernhard Irrgang

Technologietransfer transkulturell
Komparative Hermeneutik von Technik in Europa,
Indien und China

PETER LANG
Europäischer Verlag der Wissenschaften

Bibliografische Information Der Deutschen Bibliothek
Die Deutsche Bibliothek verzeichnet diese Publikation in der
Deutschen Nationalbibliografie; detaillierte bibliografische
Daten sind im Internet über <http://dnb.ddb.de> abrufbar.

Umschlagabbildung:
Kabelsalat in Alt Delhi

Foto: Bernhard Irrgang

ISSN 1861-423X
ISBN 3-631-54700-5
© Peter Lang GmbH
Europäischer Verlag der Wissenschaften
Frankfurt am Main 2006
Alle Rechte vorbehalten.

Das Werk einschließlich aller seiner Teile ist urheberrechtlich geschützt. Jede Verwertung außerhalb der engen Grenzen des Urheberrechtsgesetzes ist ohne Zustimmung des Verlages unzulässig und strafbar. Das gilt insbesondere für Vervielfältigungen, Übersetzungen, Mikroverfilmungen und die Einspeicherung und Verarbeitung in elektronischen Systemen.

www.peterlang.de

Vorwort

Technologietransfer kann zweierlei bedeuten: den Weg von einer Invention zu einer Innovation in einer Industriegesellschaft und die damit verbundenen Einbettungsprozesse, oder den Weg von einer Innovation in einem Industrieland zu einer Innovation in einem Schwellen- oder Entwicklungsland. Auch hier sind Einbettungs-, Anpassungs- und Akzeptanzprozesse erforderlich, die bislang nicht allzu häufig kulturalistisch-philosophisch untersucht wurden. Technik- bzw. Technologietransfer beruht in vielfacher Form auf technisch-ökonomischen Entwicklungspfaden, die häufig durch die europäische Kolonialisierung angelegt und durch die Industrialisierung und Globalisierung verschärft wurden. Einerseits ist die Moderne eine sich ständig entwickelnde, planetarische Wirklichkeit, also eine Wirklichkeit, die allen Gesellschaften auf dem gesamten Globus ihren Stempel aufdrückt. Andererseits gilt von den Ländern der Dritten Welt, dass sie diese Realität nicht selbst hervorgebracht haben, dass sich ihnen die Moderne vielmehr von außen aufdrängt, dass sie also den Charakter eines unausweichlichen Schicksals für sie annimmt. Sie abstrahiert gewöhnlich von fast allen Faktoren ihrer Einbettung. Daher wird technologische Entwicklung und Modernisierung unter Vernachlässigung ihrer kulturellen und gesellschaftlichen Begleitumstände über Kontinente hinweg verglichen und für höher- oder minderwertiger befunden. Dies unterstellt zum einen die Vorbildlichkeit, Normativität und Alternativenlosigkeit des westlichen Weges in die Moderne, sowie, dass Moderne ein erstrebenswertes Ziel sei und dass Kompensation zu gleichartigen Endzuständen führt.

Mit technischer Zivilisationshöhe kann man Trends des gesellschaftlichen Strukturwandels, Paradigmen des Gebrauchs technischer Mittel sowie kulturelle Muster und Verhaltensformen im Umgang mit Technik bezeichnen. Niveauunterschiede in den technischen Mitteln bestehen z.B. zwischen dem handwerklichen und dem industriellen Paradigma. Einbettungsunterschiede sind nicht selten zentral mit Ausbildungsfragen verbunden. Das größte methodische Problem ist die Vergleichbarkeit und ihre Paradigmen bzw. Parameter unterschiedlicher technikbezogener kultureller Niveaus, denn diese stehen im Rahmen der Fragen der Bewertung von Technologietransfer im Vordergrund. Voraussetzung für technologische Niveaus sind Innovationen, die ständig neue Entwicklungspfade in Aussicht stellen sowie ein langfristig überschaubarer und stabiler institutioneller Rahmen. Dies ist auch Voraussetzung für Technologietransfer. Dieser Rahmen ist durch das kulturelle System, insbesondere durch seine sozioökonomische Dimensionierung zu gewährleisten. Zu dieser Stabilität trägt auch die weltanschaulich-religiöse Dimension des kulturellen Systems bei. Religion ist in Südostasien viel mehr mit Lebensform, Lebensstil, Lebensart und Kultur verbunden. Asiatische Religionen vertragen sich untereinander, sind zumindest deutlich weniger missionarisch als Buchreligionen. Kulturelle und religiöse Tradition sind nahezu deckungsgleich, eine von Religion getrennte Philosophie sowie die Trennung in eine religiöse und eine profane bzw. säkulare Sphäre ist eher selten anzutreffen. Dabei geht die Naturfreundlichkeit der Religion häufig einher mit einer scheinbar unreflektierten Nutzung westlicher Technologie.

Indien und China sind Länder mit lang andauernder hochdifferenzierter technischer, handwerklicher und wissenschaftlicher Tradition. Beide sind im Hinblick insbesondere hinsichtlich Biotechnologie und Informationstechnologie in den Globalisierungssog gezogen worden und dürfen hier auf einigen Gebieten hoffen, Technologielücken schließen zu können. Beide Länder waren von westlichen Kolonialisierungsschüben in unterschiedlicher Intensität betroffen, so dass sich unterschiedliche Modernisierungskonzepte herausbilden konnten. Dennoch gibt es auch Gemeinsamkeiten. Eine der westlichen Welt vergleichbare Form der Säkularisierung findet in den Technologiezentren und in den großen Städten, die als Modernisierungsinseln gelten dürfen, statt, führt aber nicht selten zu Entfremdungstendenzen von der eigenen Kultur. Jahrtausendelang wurden in Südostasien technische Innovationen wie Technologietransfer durch kulturelle Einbettung verarbeitet, nicht durch Modernisierung. Heteronomer oder nachholender Kulturtransfer stößt auf kulturell motivierten Widerstand bzw. Nichtbeachtung. Beim Technologietransfer ist der Sachverhalt etwas anders. Er wird nicht mit Kulturtransfer identifiziert und führt auch nicht automatisch zu Modernisierung auf breiter Front, sondern zu – vermutlich langsamer, als es das Modernisierungsparadigma fordert – einer Form von Entwicklung mit einer Geschwindigkeit kultureller Anpassung, die mithilfe des Einbettungsparadigmas bewältigt werden kann. Die Aufgabe besteht also darin, Formen von Modernisierung zu generieren, die sich ihrer kulturellen Einbettung bzw. ihrer Tradition bewusst bleiben.

Interessante Anregungen erhielt ich durch die Mitglieder des VDI-Arbeitskreises „Technik und Interkulturalität", für das Korrekturlesen danke ich Herrn Gerd Grübler, für diverse Zuarbeiten Frau Katrin Feldhus, Sybille Winter und meiner Sekretärin Frau Evelin Hofmann, für Diskussionen über Technik in Indien Herrn Tripathi und Herrn Kollegen Subramanian vom Indian Institute of Technology in Madras.

Bansin, August 2005   Bernhard Irrgang

Inhaltsverzeichnis

Vorwort 5

0. Technische Entwicklung, Technikhöhe und Modernisierung 9

1. Technologietransfer und Kulturtransfer 43

2. Technologietransfer in Handel, Kolonialisierung und Globalisierung 67

3. Wissenschaft und Technik in Europa –technologischer Wandel und komparative Technikhermeneutik 95

4. Wissenschaft und Technik in China und Indien: Einbettung statt Modernisierung 113

5. Technik, Natur und Religion: Dominanz der Tradition in China und Indien 147

6. Neue Technologien und die Schließung der technologischen Lücke: Ansatzpunkte in Südostasien 171

7. Schluss: Nachhaltigkeit und neue technologische Modernisierungskonzepte 201

Literatur 239

0. Technische Entwicklung, Technikhöhe und Modernisierung

Der Einbruch der technischen Zivilisation in die gewachsenen Kulturen scheint nicht mehr zu stoppen zu sein. Es sieht so aus, als ob die neue Lebensordnung, die durch die technische Revolution begründet wird, die überlieferten Lebensordnungen mitsamt ihrem geistigen Gehalt eliminieren müsste, um auf dem derart eingeebneten Boden ihre nicht mehr geschichtlich gewachsenen, sondern geplanten und deshalb der Überlieferung gegenüber autonomen Bau errichten zu können. Wir stehen, so hat es den Anschein, an der Schwelle einer neuen, nur noch von Wissenschaft und Technik regierten, einer durchgängig rationalisierten und deshalb geschichtslosen Welt (Picht 1959, 3f). Die schon von Platon aufgezeigte Interdependenz sämtlicher Bereiche der Kultur ist unvereinbar mit dem erwähnten Schema, das Technik und Überlieferung als zwei getrennte Lebenssphären zueinander in Antithese stellt. In der Antike und im Mittelalter fand der aus der Bedürftigkeit entspringende menschliche Drang zur Expansion noch ein Maß und eine Begrenzung in der Religion. Der Überschuss der Produktivität gewann Gestalt im Bau von Pyramiden, Tempeln, Kirchen. Heute ist die Bedürftigkeit der einzige menschliche Bestand, mit dem die Einrichtungen unseres öffentlichen Lebens, unsere Industrie, unser Gesellschaft und unsere Politik noch rechnen. Die Technik ist heute nicht mehr nur dafür da, die Lebensbedürfnisse zu befriedigen, sondern es müssen umgekehrt Bedürfnisse künstlich hervorgerufen werden, damit Industrie und Technik nicht stagnieren und eine Gesellschaftsordnung erhalten bleibt, die auf die ständige Steigerung des Lebensstandards angewiesen ist (Picht 1959, 9f).

Es ist die magische Schranke des Glaubens an die Göttlichkeit der Natur, welche die Menschen wohl jahrtausendelang gehindert hat, die Natur ihrer schrankenlosen Verfügungsgewalt zu unterwerfen. Der erste große Durchbruch durch diese magische Schranke geschah im 5. Jh. v. Chr. in Griechenland durch die neue Lehre vom Menschen des großen Sophisten Protagoras. Dabei wurde immer deutlicher das unheimliche Wesen des Menschen und seiner alles bezwingenden Techné und die Frage nach dem, was diesem Menschen die Grenze setzt (Picht 1959, 11f). Mit der Neuzeit entstand ein völlig neues Gefüge der Herrschaft des Menschen über oder gegen die Natur, wie das bereits extensiv Descartes gemacht hat. Neuzeitliche Wissenschaft und neuzeitliche Technik bilden eine Einheit. Die Lehre von der Herrschaft des Menschen über die Erde ist für Picht also verankert in der anderen Lehre, dass der Mensch ein Bild Gottes ist, das gottgleich sei. Und umgekehrt findet die Lehre von der Ebenbildlichkeit durch die Lehre von der Herrschaft des Menschen ihre Erläuterung (Picht 1959, 14-16). Der Wissenschaftler, der das Experiment einrichtet und durchführt, ist an feste Regeln gebunden. Ein Experiment hat nur dann Gültigkeit, wenn man es wiederholen kann. Der Wissenschaftler kann also nicht willkürlich handeln, sondern muss sich an definierte Regeln halten, die sich in der Form einer Gebrauchsanweisung niederlegen lassen und von jedem anderen Wissenschaftler wiederholt werden können. Auch dieses konstitutive Merkmal des Experimentes wiederholt sich im Zusammenhang der Technik. Die exakte Wissenschaft der Neuzeit ist ebenso wie die Technik der Versuch, mit den Methoden der angewandten Logik die Welt, in der wir leben, und uns selbst in den Horizont der Objektivität zu zwingen (Picht 1959, 19f).

Gemäß David Landes war das Kernstück der industriellen Revolution eine ineinander verzahnte Folge technologischer Umwandlungen. Die materiellen Fortschritte fanden auf drei Gebieten statt:
(1) traten mechanische Anlagen an die Stelle menschlicher Fertigkeiten;
(2) ersetzte die unbeseelte Kraft – insbesondere der Dampf – die menschliche und tierische Kraft; und
(3) wurden, speziell im Bereich der metallurgischen und chemischen Industrie, die Verfahren der Erzeugung und der Verarbeitung der Rohstoffe wesentlich verbessert.
Die Disziplin in den Fabriken war anders geartet als bei der Arbeit früher. Sie erforderte und erzeugte eine neue Generation von Arbeitern, die sich den unerbittlichen Forderungen der Uhr beugen mussten. Sie barg den Keim weiteren technologischen Fortschritt in sich, denn die Arbeitskontrolle implizierte die Möglichkeit der Arbeitsrationalisierung. In der ganzen Mannigfaltigkeit des technologischen Fortschritts wird eine einheitliche Entwicklung sichtbar: der Wandel erzeugt den Wandel. Einmal waren viele technische Verbesserungen erst nach Fortschritten auf benachbarten Gebieten möglich. Die Dampfmaschine ist ein klassisches Beispiel dieser technologischen Interdependenz. Eine funktionsfähige Kondensationsmaschine konnte erst gebaut werden, nachdem verbesserte Methoden der Metallverarbeitung die Konstruktion geeigneter Zylinder ermöglicht hatten. Zum anderen übte die Erhöhung der Produktivität und der Produktion durch eine bestimmte Erfindung einen Druck auf verwandte Industrietätigkeiten aus. Die Nachfrage nach Kohle führte dazu, dass die Gruben immer tiefer führten, bis das Sickerwasser eine ernste Gefahr darstellte; die Antwort war die Konstruktion einer wirksameren Pumpe, betrieben mittels der pneumatischen Dampfmaschine (Landes 1973, 15-17).

In diesem Sinne stellt die industrielle Revolution einen bedeutsamen Wendepunkt in der Geschichte der Menschheit dar. Bis dahin waren die Fortschritte in Handel und Industrie, so befriedigend und eindrucksvoll sie auch gewesen sein mögen, im wesentlichen oberflächlicher Art. Sie hatten lediglich höheren Wohlstand, mehr Waren, blühende Städte und schwerreiche Kaufleute hervorgebracht. Erst die industrielle Revolution initiierte einen kumulativen und sich selbst tragenden technischen Fortschritt, dessen Auswirkungen in allen Bereichen des Wirtschaftslebens spürbar wurden. Der am Ende des 19. Jh. in den damals modernen Industriezweigen abklingende Impuls wurde durch das Entstehen neuer Industrien mehr als kompensiert. Letztere basierten auf spektakulären Fortschritten auf den Gebieten der Chemie und Elektrotechnik und einer neuen mobilen Kraftquelle – dem Verbrennungsmotor. Diese Gruppe von Erfindungen hat man häufig als die zweite industrielle Revolution bezeichnet (Landes 1973, 17f).

Dies ist allerdings keine Gewähr dafür, dass Menschen, die diese Ideen in Wirklichkeit umsetzen sollen, dies auch in intelligenter Weise tun. Intelligent bedeutet hier nicht nur effiziente Ausnutzung der Produktionsmöglichkeit, sondern in einem weiteren Sinn die erfolgreiche Anpassung an das materielle und menschliche Milieu, um so Verschwendung, Luft- und Wasserverschmutzung, soziale Fiktionen und andere äußere Kosten auf einen möglichst niedrigen Stand herabzudrücken. Die Industrialisierung bildet das Kernstück eines größeren und komplexeren Prozesses, den man häufig als Modernisierung bezeichnet. Es geht um die Erzeugung materiellen und kulturellen Reichtums. Der einzige geradezu unentbehrliche Bestandteil der Modernisierung ist die technologische Reife und die mit ihr verbundene Industrialisierung. Jeder Wandel hat etwas Dämonisches. Er schafft Neues, vernichtet aber auch Bestehendes (Landes 1973, 18-21).

Insgesamt schuf die industrielle Revolution eine Gesellschaft größeren Reichtums und stärkerer Komplexität. Die ungleichmäßige Entwicklung hatte ernste soziale Folgen. Mit der Ausbreitung neuer Techniken entstanden auch neue Mächte. Im 20. Jh. erleben wir, dass die tausendjährige Prädominanz Europas vor der beispiellosen Macht der Vereinigten Staaten und Sowjetrussland dahinschwindet. Gleichzeitig haben die technologische Lücke und das ökonomische Interesse ein spektakuläre Expansion der westlichen Macht in die vorindustriellen Gebiete der Welt hervorgerufen. Hier vollendete die industrielle Revolution den Prozess, der mit den Reisen und überseeischen Eroberungen des 15. und 16. Jh. begonnen hatte. Mit der starken Betonung der rationalen Umweltgestaltung gelangen wir zu der zweiten hervorstechenden Besonderheit Europas. Die Rationalität lässt sich als die Anpassung der Mittel an die Ziele definieren. Der Geist der Rationalität fand seine Ergänzung in der sogenannten faustischen Ethik, dem Verlangen, Natur und Dinge zu beherrschen. Diese Herrschaft hatte zur Folge, dass die Mittel dem Zweck angepasst wurden; und die Beachtung von Mitteln und Zwecken bildete die Vorbedingung für die Herrschaft. Es handelt sich hier um ein altes Thema der westlichen Kultur, das bis zu den Mythen von Dädalus und Prometheus und sogar zu den biblischen Geschichten des Turmbaues von Babel und von Eva, der Schlange und dem Baum der Erkenntnis zurückreicht (Wissen ist Macht). Man könnte sogar sagen, dass die Kirche selbst durch die Heiligung der Arbeit und ihre Gegnerschaft zum Geisterkult ungewollt diese Häresie der Neuzeit gefördert hat. Das Verlangen, Natur und Dinge zu beherrschen, verstärkt sich im Laufe der Zeit. Es lebte vom Erfolg, den jede Errungenschaft rechtfertigte, dem menschlichen Ehrgeiz (Landes 1973, 34-37).

Die Bereitwilligkeit, von anderen, auch von den übrigen europäischen Staaten, zu lernen – die Industriespionage ist eine Erscheinung, die die ganze Geschichte des modernen Europas durchzieht –, ist der Beweis dafür, dass es bereits damals eine aufblühende einheimische Technologie gab; gute Erneuerer gaben auch gute Nachahmer ab. Sie war auch ein großer Vorteil für die entstehende kapitalistische Ökonomie, zumal andere Gesellschaften in dieser Hinsicht weniger unternehmungsfreudig waren. Die Chinesen z. B. hatten sich angewöhnt, die übrige Welt als ein barbarisches Ödland zu betrachten, das nur Tribute anzubieten hatte; und selbst die klare Führungsrolle der westlichen Technologie in der Neuzeit vermochte nicht, sie von dieser lähmenden Selbstgefälligkeit abzubringen. Im Gegenteil bestärkten ihre Berührungen mit den Europäern im 18. und frühen 19. Jh. sie in ihrem Glauben an die eigene Überlegenheit und förderten den Fremdenhass. Sie betrachteten die Ausländer als gefährliche Lebewesen und nannten sie lüstern, gierig und unwissend. Chinesen, die sich mit den Fremden einließen, waren dauernd in Gefahr, als Verräter beschimpft zu werden. Wo die Japaner mit erfolgreichem Eifer auf die technologische und politische Herausforderung des Westens reagierten, schwankten die Chinesen zwischen geringschätziger Ablehnung und widerwilliger, erzwungener Nachahmung und setzten sich dadurch zwischen zwei Stühle. In der muselmanischen Welt erwiesen sich nicht so sehr der nationale oder ethnische als vielmehr der religiöse Stolz als ein Hindernis für die Einfuhr des Wissens aus anderen Ländern (Landes 1973, 40). Die europäische Wissenschaft und Technologie zogen auch großen Nutzen daraus, dass der Kontinent nicht unter der Herrschaft eines ökumenischen Reiches vereint, sondern in Nationalstaaten geteilt war. Die Zergliederung erzeugte einen Wettbewerb unter gleichen (Landes 1973, 43).

In England erzeugte der Druck der Nachfrage auf die Produktionsweise die neuen Techniken, und das überreiche elastische Angebot an Produktionsfaktoren ermöglichte ihre rasche Ausnutzung und Verbreitung (Landes 1973, 82). Die vielen kleinen Fortschritte hatten fast die gleiche Bedeutung wie die Aufsehen erregenden frühen Erfindungen. Keine diese Neuerungen erwies sich sofort als vollkommen (Landes 1973, 93). In der Eisenindustrie haben wir es wie in der Textilindustrie mit einem ständigen auf und ab von Herausforderung und Antwort zu tun. In der Eisen- wie in der Textilindustrie waren die kleinen anonymen Fortschritte auf die Dauer bedeutsamer als die großen Erfindungen. Die Ursache hierfür ist teilweise der empirische Näherungswert dieser ersten Neuerungen. Die Patente stellten sowohl einen Anfang als ein Ende dar, und die Eisenfabrikanten fanden, dass jegliche Kombination von Erz und Brennstoff oder von Metall und Brennstoff ein eigenes Rezept erforderlich machte. Denn die Eisenproduktion war ihrem Wesen gemäß eine Art Kochkunst, die ein feines Gefühl für die Verwendung und das Verhältnis der einzelnen Zutaten zueinander sowie ein Instinkt dafür erforderte, wie lange der Topf auf dem Ofen bleiben musste. Erst in der Mitte des 19. Jh. kannte die Naturwissenschaftler den Prozess der Umwandlung des Eisenerzes in Metall so genau, dass sie Anleitung für eine rationale Technik geben und Vorkehrungen für eine Überprüfung dieser Verfahren zu treffen vermochten (Landes 1973, 94).

Diese Entwicklung der mechanisierten Industrie, die sich in großen Produktionseinheiten konzentrierte, wäre nicht ohne eine neue Energiequelle möglich gewesen, die die menschliche und tierische Kraft bei weitem übertraf und nicht von den Launen der Natur abhing. Die Lösung des Problems wurde in einem neuen Energieumwandler, der Dampfmaschine, und der gigantischen Ausnutzung eines seit langem bekannten Brennstoffs, der Kohle gefunden. Hierin lag der große Vorzug der Dampfmaschine. Sie ermüdete nicht, und man konnte ihre wenigen Pferdestärken viel wirksamer einsetzen als die Kraft von fünfhundert Pferden miteinander verbinden (Landes 1973, 97f). Die standardisierte Präzisionsarbeit, die die Herstellung austauschbarer Maschinen und Teile ermöglichte, war die Vorläuferin gemeinsamer Normen im gesamten industriellen Bereich (Landes 1973, 108). Während die Fabrik mehr Güter billiger erzeugen kann, ist der Handwerker eher in der Lage, einen spezifischen Auftrag ökonomischer auszuführen. Das Verlagssystem erwies sich als widerstandsfähiger als erwartet. Es schleppte sich insbesondere in den Gewerben fort, in denen der technologische Vorteil der Kraftmaschinen noch gering war (wie beim Weben) oder in denen sich der Heimhandwerker selbst rudimentäre mechanische Geräte bauen konnte (Landes 1973, 118f). Nur einige Industrien waren infolge besonderer Bedürfnisse gezwungen, sich an geeigneten Plätzen zu konzentrieren: die Porzellanmanufaktur, gewisse Branchen der chemischen Industrie und die Produktionsstätten von Nichteisenmetallen (Landes 1973, 133f). Wenn man alles erwägt, gestalteten sich die Versuche, Großbritannien nachzueifern, nach Waterloo wahrscheinlich schwieriger als vorher. Die technologische Lücke hatte sich verbreitet, während die grundlegenden erziehungsmäßigen, ökonomischen und sozialen Hindernisse für eine Nachahmung fortbestanden. Die Geschichte der Generation nach 1815 ist daher weitgehend von dem Bemühen gekennzeichnet, diese Hemmnisse zu beseitigen oder doch wenigstens zu verkleinern (Landes 1973, 144f).

Globalisierung setzt auf Modernisierung in den sich entwickelnden Ländern, um weltweit ein einheitliches technisches, zivilisatorisches, kulturelles und weltanschauliches Niveau herzustellen. Dabei wird unterstellt, dass sich dieses Ziel quasi naturwüchsig und von selbst einstellen wird, ohne dass man sich darüber klar ist, ob ein solches Ziel denn überhaupt erreichbar ist und welche Voraussetzungen erfüllt sein müssten, damit es erreicht werden kann. Außerdem wäre zu überprüfen, ob es dieses Ziel überhaupt wünschenswert ist. Die Moderne ist ein unvollendetes Projekt (Habermas 1988, 7). Das Wort Modernisierung ist erst in den 50ern als Terminus eingeführt worden. Arnold Gehlen hat das Phänomen auf eine einprägsame Formel gebracht: die Prämissen der Aufklärung sind tot, nur ihre Konsequenzen laufen weiter. Gehlen hat die gesellschaftliche Modernisierung von der kulturellen Moderne abgehoben. Die unaufhaltsame Beschleunigung der gesellschaftlichen Prozesse erscheint dann als die Kehrseite einer erschöpften, in kristalline Zustände übergegangenen Kultur (Habermas 1988, 10f). Diese neukonservative Absage an die Moderne gilt nicht der ungebremsten Dynamik der gesellschaftlichen Modernisierung, sondern der Hülse eines, wie es scheint, überholten kulturellen Selbstverständnisses der Moderne.

Klassische Modelle technisch-ökonomischer und sozialer Entwicklung waren häufig kausalistisch-linear oder dialektisch und verwendeten ein universalgeschichtliches Geschichtsschema. In diesem Interpretationshorizont lassen sich gemäß den Dependenztheorien gesellschaftlicher Entwicklung die ökonomischen Verhältnisse in den Entwicklungsländern direkt aus ihrer kolonialen Vergangenheit erklären und gemäß klassischen Modernisierungstheorien daraus verstehen, dass die ökonomisch-technischen Verhältnisse der vorbildlichen Industrienationen noch nicht erreicht wurden. Diese Konzepte scheiterten an ihrem ökonomischen Reduktionismus, an ihrem kapitalistisch-antikapitalistischen ideologischen Horizont sowie an ihrem zu linear gedachten Geschichtsmodell auch in ihren dialektischen Varianten. Das Modell technisch-ökonomischer Entwicklungspfade (Irrgang 2002b) geht von der Einsicht in die konstitutive Bedeutung des geschichtlich Vorhandenen in seiner von vielen Zufälligkeiten durchzogenen Gewordenheit und in seiner konstitutiven kulturellen Eingebettetheit aus. Die materialen und die interpretatorischen Dimensionen menschlicher Praxis stehen in vielfältigen Wechselbeziehungen zueinander und sind abhängig sowohl von den vorhandenen Kompetenzen wie Traditionen. Nur in diesem Horizont lassen sich Neues im Bereich menschlich-materialer Praxis (etwa der Technik) oder ihrer Interpretation in kulturellen oder normativen Kontexten verstehen und nachvollziehen.

Angesichts der These einer Dialektik der Aufklärung und der klassisch-ökonomischen Modernisierungstheorien sollte eine moderne Aufklärung nach der Aufklärung die Geschichtlichkeit und Pfadabhängigkeit der Aufklärung wie der Technikentwicklung erkennen. Die kulturgeschichtlichen Einwirkungen auf die technische Entwicklung sind enorm. Daher hat eine geisteswissenschaftliche Analyse technischer Entwicklung nicht nur die Konstruktionsgesetze technischer Artefakte zu rekonstruieren, sondern den Handlungssinn (oder -unsinn) von Formen des Umgangs mit technischen Medien zu bestimmen. Dazu ist es erforderlich, leitende Ideen, Weltanschauungen und Leitbilder zu untersuchen, die technischen Handlungen Sinn verleihen sollen. Nicht durch die technischen Entwicklung selbst, auch nicht durch den Umgang mit technischen Medien kann über die Legitimität technischen Handelns entschieden werden, sondern im Hinblick auf die Bestimmung und die Ziele technischen Handelns und technischer Entwicklungspfade. Diese liegen aber in der Regel für technische Entwicklungspfade nicht im vorhinein vor, sondern konstituieren sich im technischen Handeln. Allein eine Reflexion der Theorie, sei es der Aufklärung, sei es der technischen Entwicklung, reicht nicht aus, die in der technischen Entwicklung implizierten philosophischen und ethischen Probleme angemessen zu verstehen (Irrgang 2001a; Irrgang 2002a; Irrgang 2002b).

Häufig wird eine reflektierte oder reflexive Modernisierung mit Entschleunigung (Verlangsamung der Entwicklungsdynamik) verbunden. Sie entdeckt Formen von Natur und familiäre Strukturen, die auf eine Natur zurück greifen, die als wild und romantisch erfahren wird, aber ohne Pest, Hunger und Kälte, wie sich Natur noch in der ersten Hälfte des 19. Jahrhunderts dargestellt hat. Reflexive Modernisierung als Reflexion auf das Schädigungspotential technischer Entwicklungen und die Projektierung hochspezialisierter Präventionstechniken geht aber nicht weit genug, bleibt dem Kompensationsschema einer Reparaturethik verhaftet. Eine Theorie technischer Entwicklung, die mit Entschleunigungs-Rhetorik Entwicklung nur unter zeitlichen Aspekten denkt, ist keine zukunftsorientierte Entwicklungskonzeption. Tatsächlich liegen die konzeptionellen Probleme viel tiefer. Sie können nur erfasst werden, wenn die kulturgeschichtliche Dimension technischer Entwicklung methodologisch ernst genommen wird. Ethische Fragen sind ein Teil jener Pfade, von denen technische Entwicklung abhängt, sie konstituieren diese Pfade mit, wenn technisches Handeln als Handeln ernst genommen wird. Reflexive Modernisierung ist ein zu schwaches Leitbild insgesamt für technische Entwicklung.

Einerseits geht von der Moderne eine unheimliche Faszination aus. Kein Land der Erde kann sich ihrem Sog entziehen. In der Modernisierung scheint der einzige Schlüssel zur Lösung der – größtenteils überhaupt erst durch die Berührung der Moderne entstandenen – Probleme der jeweiligen Gesellschaft zu liegen. Für die Länder der Dritten Welt ist die Moderne aber zugleich eine fremde, bedrohende Macht, die nichts mit deren eigener Geschichte und den eigenen kulturellen Wurzeln zu tun hat, sondern sich vielmehr von außen unabweisbar aufdrängt. Wenn auch in der Modernisierung die einzige Chance für den Aufbau einer menschenwürdigen Zukunft für die Dritte Welt zu liegen scheint, so bedroht sie doch zugleich deren Identität und Freiheit, ja deren eigentliche Existenz (Magnis-Suseno 1990, 10). Für fast alle Länder in Asien und Afrika, und in etwas anders gearteter Weise auch in Lateinamerika, ist charakteristisch, dass sich eine einheimische, nach eigener Dynamik und eigenem Rhythmus gewachsene, oft komplexe Gesellschaft, dem totalen Anspruch der von außen kommenden Moderne gegenübergestellt sieht. Wenn auch in Asien jedes Land seine ganz eigenen Traditionen und Kulturen hat und sich auf seine Weise mit der Moderne auseinandersetzen muss, so kommt dabei doch die Grundproblematik zum Ausdruck, mit der ausnahmslos alle Gesellschaften der Dritten Welt zu ringen haben, wenn auch in einer Form, die jeweils ihren eigenen Traditionen ihrer Geschichte und Situationen entspricht. Es gilt daher, den Zusammenhang von Kultur, Moral, Religion und politischer Macht, und zwar angesichts der Herausforderungen durch die Moderne aufzuzeigen (Magnis-Suseno 1990, 16f). Für unsere Untersuchung soll dabei ein Thema leitend werden, welches in der Regel unterbelichtet bleibt, aber heute von zentraler Bedeutung ist, das der Technik.

Einerseits ist die Moderne eine sich ständig entwickelnde, planetarische Wirklichkeit, also eine Wirklichkeit, die allen Gesellschaften auf dem gesamten Globus ihren Stempel aufdrückt. Andererseits gilt von den Ländern der Dritten Welt, dass sie diese Realität nicht selbst hervorgebracht haben, dass sich ihnen die Moderne vielmehr von außen aufdrängt, dass sie also den Charakter eines unausweichlichen Schicksals für sie annimmt. Kennzeichen der Moderne sind industrielle Produktionsweisen, die moderne Wissenschaft und Technologie sowie die systematische, wachstumsorientierte Organisation dieser Bereiche; ferner der moderne Verkehr zu Lande, zu Wasser und in der Luft, mit der Möglichkeit, in relativ kurzer Zeit an jeden beliebigen Punkt des Globus zu gelangen; der Weltmarkt; die modernen Kommunikationsmittel und die durch sie erreichte weltumfassende Kommunikationseinheit der Menschheit. Das Entstehen dieser Moderne ist mit bestimmten geistigen Strömungen untrennbar verbunden, nämlich mit dem Rationalismus mit der Idee der Machbarkeit, mit der Säkularisierung und damit verbunden mit dem religiösen und weltanschaulichen Pluralismus und mit dem Individualismus. Mit der Moderne verfällt die Welt in zwei einander gegenüberstehende Blöcke: in den Block der sogenannten modernen Industriestaaten und den Block der übrigen Länder, der sogenannten Entwicklungsländer der Dritten Welt (Magnis-Suseno 1990, 18-20). Allerdings könnten wir bereits in eine Phase eingetreten sein, in der sich dieser Gegensatz aufzulösen beginnt.

Es gibt allerdings weder den Block der Industrienationen noch den Block der Dritten Welt, sondern nur Staaten, die mehr oder weniger stark der einen oder anderen Gruppierung zugeordnet werden können, wofür es dann mehr oder weniger gute Argumente gibt. Die Moderne zeigt sich als die Lebenskultur, die sich in einem schon seit zweihundert Jahren andauernden Prozess in den Industriestaaten herausgebildet hat. Sie ist als Gesamtphänomen nicht das Ergebnis bewusster Planung, sondern das sich ständig weiterentwickelnde Resultat der in der modernen Industriegesellschaft wirkenden Kräfte. Modernisierung forciert neue Machtkonstellationen, wobei bestimmte Gruppen profitieren, andere unter die Räder kommen. Eine mehr oder weniger modernisierte Minorität stellt die politische Führung. Sie kontrolliert den modernen Wirtschaftssektor, verfügt über einen beträchtlichen bis übermäßigen Reichtum, profitiert von allen Entwicklungen, huldigt einem westlichen Lebensstil und partizipiert an der internationalen modernen Lebenskultur. Ihr steht die Masse des Volkes gegenüber, die unter Armut, oft wachsender Verelendung leidet und die sich kulturell weiterhin an ihren traditionellen Lebensmustern und Werten orientiert, dabei aber durch das fortschreitende Zusammenbrechen der traditionellen Gesellschaftsstrukturen in wachsendem Maße entwurzelt und individualisiert wird. Alle diese Länder hatten über Jahrtausende hinweg Einstellungen zum Leben, zur Arbeit und zur Gesellschaft entwickelt, die ihre Identität ausmachten und ihre Funktion, ein gesellschaftliches Leben mit einem befriedigenden Grad der Harmonie zu gewährleisten, sehr gut erfüllen. Heute scheinen diese Einstellungen ihren Gebrauchswert verloren zu haben. Sie werden nicht selten als Hindernis für den Fortschritt angesehen. Es gehört zum guten Ton zu betonen, dass Modernisierung nicht Verwestlichung bedeutet. Offenbar liegt dem die vage Vorstellung zugrunde, dass es möglich sei, die moderne Technik ohne den geistigen und kulturellen Hintergrund zu übernehmen, aus dem sie hervorgegangen ist. Gerade der Begriff der Menschenrechte, der die Funktion hat, das Individuum gegen die gesellschaftlichen Mächte der Moderne abzusichern, dadurch aber eben eine Einschränkung der Legitimation des Machtgebrauchs der Eliten impliziert, wird aufgrund der Propaganda der Eliten nicht akzeptiert. Die Moderne hat die überlegenere Anziehungskraft, denn der Mensch bewundert, was Erfolg hat, Erfolg aber misst sich letztlich an der Macht (Magnis-Suseno 1990, 20-23).

Die Länder der Dritten Welt bekommen ihre Abhängigkeit von den Industrieländern tagtäglich präsentiert. Das ist bitter und frustrierend. Es führt einerseits zum Zweifel an den eigenen Ursprungswerten und Fähigkeiten – was tragisch ist, da diese es nicht nur um ihrer selbst willen wert sind, gerettet zu werden, sondern gerade weil Entwicklungs- wie Schwellenländer nur auf der Grundlage ihrer eigenen Werte und Fähigkeiten die Probleme in den Griff bekommen werden, mit denen sie sich konfrontiert sehen (Magnis-Suseno 1990, 24). Warum ist eine Abkoppelung der Entwicklungsländer von der Moderne nicht mehr möglich? Zum einen gliederte der Kolonialismus die kolonialen Volkswirtschaften in die von den modernen Industriestaaten beherrschte Weltwirtschaft ein und schloss die Kolonien damit irreversibel an das Netz internationaler Kommunikationen in allen Dimensionen an. Dadurch entstanden sich ständig verstärkende wirtschaftliche und politische, dann aber auch technische, geistige und kulturelle Abhängigkeiten, die nicht mehr rückgängig zu machen sind. Zum anderen bewirkte die Kolonialherrschaft zahlreiche kleine Veränderungen in den Strukturen der Gesellschaften ihrer Kolonien. Diese Veränderungen wirkten wie ein sich ausbreitender Virus. Sie brachten diese Gesellschaften sehr schnell aus dem bis dahin relativ stabilen Gleichgewicht ihrer Lebensprozesse und setzten sie damit auf die abschüssige Bahn sich ständig beschleunigender und gegenseitig aufschaukelnder Wachstumsprozesse. Hier ist der Zwang vieler Dorfgemeinschaften zu nennen, teilweise auch für den Weltmarkt produzieren zu müssen. Weiter gehörten dazu kleinere Verbesserungen der hygienischen Gewohnheiten und die Einführung der allgemeinen Schulpflicht sowie die Verbreitung der modernen Massenkommunikationsmittel und damit verbunden die Verlockungen des modernen Konsums (Magnis-Suseno 1990, 27f).

Ein Problem stellt der Entwicklungsbegriff bzw. der Begriff der Modernisierung dar. In ihm verschmelzen wie im Begriff der Kultur- und der Geschichtsphilosophie normative und deskriptive Elemente. Insbesondere problematisch ist der normative Entwicklungsbegriff. Minimal und negativ ausgedrückt, sollte es jeder Entwicklung zuallererst darum gehen, das menschliche Leid in all seinen Formen soweit wie möglich zu überwinden. Positiv ausgedrückt, sollte Entwicklung zum Ziel haben, schrittweise die Bedingungen zu schaffen, die es Individuen erlaubt, ein Leben zu führen, das frei von Armut ist, in dem also ihre Grundbedürfnisse nach Nahrung, Kleidung, Wohnung, ärztlicher Versorgung und schulischer Grundausbildung gesichert sind (Magnis-Suseno 1990, 29f). Die Verteidiger der Moderne bestehen auf der moralischen Bedeutung einer Fortsetzung der Emanzipation, die in der Zeit der Aufklärung begann und in einigen Erdteilen heute immer noch im Gang ist (Toulmin 1994, 279). Heute können wir uns weder an die Moderne in ihrer historischen Form klammern noch sie völlig ablehnen. Aufgabe ist vielmehr, unsere vererbte Moderne zu reformieren, ja richtig wieder herzustellen, indem wir sie humanisieren und dabei eine Naturphilosophie entwickeln, die auch ökologischen Belangen gerecht wird. Dazu muss die Einsicht wachsen, dass die Natur nicht einfach aus neutralen Hilfsquellen besteht, die wir zu unserem Nutzen ausbeuten können, sie ist ebenso auch unsere Wohnung (Irrgang 1996b).

Modernisierung war ein enorm populäres Konzept und eine entsprechende Ideologie in den 1950er und 1960er Jahren, verbunden mit dem Abschied der alten Kolonialmächte und mit antikommunistischem Affekt. Alexis de Tocqueville sprach anstatt von Modernisierung von Demokratisierung. Ihm ging es um eine anthropologische Begründung für den sozialen Wandel. und Wissensakzeptanz (Laudan 1984, 1-5). „Moderne" im Sinne der Aufklärung umschreibt Werte wie Freiheit, Individualität, Selbstbestimmung, Menschenwürde, Toleranz und Vernunft. Gegenmoderne, wie zunächst in der Romantik formuliert, steht für Gemeinschaft, Tradition, Religion und Moral als Politik. Die Industriegesellschaft des späten 19. und des 20. Jahrhunderts ist gekennzeichnet durch technischen und ökonomischen Fortschritt, durch Wachstum, Funktionalität, Materialität und Prosperität, während die Stufe der reflexiven Moderne, die sich am Ende des 20. Jahrhunderts abzuzeichnen beginnt, charakterisiert ist durch Bewusstsein der eigenen Grenzen, Interesse für das Andere, Erhaltung der Natur und technologische Innovation, Anerkennung fremder Traditionen und Koexistenz mit dem Anderen. Andererseits hat Modernisierung Kolonisation, Dekulturierung und erzwungene kulturelle Anpassung hervorgebracht (Young 1995, 172).

Im methodischen Kulturalismus wird Technikentwicklung als Modell für Kulturentwicklung genommen (Janich 1998, 146). Technische Errungenschaften, einmal gemacht, werden nicht wieder aufgegeben, weil sie von bleibender, ja kulturinvarianter Zweckmäßigkeit sind (Janich 1998, 151). Diese Sichtweise ist zu technikoptimistisch und ist einer der Ansatzpunkte für eine hermeneutische Kritik an einer konstruktivistischen Technikphilosophie. Als Kultur anerkannt wird vom Konstruktivismus damit nur die universale Dimension der Kultur, etwa die materiale Kultur, deren Bestandteile mehrfach auf der Erde erfunden wurden. Wichtig ist auch die methodische Abhängigkeit späterer von früheren technischen Entwicklungen, die prinzipiell unumkehrbar ist. Der Artefaktcharakter aller technischen Produkte ist einer strikten Beurteilung durch eine Mittel-Zweck-Rationalität ausgesetzt (Janich 1998, 152). Die Tauglichkeit bestimmter Mittel für bestimmte Zwecke ist stets durch Erfolg und Misserfolg, d.h. durch Erreichen und Verfehlen des bestimmten Zwecks durch bestimmte Mittel beurteilbar. Allerdings sind oft genug Erfolg und Misserfolg in der tatsächlichen Technikentwicklung nicht so genau zu trennen.

Erfolg muss das technische Handeln nicht der faktischen Zustimmung irgendwelcher Personengruppen verdanken, sondern es muss transkulturell jederzeit neu seine praktische Bewährung demonstrieren. Kriterien sind das Gelingen technischer Handlungen und das Funktionieren technischer Gerätschaften und Apparate. Technisches Know how hat nicht nur die Züge der Fortsetzbarkeit und Unumkehrbarkeit, sondern auch der Nichtrevidierbarkeit. In einem kumulativen Sinne durchläuft Technik prinzipiell eine Fortschrittsrichtung. Technischer Fortschritt ist als Fortschritt der Erkenntnis (nachträglich!) methodisch rekonstruierbar als ein hierarchisch gegliedertes, sich ausdifferenzierendes und immer reicher werdendes Handlungsvermögen. Selbstverständlich gehen in die Kulturgeschichte der Konstruktion, Herstellung und Verwendung von Rädern und Getrieben sukzessiv errungene Störungsbeseitigungsvermögen ein. Dabei müssen die Übergänge von der praktischen zur theoretischen Bewährung und von technischer Praxis zur Theorie geklärt werden, die einer technikvergessenen philosophischen Tradition eher fremd geblieben sind (Janich 1998, 153-158).

Die faktische, historische Entwicklung der Kultur wird als bewährte Praxis interpretiert. Das Kulturprinzip ist auf der Grundlage einer Erläuterung der Rede von Kulturhöhe explizit anzugeben und das am engeren Technikbegriff gewonnene Kulturprinzip ist auf technische Praxen auszuweiten. Mit Kulturhöhe ist der jeweilige Stand technischen Verfügungswissens gemeint, der in einer fortsetzbaren und unumkehrbaren Entwicklung zu unaufgebbaren Resultaten geführt hat. Mit dieser Formulierung sollte bereits das Missverständnis abgewehrt sein, dass die Rede von Kulturhöhe wertend gemeint oder für einen wertenden Kulturvergleich herangezogen werden sollte (Janich 1998, 160-164). Die Fortsetzbarkeit der Technik vom Rad zum Getriebe und zum Motor, letztlich zur ganzen Maschinentechnik mit beweglichen Teilen hat eine auffällige Parallele in der Differenziertheit der Fortsetzung, die das Geldwesen in der

Bildung von Institutionen kennt. Lokale Geltungsgrenzen für Währungen, Münzhoheit, das Bank- und Genossenschaftswesen, das Nehmen und Zahlen von Zinsen, am Ende die Aktie und die Börse, die Deckung von Papierwährung und die Einrichtung von Nationalbanken stehen allem Anschein nach der Differenzierung der Gerätetechnik in nichts nach (Janich 1998, 166). Wie die mechanische durch die elektronische Rechenmaschine abgelöst wird, lässt sich das Aufgeben etwa eines Zahlungsverkehrs mit Münzen zugunsten von Geldscheinen, bargeldlosem Verkehr und schließlich elektronischem Zahlungsmittel nicht nur als Fortsetzbarkeit und Unumkehrbarkeit, sondern auch als Unaufgebbarkeit der jeweils älteren Praxen interpretieren. Technische Praxen kennen ihre Nebenfolgen und die historische Last mit ihnen. Die Ambivalenz des technischen Fortschritts im Sinne der kumulativ erreichten Kulturhöhe hat ihr Pendant in den Nebenfolgen der Macht durch Geld. Das Verhältnis des einzelnen Menschen zur Kulturhöhe der Gemeinschaft, in die er hineingeboren ist, ist zu klären (Janich 1998, 168-172).

Für eine Technikgestaltung und eine vorausschauende Technikfolgenbeurteilung gibt es prinzipielle Grenzen. Der Erfinder und Erzeuger technischer Produkte kann auch bei bester Planung nicht vorhersehen, welche Umdeutungen die nach bestimmten Zwecken bereitgestellten technischen Mittel später durch andere Verwender finden. Jedes Produkt erzeugt gewissermaßen eine neue historische Situation, in der andere Agenten mit den dinglichen Überbleibseln früherer Technik völlig neu verfahren können. Das reduktive Vorgehen der Naturwissenschaften von höheren, komplexeren Beschreibungsebenen auf niedrigere, elementarere, findet ihre Grenzen in der Nichteindeutigkeit der Verknüpfung von Mittel und Zweck. Bei der Herstellungspraxis werden Zwecke festgehalten und nach zweckmäßigen Mitteln gesucht. In der Praxis dagegen geht es um die Zwecke selbst, um ihre Setzung, Modifikation, Rechtfertigung oder ähnliches (Janich 2003, 98f).

Im Hinblick auf die Technikentwicklung sind Handlungsketten ganz entscheidend. Das Funktionieren von Technik hängt in ganz wesentlichem Maße von der Einhaltung zweckmäßiger Reihenfolgen oder Teilhandlungen ab. Die Herstellungspraxis ist das Paradebeispiel für die Reihenfolge von Teilhandlungen in Handlungsketten. Die Schritte sind jeweils unumkehrbar. Aussagen über die ältere Verwendung in Mittel-Zweck-Schema sind nicht im Popper'schen Sinn durch die jüngere Technik falsifiziert. Es findet auch kein Paradigmenwechsel im Sinne von Thomas S. Kuhn statt. Vielmehr lässt sich von einer Koexistenz verschiedener Verwendungen desselben Mittels sprechen. Diese Handlungsketten und die Einhaltung verschiedener Entwicklungsebenen lassen einen technischen Fortschritt innerhalb des jeweiligen Entwicklungsstranges identifizieren. In diesem Zusammenhang ist auf die Kulturförmigkeit von Technik und die Technikförmigkeit von Kultur hinzuweisen (Janich 2003, 100-102).

Allerdings berücksichtigt das Modell von Janich nicht, dass Technikentwicklung nicht bruchlos, sondern epochal erfolgt. Im Hinblick auf den Umgang mit technischen Mitteln lassen sich drei fundamentale Paradigmen unterscheiden: (1) Umgang mit Werkzeugen und natürlichen Prozessen. Dieser setzt implizites Wissen voraus und kann durch Vormachen gelernt werden. Implizites Wissen im Umgang mit technischen Mitteln ist weltweit vorhanden, auch wenn manche technische Mittel in einer technischen Kultur vorhanden sind, in anderen nicht. Auch auf dieser Ebene findet Techniktransfer statt, meist durch Wanderung kompetenter technischer Akteure. (2) Mit der industriellen Revolution entsteht eine Maschinentechnik und eine Form automatischer Produktion, die nicht allein mit implizitem Wissen bewältigt werden kann, sondern explizites theoretisches und technikwissenschaftliches Wissen voraus setzt. Dieses lässt sich aber mit den herkömmlichen Mitteln der Tradition technischen Wissens nicht mehr vermitteln, jedenfalls nicht in kurzer Zeit, sondern setzt eine höhergradige und spezialisiertere technische Ausbildung voraus. Eine solche Kompetenz im Umgang mit Maschinen aufgrund einer Mischung von implizitem mit explizitem Wissen hat zunächst nur der ausländische Ingenieur. Es handelt sich um abstrakte Fähigkeiten, die auf Universitäten und in der Industrie gelernt werden können und die Erfahrungen im Umgang mit Maschinen einschließen. Diese können zunächst nur dort gemacht werden, wo diese Maschinen auch vorhanden sind. Unter Anleitung lassen sich diese Umgangserfahrungen auch mit Maschinen erlernen und machen, allerdings mit höherem Arbeitsaufwand. (3) Umgang mit vernetzten technologischen Systemen wie Kernkraftwerken, Computern, Mobiltelefonen oder moderner Medizintechnik und Gentechnologie. Hier ist nicht nur explizites technisches Umgangswissen erforderlich, sondern auch naturwissenschaftliches und technologisches Wissen, welches noch eine Stufe abstrakter und entfernter vom impliziten Wissen ist. Der Erwerb eines Umgangswissens mit derartigen Systemen scheint zumindest auf absehbare Zeit sehr langwierig zu sein und eine nicht geringe technische Ausbildung vorauszusetzen.

Technikentwicklung und Technikgestaltung gehören zusammen. Technikgestaltung bewirkt (manchmal) kleine Veränderungen der Entwicklungspfade, die aber nicht radikal von den bestehenden technischen wie gesellschaftlichen Vorgaben abweichen. Wichtig ist die Frage nach den Subjekten der Veränderung wie Intellektuellen, Interessengruppen, Firmen, Organisationen, Ingenieuren usw.. Technikentwicklung entsteht durch die Kooperation vieler technisch arbeitender Menschen, dass das Ganze in einer allgemeinen Modellierung als Selbstorganisationsprozess aussieht. So gibt es Modelle, die der Technik und ihrer Entwicklung ein Quasisubjekt hinter dem Rücken der konkret handelnden Menschen zuschreibt. Dabei können wir noch soviel spekulieren und Theorie einsetzen. Letztlich lässt sich die Technologieentwicklung nicht antizipieren, sondern nur ausprobieren. Dies ist mit gewissen Risiken verbunden, nicht allzu groß in vielen Bereichen, wenn man die erfahrungsgesättigte Ingenieursarbeit professionell betreibt. Wenn die Unterscheidung von Poiesis und Praxis überhaupt einen Sinn macht, dann ist Poiesis routinisierte technische Praxis. Warum diese aber minderwertig sein soll, ist nicht einzusehen. Sie verhilft vielmehr gewissen Sicherheitsstandards zu ihrer Realisierung. Außerdem ermöglicht sie die Entwicklung von Vertrauen in Technik.

Technische Höhe und technische Niveaus sind eng mit dem Gedanken von technischen Entwicklungspfaden verbunden. Ein technischer Entwicklungspfad konstituiert sich sowohl durch technische Tradition wie durch technische Innovation und beschreibt einen bestimmten Etappenendpunkt oder –einschnitt nach einer Phase des technischen Voranschreitens zumindest in der Zeit, häufig genug aber verbunden mit dem Gedanken der Verbesserung zumindest der technischen Mittel. Die Innovationsgeschwindigkeit ist allerdings häufig sehr unterschiedlich und kulturabhängig. Technische Niveaus sind aber keinesfalls allein durch den technischen Stand der Technik bestimmt. Sie sind Resultat von Standardisierungsprozessen und Folge eines gelungenen Einbaus von Techniken in gängige technische Praxen. Voraussetzungen für Standardisierungsprozesse und gelungenen Technologietransfer sind Akzeptanz und kulturelle Assimilation sowie die Verschränkung von technologischen Paradigmen. Dabei muss die Notwendigkeit von Führern für diese Prozesse betont werden. Zur Durchsetzung eines Paradigmas bedarf es der Kooperation und der Koordination. Nicht die technische Funktionalität ist unterschiedlich kulturell codiert, sondern die organisatorische Höhe, ohne die eine Maschine nicht funktioniert oder sicher ist, ist kulturell bedingt. Technologie ohne entsprechenden Kulturtransfer alleine reicht nicht aus und erzeugt in der Regel mehr Umweltprobleme als sie zu vermeiden ermöglicht. Sichere Technik ist eine Technologie in ihrem entsprechenden Kontext (Technik und Wartung). Angepasste Technologie ist ein sozialer und kultureller Status, der Technik nicht inhärent ist. Technik muss daher auf ein bestimmtes Ideal der Sicherheit, des Nutzers oder der Umweltfreundlichkeit hin entworfen werden. Und diese sind jeweils kulturell geprägt im Unterschied zur technischen Funktionalität, die häufig von Naturgesetzen konstituiert ist und daher als objektiv und wertneutral angesehen wird. Handhabung aber ist ein kulturelles Bewertungskriterium, häufig von Vorurteilen geprägt (z.B. über den Nutzer) oder eigenen Vorstellungen von Sicherheit und Umweltfreundlichkeit. Diese uneingestandenen Vorurteile und kulturellen Prägungen gilt es aber sich einzugestehen, zu reflektieren und zu thematisieren. Dies ist Aufgabe der Technologiereflexionskultur (Irrgang 2002b, Irrgang 2002c).

Gemäß der Entwicklungspfadtheorie führen Innovationen zu Modernisierungsinseln. Sie entwickeln ihre eigene regionale technologische Kultur, die jeweils insbesondere durch Verknüpfung von technologischen und ökonomischen Faktoren gekennzeichnet ist. Einbettungsprozeduren verlaufen hier anders als bei der Allgemeinbevölkerung, da hier zumindest eine Reihe von Modernisierungs- und Technologisierungsprozessen bereits stattgefunden haben und die Rahmenbedingungen für Technologietransfer und seine Einbettung bereits ansatzweise transformiert wurden. Damit kann hier eher Akzeptanz für Modernisierungseffekte erreicht werden, dafür erhöht sich aber die Ungleichzeitigkeit der Entwicklungsgeschwindigkeit zwischen den Modernisierungsinseln und ihrer Umgebung. Modernisierungsinseln haben Brückenkopfcharakter für die weitere technische Entwicklung und entsprechende Modernisierungsprozesse. Akteure in diesen Modernisierungsinseln sind in der Regel ihrer traditionellen Kultur nicht mehr im gleichen Maße verbunden wie ihre außerhalb lebenden Freunde oder Familienmitglieder, was zu erheblichen gesellschaftlichen und kulturellen Spannungen führen kann. Sie sind aber andererseits mit der traditionellen Kultur nicht unvertraut und somit für die Aufgabe der kulturellen Anpassung und Einbettung neuer Technologien nicht unvorbereitet und gelegentlich sogar geeignet.

Der Prozess des Lernens des Umgangs mit Maschinen ist zeitraubend und auf Versuch und Irrtum angewiesen. Dieser Weg ist nicht ohne Gefahren. Und dass die fremden Ingenieure „mehr" können als man selbst, erzeugt nicht nur fachliche Probleme, sondern Fragen der Anerkennung, des Sozialprestiges und der kulturellen Einbettung, die gelöst werden müssen, um Technologietransfer erfolgreich durchführen zu können. Ich halte dies nicht für grundsätzlich unmöglich, aber dieser der Regel nicht leisten, da sie für eine derartige Kompetenz keine Ausbildung erfahren haben. Außerdem führt die Eigenschaft moderner technologischer Systeme, dass sie autonom ablaufen, zu der ungerechtfertigten Unterstellung, dass sie stets automatisch laufen und der kontinuierlichen Wartung oder Sicherung nicht bedürfen. In vielen Schwellen- und Entwicklungsländern n wird Technik aber nur gewartet, wenn sie nicht mehr funktioniert. Es gibt dort keine Sicherheitskultur wie in Deutschland. Ein zu großes Vertrauen in die Technik erhöht Risiken. Insofern ist es sinnvoll, bestimmte Risiken zu erwarten. Eine sichere Technik wird durch die Technik alleine nicht garantiert, es ist vielmehr der Kontext der Technologie, der die Sicherheit „garantiert" (z.B. das Warten der Flugzeuge) und dies muss vermittelt werden. Die Wartungsintervalle müssen aus Sicherheitsgründen mit übertragen werden. Der Begriff der angepassten Technik erstellt aufgrund eines unterstellten Umgangs mit technischen Mitteln bestimmte Nutzungsmuster und konstruiert gemäß diesen Vorstellungen.

Aufgrund von Vernetzungs- und Rückkoppelungseffekten ergibt sich so etwas wie eine Struktur technischer Entwicklung, die sich allerdings zeitlich verändert, eine technische Kulturhöhe, ein Kulturniveau als ein sehr komplexer Relationsbegriff. Niveau stammt aus dem Französischen und meint Ebene, waagrechte Fläche. Man kann damit auch Trends des gesellschaftlichen Strukturwandels, Paradigmen des Gebrauchs technischer Mittel sowie kulturelle Muster und Verhaltensformen im Umgang mit Technik bezeichnen. Epochale

Niveauunterschiede bestehen z.B. zwischen dem handwerklichen und dem industriellen Paradigma, es können aber auch geringere Unterschiede zwischen technischen Systemen und Strukturen selbst sowie insbesondere bei deren Einbettung auftreten. Unterschiede in der Einbettung sind nicht selten mit Ausbildungsfragen verbunden. Niveauunterschiede können also die technisch-industrielle Ebene betreffen, aber auch die kulturelle, die soziale und die institutionelle. Das größte methodische Problem sind die Vergleichbarkeit und die Paradigmen bzw. Parameter unterschiedlicher technikbezogener kultureller Niveaus, denn diese stehen im Rahmen der Fragen der Bewertung von Technologietransfer im Vordergrund.

Im Hinblick auf technische Niveaus lassen sich folgende Aspekte unterscheiden:

(1) Der Bestand an technischen Artefakten, ihre Vernetzung, die Struktur ihrer vernetzten Funktionalität;
(2) Der Stand und die Höhe der technischen Kompetenz (Fertigkeiten);
(3) Die technische Traditionsstruktur; der Stand der technischen Ausbildung und des technischen Wissens;
(4) Der Stand der technischen Institutionen;
(5) Der Stand der technischen Normierung (juristisch-technisches Regelwerk);
(6) Die organisatorische Höhe technischer Strukturen und Systeme (technische Infrastruktur bis hin zur Technosphäre);
(7) Die Akzeptanz und die kulturell-soziale Einbettung technischer Mittel und Strukturen im Sinne einer gelungenen gesellschaftlichen und kulturellen Einbettung.

Gemäß unserem westlichen Verständnis von Technologie hat das jeweils höchste technologische Niveau den jeweils höchsten Automatisierungs- und Rationalisierungsgrad. Für Entwicklungs- wie Schwellenländer aber ist das höchste technische Niveau oft gerade nicht erstrebenswert, weil angesichts des Angebotes von billigen Arbeitskräften nicht so viel Energie und teures Kapital eingesetzt werden sollte. Viele Zulieferer sind hier nicht in der Lage, die geforderten hohen Qualitätsstandards zu erfüllen, so dass Probleme mit dem Technologietransfer entstehen. Daher greifen Entwicklungs- wie Schwellenländer häufig auf nicht so neue Technologie zurück, die dann allerdings mit Rücksicht auf die Umweltbelastungen nicht den allerneuesten Stand aufweisen. Die Vorteile von arbeitsintensiveren und billigeren technischen Mitteln müssen gegen die Nachteile höherer Grade der Umweltbelastung abgewogen werden, am besten werden eigene Entwicklungen in Angriff genommen, die bei der Entwicklung technischer Mittel die Kriterien der (1) Arbeitsintensität, (2) Umweltfreundlichkeit, (3) geringen Anschaffungs- und Betriebskosten, (4) einfachen Handhabung und (5) Gewinnerwirtschaftung möglich machen. Die neue im Westen entwickelte Umwelttechnologie ist insbesondere im Energiebereich kostenintensiv. Also muss man hier nach Alternativen suchen, die möglicherweise im Bereich der Bioverfahren bzw. der nachwachsenden Rohstoffe liegen.

Mit der Industrialisierung war in den Industrieländern eine ungeheure Wohlstandsmehrung verbunden. Nun stellt sich aber in zunehmendem Maße die Frage, ob diese Wohlstandsmehrung ständig voranschreiten kann. In wachsendem Maße kommen die Kosten des Wohlstandes bzw. des Erhalts des Wohlstands zum Tragen. Wenn ein technisches Niveau erhalten werden soll, sind Reparaturen erforderlich und man kann nicht immer alles nach kurzer Zeit völlig neu zum Einsatz bringen, genauso wie man nicht nur mit dem höchsten technischen Niveau Geld verdienen kann. Oft ist gerade der Einsatz des jeweils höchsten technischen Niveaus nicht nur finanziell besonders riskant und für Länder mit finanziellen Problemen schon aus diesem Grunde nicht besonders erstrebenswert. Voraussetzung für technologische Niveaus sind Innovationen, die ständig neue Entwicklungspfade in Aussicht stellen sowie ein langfristig überschaubarer und stabiler institutioneller Rahmen. Dies ist auch Voraussetzung für Technologietransfer. Dieser Rahmen muss durch das kulturelle System, insbesondere seine sozioökonomische Dimensionierung gewährleistet sein. Zu dieser Stabilität muss auch die weltanschaulich–religiöse Dimension des kulturellen Systems beitragen.

Die breite Diskussion über die technologische Wettbewerbsposition von Nationen in Hochtechnologiebereichen weist immer wieder auf den Aufholungsprozess der Schwellenländer hin. Der technische Fortschritt und das Entstehen von Wachstumsunterschieden ist von besonderem Interesse. Ein Erklärungsansatz für die internationale Arbeitsteilung zwischen Industrieländern und Entwicklungs- wie Schwellenländern, zwischen innovativen und weniger innovativen Ländern ergibt sich aus den unterschiedlichen Entwicklungsniveaus und der unterschiedlichen Forschungsintensität aufgrund von technologischem Vorsprung bzw. technischer Lücken (Jonietz 1999, 11-39). Das hohe Innovationstempo und die hohe Leistungssteigerung im Zeitalter der Globalisierung führen zu einem technologieinduzierten weltwirtschaftlichen Strukturwandel und zu einer zunehmenden Internationalisierung der Produktion. Die technologische Transformation der gesamten Volkswirtschaft ist voll im Gange und führt zu einem Bedeutungsverlust traditioneller Produktionsfaktoren und Rohstoffe zugunsten von Information (Jonietz 1999, 46-75).

Dabei sind Entwicklungsrisiken für Schwellenländer keineswegs auszuschließen, z.B. der Verlust des Anschlusses an die Industrieländer auf Grund des kumulativen Charakters des technischen Wissens. Allerdings bestehen beim Technologietransfer Möglichkeiten des Überspringens von technologischen Entwicklungsstufen. Die Anpassung importierter Technologien bzw. die eigenständige Entwicklung neuer Technologien ist in besonderem Maße hervorzuheben. Dabei ist vor allem das Beschäftigungsproblem zu berücksichtigen. Auch in diesem Bereich wird die Kompensationshypothese angeführt, neue Techniken würden neue Dienstleister und Folgeinvestitionen auf den Plan rufen sowie eine Höherqualifizierung der Arbeitnehmer in die Wege leiten. Wichtig ist jedenfalls die Erlangung internationaler Wettbewerbsfähigkeit und die Erweiterung von Absatzmärkten. Angepasste Technologien müssen die gesellschaftlichen Dimensionen technologischer Innovationen berücksichtigen. Angepasstheit von Technologie ist abhängig von dem Wissen und den Fähigkeiten der Anwender. Technologietransfer nutzt Wachstums- bzw. Modernisierungsinseln mit Diffusionseffekten. Wirtschaftswachstum ist aber nicht mit Entwicklung identisch. Eine Folge von Niveauunterschieden im technischen Bereich ist die Abwanderung von hochqualifizierten Arbeitskräften in die Industrieländer. Dabei ist die Suche nach Ansatzpunkten zur Verminderung technologischer Abhängigkeit von Bedeutung. Ganz zentral ist in diesem Zusammenhang die technologische Kompetenz (Jonietz 1999, 93-121).

Grundlagenforschung hängt mit der Entstehung von technisch-organisatorischem Wissen, Learning by doing mit dem System der beruflichen Bildung zusammen. Wichtig ist auch der kommerzielle Wissenstransfer, der eng mit Fragen des Patentschutzes zusammenhängt. Noch bedeutender ist allerdings die nichtkommerzielle Wissensübertragung und der nichtkommerzielle Technologietransfer. Die Adaptionsfähigkeit und die Adaptionsbereitschaft für neue Technologien, Akzeptanzfragen und das Bildungsniveau, ein gewisser Fortschrittsglaube und Eigenverantwortung wie Kreativität gehören zusammen. Für das Leistungsbewusstsein sind weltanschauliche Fragen von besonderer Bedeutsamkeit, wie der Konfuzianismus z.B. zeigt. Die Wissensausbreitung und der Wissensaufbau sind charakteristisch für Akzeptanz und Adaptionsfähigkeit von neuen Technologien. Die Vermittlung von Fortschrittsglauben und Akzeptanz neuer Technologien hängt zusammen mit der Entstehung, Ausbreitung und Adaptation von Wissen. Einflussgrößen hierfür sind Unternehmenslandschaft und Innovationsverhalten, Ausbildung nicht zuletzt im Hochschulbereich und die rechtliche, technische und wissenschaftliche Infrastruktur. Für die gesellschaftlichen Rahmenbedingungen im Hinblick auf Adaption und Akzeptanz neuer Technologie ist die Schulbildung von zentraler Bedeutung. Die Analphabetenrate und das noch immer relativ niedrige Bildungsniveau in den Entwicklungs- und Schwellenländern sind hinderlich, die Verbreitung von Tageszeitungen positiv. Häufig hängt die Entwicklung einer Gesellschaft und die Durchschlagskraft von Technologietransfer von der Verfügbarkeit von Fach- und Führungskräften ab (Jonietz 1999, 139-210).

Die Rücknahme traditioneller Modernisierungskonzepte zielt nicht auf Abschaffung von Modernisierung, sondern auf die Erhöhung technischer Kompetenz im Kontext der Erhöhung kultureller und sozialer Kompetenz. Modernisierung in Europa basierte häufig auf Traditionskritik, die neue Modernisierung sollte in Schwellen- und Entwicklungsländern nach Einbettungsstrategien suchen. Statt Fortschrittsglaube undifferenziert zu verkünden, ist eine Sensibilisierung für Zukunftsfragen empfehlenswert, die Einordnung in eine Perspektive der Langzeitverantwortung, die ganz konkret auch als Verantwortung für zukünftige Generationen angesprochen werden kann. Viele, die im Westen den Glauben an den technischen Fortschritt und die technologische Modernisierung verloren haben, glauben noch an die kulturelle Dimension westlicher Modernisierung und weisen auf die Notwendigkeit eines Ethiktransfers bzw. eines Kulturtransfers in Menschenrechtsfragen hin. Modernisierungsgesichtspunkte implizieren so eine Forderung nicht nur nach einer nachholenden Industrialisierung, sondern auch nach einer nachholenden Aufklärung. Allerdings erscheint angesichts der Bedeutung von Religiosität in Südostasien die Forderung nach Weckung eines traditionseingebetteten Verständnisses von Modernisierung viel plausibler. Diese setzt auf Ausbildung von Kompetenzen zur Wahrnehmung von Zukunftsaufgaben, wobei nicht unerhebliche Schwierigkeiten insbesondere bei der indischen Religion zu erwarten sind. Allerdings erscheint bei der Offenheit dieses religiös-kulturellen Grundsystems einer Tradition die Hoffnung nicht ganz unberechtigt, dass eine Öffnung für das Bewusstsein einer Realisierung von Zukunftsverantwortung noch wichtig werden könnte.

Die traditionelle Theorie technisch-ökonomischer Entwicklung erklärte alles mit dem Wettbewerb. Eine unumgängliche Vorbedingung für die Erforschung der Entwicklungsdynamik ist aber eine befriedigende Theorie des Zugangs zu den Prozeduren und der Direktion und Ausrichtung technischen Wandels. Eine präzise Studie der allgemeinen Bedingungen, die exogenen und endogenen technischen Fortschritt konstituieren, analysiert das Hervortreten des neuen technologischen Paradigmas, das exogenen Wandel hervorruft. Es gibt einen technischen Fortschritt gemäß dem entsprechenden Entwicklungsleitbild, welches dieses technologische Paradigma definiert (Dosi 1984, 1-6). Im Hinblick auf die Bestandteile innovativer Prozesse, Innovationstrends und ihre Determinanten gibt es die Nachfragesogtheorie und die technologische Anstoßtheorie. Marktkräfte wurden als die Hauptdeterminanten technologischen Wandels angesehen. Dabei gingen Nachfragetheorien vom Bedürfnis bzw. Konsumenten oder Nutzer bzw. von Nützlichkeitsfunktionen aus. Gemäß diesen Theorien konnte man a priori wissen, ob eine Innovation Erfolg haben wird oder nicht. Damit konnten die kleineren bzw. größeren technologischen Durchbrüche verstanden werden. Auch Bedürfnisse erklären den Erfolg nur selten. Der Angebotsdruck unterstellt den Markt als Determinante für Innovationen. Theorien des Angebotsdruckes und des Nachfragesoges können aber den Zeitplan von Innovationen nicht erklären. Der technologische Druck und die Bedeutsamkeit ökonomischer Faktoren müssen noch geklärt werden. Insgesamt sollte eine eindimensionale Konzeption einer Wissenschafts-Technologie-Produktion vermieden werden. Bei der Erklärung innovativer Effekte spielen wissenschaftlicher Input, die Komplexität von Forschung und Entwicklung, eine signifikante Korrelation zwischen diesbezüglichen Anstrengungen und innovativen Ergebnissen, die Bedeutsamkeit eines Lernens durch Tun, die institutionelle Formalisierung von Forschung eine anwachsende Rolle. Technischer Wandel passiert nicht zufälligerweise. Die Richtung technischen Wandels ist oft definiert durch den Stand der Kunst bzw. durch den Stand der Technik, den Technologien bereits im Gebrauch erreicht haben. Tatsächlich ist die Funktion des erreichten technologischen Levels bzw. Niveaus wichtig. Mit der Konzeption der Wandlungspfade für Produkte und Prozesse haben wir ein erstes Modell der Determinanten und der Ausrichtung technologischen Wandels gefunden (Dosi 1984, 8-12).

Das wissenschaftliche, das technologische und das ökonomische System greifen ineinander in der Konstitution eines Entwicklungspfades. Die Erfahrung früherer Versuche geht in die Formulierung und in den Erfolg eines neuen Paradigmas ein. Es gibt Ähnlichkeiten zwischen dem Begriff des Paradigmas in Wissenschaft und Technologie. Der technische Fortschritt wird mit Bezug auf ein bestimmtes technologisches Paradigma definiert. Daher darf die technologische Entwicklungslinie als Merkmal der normalen Problemlösungsaktivität (Fortschritt) auf Grund eines technologischen Paradigmas (Ziele von Entwicklungspfaden) dienen. Diese technologischen Paradigmen sind positive und negative Heuristiken für technisches Problemlösungsverhalten. Genetische Rekonstruktionen technologischer Möglichkeiten erlauben es, ein technologisches Paradigma zu identifizieren. Strenge und genaue Vorhersagen über die Ausrichtung technologischen Wandels sind nicht möglich, wenn eine im weitesten Sinne breite Analogie zwischen Wissenschaft und Technologie unterstellt wird. Bei der Auswahl von Technologien führt Selektion aus einer großen Vielzahl von technischen Möglichkeiten in der Entwicklungsrichtung zu technischem Fortschritt, den Nelson und Winter als mathematische Kurve beschreiben, die die problemlösende Aktivität erfasst, die durch ein Paradigma vorgegeben wird. Der höchste technische Level, das technische Niveau beschreibt die technologische Grenze. Die mathematische Kurve steht für einen technischen Entwicklungspfad. Dieser wird konstituiert durch kumulative Effekte. Ein apriori Vergleich von technologischen Pfaden ist nicht möglich (Dosi 1984, 13-18; Irrgang 2002b).

Die technologische Front und Spitze ist Gegenstand der Innovationspolitik und versucht, bestehende technologische Trends zu verstärken. Die Rahmenbedingungen für technischen Wandel und industrielle Transformation sind Nachfragekosten und Marktstrukturen. Fundamentale Merkmale für die industrielle Dynamik sind technologische Gelegenheiten, kumulatives Anwachsen und die jeweils gegebene Anwendbarkeit als Rahmenbedingungen für Innovationen im Sinne von technologischen Vorteilen (Dosi 1984, 19-71). Große Unternehmen haben einen relativen Vorteil im Hinblick auf Innovationen im

Vergleich mit kleineren Unternehmen. Marktkonzentration und Firmengröße spielen eine zentrale Rolle. In ökonomischen Theorien werden die technologischen Gegebenheiten vernachlässigt. Die Bereitschaft für Innovationen und für gezielte Suche nach Innovationen ist entscheidend, wenn man die Theorie technologischer Niveaus berücksichtigt. Innovation ist eine Funktion der Firmengröße, aber nur bis zu einem bestimmten technologischen Level. Dieser ist dadurch definiert, dass Marktstrukturen abhängig sind von vergangener Innovationsfähigkeit, vergangenen technologischen Gelegenheiten und Fähigkeiten sowie vergangenen Graden der Geeignetheit bzw. Anwendbarkeit von Innovationen. Damit ist dies eine innertechnologische Variable. Marktstrukturen und der dynamische Wettbewerb sind höchstens äußere Determinanten technologischer Entwicklung (Dosi 1984, 86-92).

Ein wesentlicher Faktor für Innovation ist die Möglichkeit, zumindest zeitweise auf Grund des Patentrechtes eine monopolistische Position einnehmen zu dürfen, Marktführer zu sein. Bei der Beschreibung der Determinanten für Innovationen sind Marktkonzentration und Marktmacht entscheidende Faktoren. Es kommt dabei zu einer wechselseitigen Beeinflussung (Verursachung) zwischen Technologie und Marktstrukturen. Dabei muss ein empirischer und ein theoretischer Level im technologischen know how unterschieden werden. Innovative und imitative Tätigkeiten können sich in gleicher Weise auswirken. Es gibt Unternehmen, die Marktstrukturen beeinflussen können. Es gibt aber auch technologische Differenzen zwischen Firmen. Damit lassen sich gewisse Indikatoren für Produktivität, Gewinnmargen und Profitraten herausarbeiten. Die Matrix für den Mittelwert für jede Industrie lässt sich feststellen. So haben wir technologische Diskontinuitäten zwischen einzelnen Firmen und andauernd innovative Firmen, national und international (Dosi 1984, 94-102). Firmen haben nur begrenzte Preisgestaltungsspielräume. In der Regel führen individualistische Ansätze uns nicht sehr weit. Imitation und Lernen durch Ausprobieren sind erfolgreiche Strategien. Die anfänglich monopolistische Situation in einer innovativen Firma ist sehr wichtig. Nachfrageelastizitäten und Preislevel bedingen sich wechselseitig. Dabei werden Firmenstrategien zu Strukturen, neue und innovative kleine Firmen treten auf den Plan. Wichtig sind die Faktoren, die den Eintritt neuer Unternehmen betreffen. Hier sind die Kapitalintensität und die Gewinnerwartung von Bedeutung (Dosi 1984, 103-193).

Die Theorien technologischer Lücken heben die Asymmetrien zwischen verschiedenen Firmen hervor, die hervorgerufen werden durch die unterschiedlichen Fähigkeiten im Hervorbringen und in der Kommerzialisierung von Innovationen. Die Lücke zwischen der ersten absolut innovativen Einführung eines neuen Produktes und der ersten Imitation definiert diese technologische Lücke. Sie wird bestimmt durch Diffusionsraten. Ein Faktor hierbei ist die Elastizität der Marktnachfrage, ein weiterer das in einer spezifischen Technologie führende Land. Der Lebenszyklus eines technischen Produktes ist kurz, die Rate des technologischen Wandels hoch. Dies beschleunigt Asymmetrien zwischen den Firmen. Es gibt aber auch internationale technologische Asymmetrien. Freie Wettbewerbsmärkte sind ein limitierender Faktor für die ökonomischen Bedingungen, die normalerweise zu oligopolistischen Strukturen tendieren, um technologischen Wandel zu beschleunigen. Technischer Wandel ist ein kumulativer Prozess. Externe Faktoren schaffen Instabilität für Innovationen. Niedrige Lohnkosten und günstige Wechselkurse ermöglichen es Schwellenländern unter bestimmten Bedingungen, die Differenzen der Produktivität im Hinblick auf die führenden Länder und ihre Unternehmen zu kompensieren. Die Rolle technologischer Führer ist durch eine Reihe von Rahmenbedingungen bestimmt. Es gibt einige Produkte, die nur der technologisch Führende produzieren kann. In diesem Falle sind die Unterschiede in einzelnen Ländern irrelevant. Dies führt zu einer internationalen Spezialisierung und Arbeitsteilung. Für Länder mit unterschiedlichem technologischen Level empfiehlt sich oft eine kreative Imitation. Länderspezifische Kenntnisse und Fähigkeiten, der Ausbildungsstand, regionale Besonderheiten und die Lohnhöhe, dies alles beschreibt nationale Marktspezifitäten, die eine zentrale Rolle spielen bei der Erzielung bzw. Durchsetzung von Innovationen. Dies alles erzeugt strukturelle Bedingungen, unter denen Unternehmen agieren (Dosi 1984, 218-276).

Die Diffusion selbst ist als innovativer Prozess anzusehen. Es gibt eine Diffusion von Innovationen zwischen den Unternehmen selbst und eine Diffusion in der Nachfrage von technologischen Produkten. Es handelt sich um einen kontinuierlichen Fortschritt entlang einer technologisch definierten Linie. Hinzu kommen die endogenen Mechanismen des Wettbewerbes, die ebenfalls Innovation und die technologische Vernetzung verschiedener Sektoren befördern (Dosi 1984, 285-287). Nur im Rahmen von technischen Entwicklungspfaden lassen sich technische Niveaus und technologische Lücken definieren. Bei allen strukturellen Theorien der Beschreibung von Rahmenbedingungen von Innovationen wurden aber bislang kulturelle Faktoren nahezu vollständig übersehen. Dabei spielen sie bei der Formulierung technologischer Kompetenzen sowohl im Herstellungs- wie im Anwendungsbereich eine ganz zentrale Rolle. Hier liegt ein neues Aufgabenfeld für die Technikphilosophie.

Das Paradigmenkonzept des wissenschaftlichen Fortschritts und der wissenschaftlichen Revolutionen ist von Dosi auf die Erklärung der technischen Entwicklung übertragen worden. So wird technischer Fortschritt in einem bestimmten technologischen Paradigma definiert. Ein wesentlicher Unterschied zur Normalwissenschaft (im Sinne Kuhns) besteht darin, dass bei der Beurteilung der Ergebnisse nicht nur Wissenschaft – interne Kriterien wie etwa Wahrheitsnähe, Einfachheit, Universalität, technologische Effektivität u.a. berücksichtigt werden, sondern auch ökonomische und soziale Kriterien wie Gewinn, Umsatz, Akzeptanz durch die Nutzer. Ein Paradigma kann durch die akzeptierte Geltung von grundlegenden technologischen Regeln, nach denen Innovationen vorgenommen werden, schnellen technischen Fortschritt ermöglichen. Insofern kann von einer technischen Entwicklungslinie als von einem Innovationsweg gesprochen werden. Technologische Paradigmen stellen einen Konsens zwischen Gruppen von technologischen Experten in Unternehmungen oder in unternehmensübergreifenden Organisationen dar (Esser u.a. 1998, 13-15).

Im Unterschied zur Situation in der wissenschaftlichen Grundlagenforschung, in der der Konsens über ein neues Paradigma im Wesentlichen nur zwischen den Fachleuten des betreffenden Wissenschaftsgebietes erforderlich ist, kann sich ein neues technologisches Paradigma erst herausbilden, wenn der Konsens auch die Anwender mit einschließt, wenn also ein doppelter Konsens bei Paradigma und Leitbild erfolgt. Voraussetzung für die Entstehung eines neuen technologischen Paradigmas ist die Bewährung in der Herstellung und Anwendung. Zu einer Einigung auf ein neues Paradigma wird es erst kommen, wenn durch die Kaufentscheidung der Anwender deutlich wird, welche der Produkteigenschaften für die Anwender von besonderer Bedeutung sind, gegebenenfalls für verschiedene Anwendergruppen, so dass technologische Alternativen erhalten bleiben (Esser u.a. 1998, 27f).

Die Bell'sche Vision vom Telefon sowie die Durchsetzung des Telefonparadigmas und des Telefonleitbildes eines „universal service" waren nicht das Ergebnis eines Wettbewerbsprozesses, sondern das Ergebnis eines vereinbarten und gesetzten Telefon-Standards, der Voraussetzung für die Realisierung eines umfassenden Netzes war. Dazu waren Standardisierungsprozesse und Systemführer erforderlich. Außerdem ist auf die Entwertung von Humankapital bei Paradigmenwechseln hinzuweisen (Esser u.a. 1998, 30-32). Bei diesem Modell der Steuerung durch Nachfrage kann die Gesellschaft mit nicht-effizienten Produkten und Technologien überflutet werden, die die gegenwärtige und die zukünftige Generation belasten. Wir fahren immer noch mit dem falschen Typ von Automobilen, wir benutzen immer noch die falschen Typen von Kernreaktoren, arbeiten mit einem nicht-optimalem Design von Schreibmaschinen, Tastaturen und einem technisch nicht optimalen Video-Format. Wir partizipieren an solchen Interaktionen und Technologietransfers z.B. in Computernetzwerken und Telekommunikationssystemen. Es gibt eine ganze Reihe von Produkten, deren Nützlichkeit für den Konsumenten nicht nachgewiesen ist. Allerdings erhöht sich der Nutzwert eines Gutes häufig mit der wachsenden Anzahl von Konsumenten (Esser u.a. 1998, 119-121).

Das Konzept der Pfadabhängigkeit und die neue positive Rückkoppelungsökonomie wurde von Brian Arthur 1990 formuliert. Mit Hilfe dieser Theorie lässt sich Technologietransfer anders als vorher erklären. Gemäß diesem Modell lässt sich nicht hundertprozentig vorhersagen, welche Technologie erfolgreich transferiert wird und welche der Innovationen sich letztendlich am Markt durchsetzen werden. Es hängt in gewisser Weise mit der Anzahl von Nutzern zusammen, die in einer gewissen Zeitspanne gewonnen werden können.

Deshalb bieten manchmal Unternehmer Rabatte an, um bei Anfangskäufern das Interesse an bestimmten Konsumgütern zu wecken, damit die alten Standards, die den Gebrauch eines bestimmten technischen Gutes sinnvoll gemacht haben, sich wandeln können, um neuen technischen Gütern mit z.b. größerer Umweltfreundlichkeit eine Chance zu geben. Anreize sollen geschaffen werden für Kunden, die bereits Investitionen in den alten Standard gemacht haben und nun Investitionen tätigen müssen für eine neue Technologie (Esser u.a. 1998, 136). In einer ganzen Reihe von Fällen setzt sich auch keineswegs das technisch ausgereiftere oder gar technisch bessere Konzept durch. Vielmehr setzten sich Systeme durch, für deren gesellschaftliche Akzeptanz mehr investiert worden ist. Es genügt heute nicht mehr, nur noch Technologien zu entwickeln und sie anzubieten, sondern es müssen gewisse Entwicklungs-, Transfer- und Nutzerpfade angeboten werden, damit sich eine bestimmte neue Technologie vor dem Hintergrund bereits eingeführter Praktiken durchsetzt. So werden auch weiterhin in vielfacher Form wenig umweltfreundliche Technologien verwendet, obwohl rein theoretisch bereits bessere technologische Lösungen möglich sind. Dabei ist es nicht nur eine Frage der ökonomischen, sondern auch der gesellschaftlichen „Kosten", die entstehen, wenn neue Arten des Gebrauchs mit neuen Technologien entwickelt werden müssten. Außerdem sollte Arthurs These von den Entwicklungspfaden und Technologietransferpfaden nicht als Rechtfertigung für verschiedene Arten von staatlichen Industrielenkungsmaßnahmen missbraucht werden (Esser u.a. 1998, 148).

Der Stand der Technik umfasst technische Traditionen, den Stand des impliziten Wissens, des Umgangswissens und der technischen Kompetenz. Er bezieht sich auf eine Phase, einen Abschnitt der technischen Entwicklung, zumindest auf einen Teil eines epochalen Paradigmas technischer Kompetenz oder Gestalt technischer Praxis. Technische Höhe bezeichnet ein Reflexionswissen, Kulturhöhe eine historische Gegebenheit als Interpretationskonstrukt. Sie ist als jeweils relative Standortbestimmung innerhalb der Kultur anzusehen und bedeutet einen bestimmten Stand der Innovation, eine Innovationshöhe, die eine jeweils dazugehörige Gemeinschaft oder Gesellschaft bewältigt und verarbeitet hat. Insgesamt betrachtet sind Begriffe wie „Stand der Technik", „technisches Niveau" oder „Kulturhöhe" Interpretationskonstrukte. Sie unterstellen einen relativ statischen Zustand in einem Meer von Innovationen. Ein solcher Zustand ist daher kaum in Gänze transkulturell übertragbar, höchstens einige seiner Teilmomente. Innovationen differenzieren die jeweilige Höhe der Technik aus. Sie ermöglichen damit einerseits erst Technologietransfer, andererseits machen sie dieses Geschäft schwierig.

Das Konzept der Kulturhöhe ist nicht sehr oft entwickelt und ausgeführt worden. Dies liegt nicht zuletzt an diesem Konzept selbst. Es unterstellt nämlich, dass sich alle Bereiche der Kultur wie technische Entwicklungspdfade verhalten. Die eigentliche Fortschrittstheorie lässt sich nur auf technische und wissenschaftliche Entwicklungspfade anwenden. Solche Entwicklungspfade beruhen bis zu einem gewissen Grad auf der Konzeption des Experimentes, also des Versuches. Das Ziel eines solchen Entwicklungspfades liegt nicht fest, sondern wird in einem Suchprozess gefunden. Moral hingegen als ein weiterer wichtiger Teil der Kultur beruht primär nicht auf Entwicklungspfaden, sondern auf Tradition. Traditionen begründen Überlieferungswege, und diese sind oft keineswegs experimentell, sondern eher starr. Nicht in allen Kulturbereichen ist Fortschrittlichkeit die angemessene Bewertungskategorie (und diesseits beileibe auch nicht die einzige Kategorie für die Bewertung von Wissenschaft und Technik). Das Konzept der Kulturhöhe ist damit zwar äußerst schwer zu operationalisieren, aber auch nicht gänzlich wertlos. Wer in diesem Zusammenhang von Zwei Kulturen spricht, demonstriert damit allerdings nur, dass er die Entwicklung von Kultur nicht verstanden hat.

Der Kulturvergleich weist eine Reihe anderer Schwierigkeiten auf. Die Ethnologie ist als Wissenschaft vom kulturell Fremden im 19. Jahrhundert als Kind der Aufklärung und des Kolonialismus entstanden. Wie können fremde Kulturphänomene mit den eigenen Wahrnehmungskategorien angemessen erfasst werden? Dies ist eine der leitenden Fragestellungen dieser wissenschaftlichen Disziplin, die auf Beobachtung und Befragung beruht. Die Fundamente von Anthropologie und Ethnologie sind erschüttert. Die traditionelle Feldforschung ist an ihre Grenze gekommen. Es ist eine Krise der ethnografischen Repräsentation auf Grund der Auflösung des Gegenstandes der klassischen Anthropologie und Ethnografie auf Grund von Vermischung und Globalisierung festzustellen. Insofern kann von einem gewissen Anachronismus der Ethnologie ausgegangen werden. In dieser Situation kann eine Verknüpfung von Ethnologie und Cultural Studies helfen (Niekisch 2002, 7-9).

Die Aufklärung entwarf das Bild des Fremden und inszenierte Menschenzoos mit Eingeborenen. Die Zurschaustellung der offensichtlichen Rückständigkeit der kolonialisierten Völker diente als Legitimation der Zivilisierung. Die moderne Ethnografie und Anthropologie grenzt sich von positivistischen und szientistischen Ansätzen ab. Heute wird in zunehmendem Maße Kultur medial vermittelt. Insofern ist ein nicht so stark lokalisierendes Vorgehen erforderlich (Niekisch 2002, 69-88). Die Globalisierung verändert das Untersuchungsfeld des Ethnografen. Hochkultur und Alltagskultur vermischen sich. So wird die Überwindung dichotomisierender Anschauungen empfohlen. Essentialistische oder substantialistische Kulturkonzepte geraten ins Hinter-treffen. Dennoch erforscht die Ethnologie das kulturell Fremde, verknüpft es aber mit Elementen der Kulturanalyse (Niekisch 2002, 93-96). Kultur wird als symbolisches Universum verstanden und als Lebensstil. Kultur ist ein integriertes System von Glaubensinhalten über Gott, Realität oder über das letzte Ziel, von Werten, von Gebräuchen und Gewohnheiten, wie man sich verhalten soll, welche Beziehungen zu anderen man haben soll, wie man redet, betet, sich anzieht, arbeitet, spielt, Handel treibt und speist usw.. Kultur umfasst Institutionen, die Glaubensinhalte, Werte und Gewohnheiten ausdrücken, z.B. Regierungen, Gesetze, Rechtssysteme, Gotteshäuser, Kirchen, Familien, Schule, Krankenhäuser, Fabriken, Geschäfte, Vereinigungen, Clubs usw., die eine Gesellschaft zusammenbinden und ihr einen Sinn von Identität, Würde, Sicherheit und Kontinuität verleihen. Damit ist Kultur nicht nur als ein Symbolsystem von Bedeutungen aufzufassen (Adeney 1995, 16).

Vorangetrieben durch die universale Ausbreitung von Wissenschaft und Technik, durch Verkehrs- und Kommunikationseinheit schließt der Globalisierungsprozess Menschen unterschiedlicher kultureller Herkunft zu einer Menschheit zusammen. Wir sind Zeugen des Übergangs und der Transformation der bisherigen Geschichte, die immer Teilgeschichte war, in Weltgeschichte. Die globale Einheit der Menschheit betrifft freilich nur die zivilisatorische Ebene, insbesondere im wissenschaftlichen, ökonomischen, verkehrs- und kommunikationstechnischen Bereich, keineswegs jedoch kann von kultureller Einheit die Rede sein. Im Gegenteil: jener Prozess, der sukzessive zur globalen äußeren Verkehrseinheit geführt hat, lässt heute die verschiedensten Wertsysteme, Glaubensformen und Sinnbestimmungen aufeinanderstoßen, ohne dass abzusehen wäre, wie sich unter solchen Umständen eine Einigung verwirklichen ließe, welche die Menschen auch in ihrem Menschsein verbindet. Die Situation der Gegenwart erfordert zwingend eine kulturübergreifende Kommunikation, welche die Ebene zivilisatorischer Koexistenz überschreitet und zur interkulturellen Verständigung führt. Solchen Anstrengungen stellt sich freilich der kulturell bedingte normative und religiöse Pluralismus entgegen. Interkulturelle Kommunikation führt gerade dann, wenn sie gelingt, dazu, dass Identität gefährdet wird, was einen kulturellen Orientierungsverlust zur Folge haben kann. Kulturelle Identität wird gerade dann, wenn sie sich behauptet und als unantastbar verteidigt, die Möglichkeit interkultureller Kommunikation und Verständigung grundsätzlich begrenzen und behindern. Wir brauchen Kriterien, die einen Vergleich des Inkommensurablen ermöglichen würden (Mall/Schneider 1996, 119f).

Differenzen zwischen ganzen Wertsystemen sind zu berücksichtigen, die ihrerseits – so reflektiert sie auch sein mögen – keine abstrakt begründeten Systeme darstellen, sondern in Lebensformen fundiert sind (Mall/Schneider 1996, 123). Das Faktum des kulturellen Pluralismus und die damit verbundene Pluralität kulturell fundierter Orientierungssysteme begründet die Forderung, kulturelle Identität unbedingt zu respektieren und den Anspruch auf kulturelles Selbstsein uneingeschränkt zu garantieren. Die Erwartung an die interkulturelle Philosophie ist groß, dass sich im Dialog mit den Kulturen neue, zeitgemäße Orientierungsmöglichkeiten zeigen. Diese Erwartung ist nicht ungefährlich, denn sie suggeriert die Möglichkeit, neue, verbindliche, kulturübergreifende Auswege aus der Ratlosigkeit der Gegenwart zu finden (Mall/Schneider 1996,

126). Im Aufeinandertreffen unterschiedlicher Sicht- und Verstehensweisen in Handlungssituationen ist jede Seite bemüht, die eigene gegen die andere zum Zuge zu bringen, die eigene Definitionsmacht gegen die des anderen durchzusetzen. Dabei wird die Sicht- und Verstehensweise, die sich der jeweils andere zu erkennen gibt, schon im Lichte der eigenen Kultur als konträr oder ähnlich, zumeist aus beiden gemischt, abgebildet und in dieser Gestalt zum Ansatz für das Geltendmachen der eigenen Kultur genommen. Voraussetzung dafür ist die raumzeitliche Fixierung von Kulturen zu je einer Kultur. So entsteht die gemeinsame Erfahrung, dass und wie jeder Schritt eines vergleichenden Bemühens tiefer in die verschachtelten Hintergründe der eigenen wie der fremden kulturellen Hinterbühnen der Wahrnehmungen und Reflexion hinein führen und an Schärfe und Brisanz gewinnen kann (Matthes 1992, 3-5). Der kulturelle Aspekt des Technischen wird dabei in der Regel völlig ignoriert.

Viele Konzepte der Gesellschaftsgeschichte, auch generelle Modernisierungs- und Entwicklungstheorien beruhen in ihrer Gültigkeit auf Kulturvergleichen (Matthes 1992, 13). Im 19. und 20. Jahrhundert wuchsen die nationalen Rivalitäten und Spannungen. Der wissenschaftliche Kulturvergleich war geradezu eine Reaktion auf den sich ausbreitenden Nationalismus und verstärkte sich mit dem Imperialismus. Wohl rückte man vom einlinigen Evolutionismus ab, entdeckte intervenierende Variablen, berücksichtigte Sonderfälle, konzentrierte sich auf die Modernisierung, rechnete dabei auch mit Fremdhilfen, blieb aber schon deshalb im Konzept der Gesellschaftsgeschichte gefangen, weil der Begriffsapparat der Soziologie ganz auf die Binnenstrukturen zugeschnitten war (Matthes 1992, 20-24). Kulturvergleich steht als Sammelname für eine Vielfalt von Tätigkeiten, die bei der Begegnung von Kulturen beiderseits in Gang kommen (Matthes 1992, 27). In der kolonialen Situation, wo zwei Kulturen sich räumlich zum täglichen Umgang ineinanderschieben, tritt klarer als sonst hervor, dass der Kulturvergleich eine dauernde Aufgabe bleibt (Matthes 1992, 33). Wichtig sind Elemente einer nichtrelativistischen Theorie der Kultur (Matthes 1992, 153). Die Struktur der Kultur enthält folgende Elemente: Die implizite Kultur besteht aus tief verwurzelten, sehr allgemeinen und unreflektierten Mustern der Wahrnehmung, des Denkens und des Handelns, aufgrund derer die Träger einer Kultur mit der Wirklichkeit in ähnlicher Weise umgehen. Dieser Code wird von den Trägern der Kultur nicht unmittelbar, sondern durch die Untereinheiten der Gesellschaft, denen sie angehören, prismatisch gebrochen in die Praxis umgesetzt (verwirklicht). Das Auseinanderstreben der kulturellen Explikation wird dadurch verhindert, dass diese auf bewusster Ebene noch einmal durch den überwölbenden Baldachin der autoritativen Kulturleistungen zusammengefasst werden. So entsteht die hohe, die repräsentative oder die explizite Kultur (Matthes 1992, 158).

Einige türkische moslemische Reformer waren bereits im 18. Jahrhundert sehr besorgt um die Rückständigkeit ihrer Gesellschaft. Das Anliegen, westliches Wissen und westliche Wissenschaft zu übernehmen, hatte sich im 19. Jahrhundert erheblich verbreitet. Japan ist das beste Beispiel für eine erfolgreiche Modernisierung in Asien (Matthes 1992, 199f). Zur Reform der Armee schlug man in Japan nicht nur die Übernahme westlicher Bewaffnung vor, sondern auch eine Änderung des Rekrutierungssystems sowie der Hierarchisierung. Eine echte Modernisierungsbewegung ist unter der Führung einer intellektuellen Elite möglich (Matthes 1992, 202). Die Situation in den asiatischen Ländern ist augenblicklich durch drei Entwicklungslinien gekennzeichnet. Die erste drückt einen Trend zu innovativer Vermittlung aus. Dieser Trend ist schwach. Die zweite zeigt einen Trend zu halbherziger Vermittlung an. Dieser Trend dürfte der im Moment stärkste sein. Die dritte Entwicklungslinie ist die des Ressentiments mit seiner feindseligen Haltung gegenüber der westlichen Zivilisation. Diese spricht die Halbgebildeten insbesondere unter den Jugendlichen an. Seit geraumer Zeit findet man eine zunehmende publizistische Propaganda gegen westliche Zivilisation. Dabei geht es um die Vorstellung, der Westen sei materialistisch, er sei die Quelle sexueller Permissivität, korrumpiere Geist und Charakter und fördere selbstsüchtigen Individualismus (Matthes 1992, 212f).

Insgesamt ist nicht ein Relativismus von Normen und Werten zugrunde zu legen, sondern ein Konzept regional und kulturell begrenzt gültiger universaler Werte, eine Art regionaler Universalismus, die Interdependenz von Gesellschaft und Kultur im Sinne der Darstellungs- und Interpretationssysteme von Gesellschaft in regionaler Ausformung. Kultur ist Hintergrund, Rechtfertigung, Handlungsanleitung und Ziel gesellschaftlicher Bereiche. Heterogenität, kulturelle Wechselbeziehungen und kulturelle Diversität sind zu einem Teil der modernen Gesellschaft geworden. Der Prozess der Akulturation bestimmter Gruppen wurde vorangetrieben. Durch interkulturellen Wandel und Austausch der Sozialisierung mit anderen Gruppen geschah eine gewisse Verschiebung. Die dualistische Teilung in Kolonisierer und Kolonisierte wird diesen komplizierten Akulturationsprozessen nicht gerecht. Es wurde den Mechanismen und Prozessen wenig Aufmerksamkeit gewidmet, die die differenzierten Prozesse kultureller Kontakte, das kulturelle Eindringen von neuem Gedankengut, kulturelle Fusionen und auch kulturelle Konflikte tatsächlich begleiten (Young 1995, 4-6).

Hybridität ist ein Schlüsselfaktor in der kulturellen Debatte. Eine solche neue kulturelle Hybridität entsteht in Großbritannien (Young 1995, 23). Hybridität wechselt von der Rassentheorie zu einer Konzeption kultureller Kritik. Hybridität bewirkt dabei einen Rückgriff auf konfligierende Strukturen in der gegenwärtigen Theorie (Young 1995, 19). Es gibt eine Reihe von Differenzen wie Kultur gegen Natur, wie Kultur gegen Zivilisation oder Kultur gegen Anarchie bzw. hohe Kultur gegen niedrige Kultur oder Technokratie und Gegenkultur, schließlich Kultur gegen Subkultur und hohe Kultur gegen Alltagskultur, materiale Kultur oder Produktion und symbolische Systeme (Young

1995, 29). Außerdem kann man Bürgerlichkeit und Zivilisation unterscheiden. Es entstand ein sich weiter öffnender Spalt zwischen der materiellen Zivilisation und geistigen bzw. moralischen Werten. So wurde zwischen Kultur und Modernismus unterschieden (Young 1995, 50).

Die neue Rechte bezieht sich auf Konzepte von Kultur und Rasse, auf sog. natürliche Kulturgemeinschaften wie Kulturräume und richtet sich gegen einen multikulturellen Kulturbegriff. Huntington fordert insgesamt territoriale Separation. Er konstruiert sogar ein neues Feindbild im Osten und behauptet ein weltweites Chaos (Mokre 2000, 59-61). Allerdings verlaufen die Konfliktlinien und das Kooperationsverhalten quer zu Kulturen. Konflikte gibt es vor allem innerhalb von Kulturen. Huntington sieht die Kehrseite des Multikulturalismus und entwickelt zwei entgegengesetzte Bewertungsmuster der Globalisierung. Angesichts der Interkulturalität und des diskreten Charmes des Kulturalismus entsteht ein verstärktes Bedürfnis nach Abgrenzung vom Fremden. Die Realisierung der Globalisierungseffekte hat das neoklassische Paradigma der Ökonomie der Globalität ins Wanken gebracht. Außerdem ist auch der Westen kein kollektiver Akteur (Mokre 2000, 102). Es gibt wissenschaftliche und technische Komponenten von Zivilisationen auch im Hinblick auf die Globalisierung. Dies wirkt sich in drei Bereichen aus: (1) Einflüsse durch technisch-wissenschaftliche Denkstile auf traditionelle Denkweisen, (2) Bedeutung der technischen Verkehrs- und Kommunikationsnetze für die zunehmende Vernetzung großräumiger oder weltweiter Kulturmuster und (3) Herausbildung eines globalen Referenzrahmens. Dies ist dem keine antiwestlichen Blöcke (Mokre 2000, 69-73). Die islamische Kultur wird als monolithischer Block und als kompakte Einheit wahrgenommen, dabei unterscheiden sich Türken, Araber, Perser usw. stark voneinander und sind häufig voneinander isoliert. Der islamische Fundamentalismus ist eine politische Bewegung. Klassische Machtkonflikte haben eine kulturelle Dimension.

Wir leben im Zeitalter allgemeiner Restauration, wobei Integration und Desintegration miteinander ringen. Der Kampf um Anerkennung bei inkommensurablen Ansätzen kann bis zum Aufstand und zur Auflehnung führen. Auch zwischen den Kulturen besteht dieser Kampf um Anerkennung, so Alexander Garcia Düttmann. Der Kampf um Anerkennung ist die zentrale philosophische Dimension in der interkulturellen Auseinandersetzung. Dieser sollte im Sinne der Philosophie mit rationalen Mitteln geführt werden. Das Kulturzeugnis einer erbrachten Leistung begründet die Forderung nach Anerkennung. Ein solches Anerkennen kann auch misslingen. Die Anerkennung ist geschichtlich und die Bestätigung ist eine Art von Stiftung und an äußere Zeichen gebunden (Düttmann 1997, 9-48). Anerkennung ist bereits und bleibt immer in einem Kampf um Anerkennung verwickelt. Die Ideologie des Multikulturalismus ist unzureichend, denn es ist unmöglich, das Zwischen als repräsentativen Schnittpunkt von Kulturen zu objektivieren. Also muss man in gewisser Weise auf das

Unverwechselbare einer Kultur setzen (Düttmann 1997, 72-10). Die Gewöhnung stiftet ein Akzeptanzverhältnis, das allerdings nicht immer in demselben Maße reflektiert ist wie bewusste Anerkennung (Düttmann 1997, 107-121)., 191).

Interkulturelles Wertemanagement ist eine neue Aufgabe. Alles Kulturelle verbraucht im Unterschied zur von selbst laufenden Natur habituell Arbeit und Aufmerksamkeit. Etwas wird in Ordnung gebracht oder gehalten. Kulturelles wird sozial gelernt und ist geschichtlich. Die Suche nach Wohlstand ist konstitutiv, muss aber nicht zwangsläufig mit westlichem Konsum identifiziert werden. Wir brauchen eher eine ökologisch verträgliche Form der Symbolisierung von Wohlstand. Kultur ist primär eine Frage von Bildung, Ausbildung und Kompetenz, der Symbolisierungsfähigkeit und des Verstehen bzw. Interpretieren Könnens. Der Begriff Interkulturalität setzt ein übergreifendes Verständnis von Kultur voraus. Wissenschaft und Technik haben die Hoffnung auf Befreiung von Hunger, Schweiß und Krankheit mit sich gebracht, aber sie nicht immer eingelöst. Technologischer Fortschritt bietet konkrete und leicht messbare Indikatoren für Veränderung und Fortschritt, denn die Funktionsfähigkeit technischer Artefakte lässt sich mit dem Gelingenskriterium leichter bewerten als der Wert einer Idee oder dergleichen. Technologische Innovationen führen Menschen und Material zusammen, Normen und Praktiken, Institutionen und Leitbilder, um daraus Dinge zu produzieren, die auf mehr als nur lokalen Ebenen wirken.

Im Konzept der Modernität wurden Versprechungen gemacht, die sich an vergangenen Entwicklungsstufen orientiert haben. Das Ergebnis zeigt uns nun, dass unser Ziel nicht darin bestehen kann, mehr oder exakter zu planen. Das umfangreiche Planungsgeschehen und die entsprechende Planungsmethodik, sei sie material, ökonomisch oder sozial, sollte mit Vorsicht herangezogen werden, sollte mit Respekt für die Zufälligkeit der Realität angewandt werden. So brauchen wir also ein völlig neues Modell von Modernität. Das Fehlen eines weltweiten Konsenses über technischen Fortschritt oder den Nutzen, den er bringt, macht sich bei der Realisierung von Modernisierung hinderlich bemerkbar. Es gibt weder die zwei Kulturen, noch kompensieren die Humanwissenschaften kulturelle Sinndefizite technischer Modernisierung. „Technologie-Kultur" ist als Teil einer Strategie zur demokratischen Ausrichtung und Gestaltung der Technologieentwicklung weltweit zu institutionalisieren.

Im Kulturvergleich führt die Begegnung mit dem Fremden zu Selbstzweifeln und Verunsicherungen. Die verfügbaren Muster des eigenen Forschungshandelns greifen in anderen kulturellen Kontexten nur bedingt. Daraus entsteht ein doppeltes Mitteilbarkeitsdilemma: Die persönliche Erfahrung bedrohter kultureller Eigenidentität darf genauso wenig mitgeteilt werden wie die wissenschaftliche Erfahrung von Begrenztheit, ja vom wo möglich projektiven Charakter der Muster des eigenen Forschungshandelns im Blick auf das Fremde. Sozialanthropologie und Ethnologie haben das Fremde in besonderer

Weise wieder deutlich auch als Moment der eigenen kulturellen Entwicklung herausgearbeitet. Die Soziologie hat sich aus dem Mitteilbarkeitsdilemma heraus gehalten und die Schwierigkeiten des Kulturvergleichs bis heute umgangen. Häufig findet der Kulturvergleich nur als Vergleich einer westlichen mit einer nichtwestlichen Kultur statt. Die verglichenen Größen aber sind nicht homogen. Daher muss die Bestimmung des Forschungsgegenstandes für den Kulturvergleich präzise sein, denn dieser ist eigentlich bereits problematisch.

Man kann diesen interkulturellen Vergleich als Befragungsforschung oder Implikatorenforschung konzipieren. Dabei ist ein methodisches Problem die Omnipräsenz des Religiösen in allen asiatischen Gesellschaften, für die in der europäischen säkularisierten Moderne kein Äquivalent vorhanden ist. Europäer verstehen daher in der Regel den Charakter asiatischer Gesellschaften zum Beispiel schon aus diesen Gründen nicht. Ein Ansatz ist die Formulierung von Indikatoren für übergreifende Zustände. Wir müssen uns aber klar machen, dass in der interkulturellen Begegnung der Fremde von der europäischen Kultur immer schon mehr weiß als der Europäer von der fremden Kultur. Insofern muss eine reflektierte Methodologie des Vergleichens entwickelt werden, um Missverständnisse zu vermeiden. Hilfreich ist die Überwindung der subsumptionslogischen Version des Vergleichens, die auf der Angleichung der fremden Kultur an die eigene beruht (Breinig 1990, 13-24).

Ein Problem des Kulturvergleiches und der interkulturellen Philosophie hat bislang sehr wenig Aufmerksamkeit erregt, obwohl es in den letzten fünf Jahrhunderten grundsätzliche Bedeutung erlangt hat. Das Phänomen des Technologietransfers und der unterschiedlichen Niveaus, die sich herausgebildet haben, weil Technikentwicklung in Europa seit der Neuzeit erheblich schneller und anders verläuft als in den anderen Teilen der Welt, wodurch bereits bestehende kulturelle und ökologische Entwicklungstendenzen verschärft und beschleunigt wurden. Da nicht zuletzt technikgeschichtliche Vorarbeiten nicht so zahlreich sind, wie dies wünschenswert wäre, bleibt die folgende Untersuchung fragmentarisch in dem Versuch, einige Rahmenbedingungen für Transferleistungen technischer und kultureller Art abzuklären, nicht zuletzt, um für die Umsetzung von mehr Nachhaltigkeit für Schwellenländer zu klareren Konzepten zu gelangen.

Die Selbsterfahrung der ersten, europäischen Moderne hat zu einer Geschichtsphilosophie und Entwicklungspfadtheorie geführt, die von der Vorbildlichkeit und Überlegenheit europäischer weltanschaulicher und technologischer Art derart überzeugt war, dass Kolonialisierung zunächst, Technologietransfer später als selbstverständlich aufgefasst wurden, weil die kulturellen und technologischen Niveauunterschiede so offenkundig schienen, dass beide Formen ihrer Bewältigung nicht weiter problematisiert wurden. Inzwischen aber hat die Geschichtsphilosophie technisch-zivilisatorischer Modernisierung ihre visionäre Kraft eingebüßt bzw. in die Science fiction verbannt – in Konzepte eines Kriegs der Sterne oder eines Terminators. Ohne die Wiedergewinnung zumindest einer Spur dieser visionären Kraft, auch wenn diese eigene Überlegenheitsunterstellungen kritischer als bisher reflektiert werden müssten, dreht Modernisierung zunehmend leer und degeneriert zum Konzept der nachholenden Industrialisierung, in der kritiklos das Vorbild der industrialisierten Zivilisationen nachgemacht und nachgeahmt wird.

Entwicklungspfade können korrigiert, aber nicht vollständig umgekehrt werden. Auch die Kolonialisierung kann nicht ungeschehen gemacht werden. Allerdings stellen eine Reihe von Modernisierungsfolgen heute Probleme dar, die mit noch mehr Modernisierung angegangen werden sollen (Spiraleffekt). Verwestlichung und eine gewisse Modernisierung wird daher nicht zu vermeiden sein. Auch die Entfremdungstheorien sind hier in der Regel zu undifferenziert, denn sie setzen einen vorgegebenen Maßstab voraus (sei es des Menschen, der Religion, Kultur oder Tradition). Andererseits lebt auch die Vorstellung von Modernisierung von einem vorgegebenen Maßstab, der fragwürdig geworden ist: Nur wenn man „den" europäischen technologischen Entwicklungspfad für einmalig und vorbildlich für die ganze Welt hält, ist nachholende Industrialisierung wie Modernisierung der gesellschaftlichen und kulturellen Organisation nach westlichem Vorbild erstrebenswert. Ein solches Modell führt in die Globalisierung von Technologie und Ökonomie, vor allem aber auch der Umweltprobleme.

Die Moderne als soziale, kulturelle und technische Konstruktion des aufklärerischen Europa und seiner Geschichtsphilosophie, in der insbesondere in Frankreich Wissenschaft und Technik zum Indikator, Maßstab und Kriterium gesellschaftlichen Fortschritts wurden (Irrgang 2002b), Natur als Ressource im Zusammenhang eines Konzeptes von nützlichen Wissenschaften sahen (Irrgang 2002c), Kant seinen Begriff von Menschenwürde und Weltbürgertum entwickelte, sich Philosophie insbesondere in Frankreich als Emanzipation von der Religion verstand und sich nicht nur die „Dialektik der Aufklärung" vorbereitete, sondern auch ein Konzept kritischer und selbstkritischer, korrekturoffener und pfadabhängiger Vernunft entwickelte (Irrgang 1982) verknüpfte Vernunft mit Technik und verband diese mit einem Interesse an anderen Kulturen, welche schwärmerische Verehrung der fremden Weisheit und Güte und hochmütige Verachtung und Kolonialisierung des Primitiven einschloss. Aufklärung war mehr als Handlanger der industriellen Revolution, immerhin Wegbereiter für die Aufwertung von Konsum, kommerzieller Gesellschaft, nützlicher Technik und einem Vernunftverständnis, welches sich immer mehr mit Wissenschaft und Technik verknüpfte. Das aufklärerische Interesse für Reiseliteratur, das Ausgreifen auf das Fremde und das Interesse an fremden Völkern – zugegebenermaßen verbunden mit Kolonialismus und Unterdrückung – führte zu ersten Konzepten einer kulturellen Globalisierung, wobei diese nur im Sinne des Herrschaftsparadigma zu betrachten, zu grobschlächtig sein dürfte.

Mit Pfadabhängigkeit und Technikhöhe ist der Machtaspekt der Technik verbunden. Ihn zu analysieren, bedarf es einer eigenen Untersuchung. Auch wenn Technikpfade nicht determinieren, macht technische Entwicklung Vorgaben, wie Marktführerschaft oder Patente, über die eine Firma verfügt, nötigend wirken können. Technische Kompetenz wirkt sich in Dispositionen aus. Die Fähigkeit, handeln zu können, führt zu Macht, wenn auch nicht notwendigerweise automatisch zu Herrschaft oder gar Zwang. Gelingen oder Misslingen sind Phänomene der Macht und des Könnens, Herrschaft verlangt Gehorsam und Zwang nötigt. Es gibt zweifelsohne technikinduzierten Zwang oder Nötigung, z.B. im Krieg, aber technisches Können zwingt nicht, auch nicht zum Technologietransfer, wenn es keine guten Gründe oder Handlungsziele dafür gibt. Allerdings sind Differenzen im technischen Können Voraussetzungen für die Überlegung, ob ein Technologietransfer sinnvoll und ethisch vertretbar oder sogar wünschbar ist. Globalisierungsgegner machen diesen Machtaspekt der Technik deutlich, wenn sie auch häufig die kulturelle Einbettung von Technik nicht mitbedenken, denn nur eine Technik ohne Berücksichtigung ihrer kulturellen und wertbedingten Einbettung impliziert Sachzwänge, Nötigungen und dergleichen. Genau genommen macht der Machtaspekt der Technik im Globalisierungskontext nur deutlich, dass eine Welt-Technologie-Reflexionskultur erforderlich ist. Erst durch Weltbilder, Weltanschauungen oder ethische Überlegungen, die alle Kulturphänomene sind, kann man entscheiden, ob eine Technik und ein Techniktransfer wünschenswert oder erforderlich ist.

Techniktransfer ist verbunden mit einer bestimmten Standardisierung und Homogenisierung auch kultureller Art. Kulturtransfer bringt bisweilen Veränderungen von Leitbildern und Weltbildern, aber auch Techniktransfer kann zu Modernisierungseffekten und Modernisierungsinseln führen. Es gibt aber nicht nur technikinduzierte Kulturanpassung, sondern auch eine kulturbedingte Anpassung von Technik. Einige Aspekte der Interdependenzen von transkulturellen Einbettungen von Technik wie technischer Beeinflussung und Transformation kultureller Prozesse sollen im folgenden untersucht werden. Viele Mischformen sind möglich. Globalisierung durch Technik führt insbesondere zu Veränderungen von Kommunikationsprozessen. Techniktransfer induziert Anpassungs- und Aushandlungsprozesse für Interpretationshorizonte und Rahmenbedingungen technischer Praxen, auch für den Technologietransfer selbst, wobei Gerechtigkeitsfragen eine Rolle spielen können. Eine Folge davon sind Mischkulturen von Ingenieurs- und Technikstilen, in denen Interpretations- und Aushandlungsprozesse stattfinden. Eine weltumspannende Philosophie der Wissenschaft und Technologie stellt sich als unabwendbare Aufgabe einer Erwägungs- und Interpretationskultur von Technologie (Irrgang 2003b) für das 21. Jh. dar. Nach dem Ende des ideologischen Jahrhunderts ist die Philosophie auf der Suche nach neuen Paradigmen. Sie wird aus diesem Grunde von unten anfangen müssen, da die Prinzipien- und Leitbildebene selbst Interpretationsbedarf anmeldet. Technikhermeneutik wird damit nahezu zwangsläufig über die eigenen Technikstile und Konstruktionsschulen in andere Kontinente, Religionen und Kulturen ausgreifen und komparativ werden. Erst wenn Technikphilosophie sich in der ihr eigenen Perspektive Fragen der Interpretation von Religion, Kunst und Kultur, aber auch der Macht, des Militärs, des Politischen und Sozialen zuwendet, wird sie ihrer neuen Aufgabe gerecht. Es ist eine höchst spannende und aufregende Zeit, die eine Philosophie der Technik vor sich hat.

1. Technologietransfer und Kulturtransfer

Bisher wurde Technologietransfer von Industrie- in Entwicklungsländer im wesentlichen aus ökonomischer Perspektive untersucht. Allein Kapitaltransfer schafft nicht die Voraussetzungen für ein wirtschaftlich sich selbst tragendes Wachstum in den Entwicklungsländern. Wesentlich ist der Mangel an lokal verfügbarem Wissen und Know-how. Insofern sind Formen der Investitionsförderung erforderlich. Der Technologietransfer meint Übertragung jeder Art von technischem Wissen von Industrie- in Entwicklungsländer. Der Technologietransfer vollzieht sich im Rahmen der verschiedenen Formen privatwirtschaftlicher Kooperationen wie (1) Aus- und Einfuhr von Gütern, (2) Patent- und Lizenzverkehr, (3) Direktinvestitionen, (4) Non-equity-arrangements, besonders von Beratungs- und Dienstleistungen sowie gemeinsamen Forschungs- und Entwicklungsbemühungen. Es geht um die Versachlichung der Diskussion über den privatwirtschaftlichen Technologietransfer (Menck 1981, 15-18).

Mehr als 90% aller Forschungsausgaben in der Welt werden in Industrieländern getätigt. Rund 80% aller Wissenschaftler und Ingenieure, die sich im Bereich Forschung und Entwicklung befinden, arbeiten in Industrieländern. Die notwendige Umsetzung der vorhandenen Erkenntnisse in die Praxis wird durch Kapitalmangel beim Staat und Unternehmen erheblich behindert. Dies manifestiert sich insbesondere in einem Mangel an Technologie und einem Mangel an Humankapital. Der Technologietransfer (TT) durch öffentliche Hilfe ist zu gering. Daher hat der private TT eine steigende Tendenz, zwingt aber die importierenden Länder zu höheren Zahlungen, Schulden, Verzicht auf andere Importe. TT schafft praktisch keine neuen Arbeitsplätze. Technologien aus den Entwicklungsländern werden zunehmend skeptisch betrachtet, weil sie Rohstoffe verschwenden und nicht ausreichend die entsprechende Bevölkerung berücksichtigen. Eine Neuordnung des privatwirtschaftlichen TTs ist daher erforderlich. Eine Unterstützung durch die Industrieländer ist unumgänglich. Die angeblich zu geringe Priorität von Wissenschaft und Technologie in den Entwicklungs- und Schwellenländern und ihre Stellung in den Ländern der dritten Welt wird beklagt (Menck 1981, 20-23).

Betrachten wir den Technologietransfer ökonomisch: Zur Erfassung der Wohlfahrtswirkungen einer Innovation und Technologieverbreitung gibt es unterschiedliche Methoden. Industrielle Technologie wird von innovativen Industrieunternehmen produziert und zwar aus Gründen der Gewinnerzielung. Dabei lassen sich Produkt- und Prozessinnovationen unterscheiden (Reile 1988, 1-6). Wegen möglicherweise negativer Wohlfahrtsauswirkungen einer Technologieverbreitung für das Innovationsland könnte dieses versucht sein, die Weitergabe des Know-hows zu verhindern. Technologietransfer lässt sich aber nur bei hochmonopolisierten Technologien verhindern. Technischer Fortschritt erhöht grundsätzlich die Produktivität der vorhandenen Primärfaktoren. Die Frage nach einer optimalen Monopolisierung einer neuen Technologie ist oft eine Frage der Patententwicklung. Eine zu starke Monopolisierung verhindert größere Gesamtwohlfahrtseffekte. Es kommt zu einer Abkoppelung der Imitationsländer (Reile 1988, 39-41). Denn Technologietransfer führt zu Lerneffekten im Imitationsland und zu Veränderungen im Arbeitsplatzangebot. Auch die Breite der technologischen Lücke und die Kosten der Imitation stehen sich proportional gegenüber. Auf dabei einsetzende Learning-by-Doing-Effekte ist hinzuweisen. Wichtig sind Standortfragen für die neuen Produktionsstätten und Lizenzverträge. Vertragsformen des Technologietransfers sind: (1) Verkauf und Patente, (2) Lizenzen auf Patente, (3) Know-how-Lizenzen, (4) gemeinsame Forschung und Entwicklung, (5) Ausbildung lokaler Arbeitskräfte, (6) Bereitstellung eigener Fachkräfte, (7) Management und Servicekontakte und (8) Joint Ventures.

Es gibt verschiedene Formen der Übertragung des Nutzungsrechtes im Hinblick auf die Erstellung von Anlagen durch den Technologiegeber, hinsichtlich Vereinbarungen über Produktion und Forschung, Vereinbarungen über Management-Unterstützung und Vermarktung und Vereinbarungen über Ausbildungsmaßnahmen und die Bereitstellung von Fachkräften. Darüber hinaus gibt es Vereinbarungen über Beteiligungen (Reile 1988, 115-125). Z.B. in Indien ist die technologische Struktur sehr ausdifferenziert. Die indische Regierung erschwert allerdings Joint Ventures. Außerdem muss die Zulieferung des Technologiegebers geregelt sein. Der Personalaustausch zur anfänglichen technischen Einweisung ist sehr wichtig. Und die technische Unterstützung während der laufenden Produktion muss gesichert sein (Reile 1988, 129-142). Die Kontrolle über den Export lizenzierter Produkte ist ein gewisses Problem, außerdem der Entwicklungsstand der transferierten Technologie. Die Geschwindigkeit der technischen Veränderung wirkt sich auch im ökonomischen Bereich aus. Die indische Technologiepolitik wurde mit dem Ziel konzipiert, die technologische Abhängigkeit des Landes zu verringern und die Technologiepreise möglichst niedrig zu halten. Dies führte zu einer Begrenzung der Lizenzgebühren, zu einer Begrenzung der Vertragslaufzeit oder zu einer Begrenzung von Kontrollvereinbarungen. Die bürokratische Handhabung in Indien machte den Technologietransfer sehr unübersichtlich. Dies führte zu negativen Auswirkungen insbesondere für kleinere Unternehmen (Reile 1988, 241).

Ein typisches Merkmal der Entwicklungsländer besteht in ihrem teils beträchtlichen technologischen Rückstand gegenüber den Industrieländern. Eine Antwort ist der Import von Technologie. In neuerer Zeit kann eine (eigenständige) Forschung und Entwicklung als weitere Quelle des technologischen Fortschritts hinzukommen. Dabei besteht eine wechselseitige Beziehung zwischen Technologietransfer und industrieller Forschung und Entwicklung. Es ist angebracht, beide Komponenten des technologischen Fortschritts zu betrachten. Der Technologietransfer bildet einen wesentlichen Ansatzpunkt für industrielle Forschung und Entwicklung. Güterbundene und freie Technologie sind zu unterscheiden. Es geht hierbei um die Funktionsweise eines Gerätes oder einer Maschine oder um Produktions-Know-how. Die Übergabe einer Blaupause, in der das gesamte Produktions-Know-how aufgezeichnet ist, kann man als Technologietransfer bezeichnen. Es gibt Technologietransfer, der keinen Know-how-Transfer impliziert, zweitens einen Technologietransfer, der zugleich Know-how-Transfer ist und drittens einen Know-how-Transfer, der kein Technologietransfer ist. Häufig verbindet sich der Transfer freier Technologie mit dem Transfer gütergebundener Technologie (Helmschrott 1986, 1-5).

Transfer in sehr unterentwickelte Entwicklungsländer muss von einem umfassenden Know-how-Transfer begleitet sein. Der Technologietransfer vollzieht sich vornehmlich in Verbindung mit folgenden Tatbeständen (Mechanismen des Technologietransfers): (1) Import von Kapitalgütern (insbesondere Import schlüsselfertiger Anlagen), (2) ausländische Direktinvestitionen, (3) Lizenz- und Know-how-Verträge und (4) Imitation. Auch für Japan war die Imitation in der Frühphase der Industrialisierung ein wichtiger Mechanismus zur Übernahme von Technologie aus den damaligen Industrieländern. Die Nachahmung kann als Sonderfall des Technologietransfers angesehen werden. Dabei erfolgt die Übertragung der Technologie (Produkt-Know-how) gewöhnlich auf folgende Weise: Der Imitator analysiert das zu imitierende Produkt (durch Zerlegung in Einzelteile). Er versucht damit, das dem Produkt zugrunde liegende Produktions-Know-how herauszufinden. Dies ist grundsätzlich möglich, aber bisweilen schwierig, weil sich das Produktions-Know-how in der Struktur des Produktes nur mehr oder weniger niederschlägt. Bei der Imitation vollzieht sich der Technologietransfer in indirekter Weise. Die Imitation kann legal oder auch illegal erfolgen. Dies ist abhängig vom Rechtssystem und dem Patentschutz in den Entwicklungsländer. Bei dieser Art der Imitation entstehen Vorformen der industriellen Forschung und Entwicklung. Bei der Imitation vollzieht sich der Technologietransfer auf indirekte Art und Weise (Helmschrott 1986, 3-8).

Beim Import von schlüsselfertigen Anlagen wird auf den Käufer häufig auch Produktions-Know-how übertragen. Das Wachstum des Technologieimportes in Indien z.B. war maßgebend für das industrielle Wachstum. Andere (mögliche) Einflussfaktoren wie Veränderungen der Industriestruktur und der Industriestrategie oder der Transferpolitik dürften ohne oder nur von geringer Bedeutung gewesen sein. In Südkorea lässt sich im Vergleich zu Indien eine wesentlich raschere Zunahme des Technologieimportes feststellen. Dies hängt mit dem erheblich stärkeren industriellen Wachstum in Südkorea zusammen. Es gibt eine wesentlich umfassendere Verschiebung der Industriestruktur und eine modifizierte Industrialisierungsstrategie. Die Industrie Südkoreas war viel stärker auf den Export ausgerichtet als diejenige Indiens (Helmschrott 1986, 37-40).

Heute gibt es in Schwellen- und Entwicklungsländern Präferenzen zugunsten moderner Technologien, die zugleich als Verstoß gegen das Prinzip der Gewinnmaximierung zu verstehen sind. Die Überbewertung der indischen

Rupie und der Grad der Verzerrung und der daraus resultierende Trend zu kapitalintensiven Technologien erwies sich als ein Hinderungsgrund für eine angepasste Technologie. Das mit einer Technologie verknüpfte Risiko lässt sich in mehrere Risikoarten aufgliedern. Die traditionellen Theorien zur Erklärung der Technologiewahl sind jedenfalls unzureichend. Insofern müssen neue Theorien zur Technologiewahl entwickelt werden (Helmschrott 1986, 73-83). Der unkontrollierte Technologieimport kann die Anwendung lokal entwickelter Technologien beeinträchtigen. Angemessene und angepasste Verfahren sind zu entwickeln. Ziele der Transferpolitik sind: (1) Verringerung der Abhängigkeit vom Ausland, (2) Reduzierung der Kosten des Technologietransfers, (3) Beeinflussung der Struktur des Technologietransfers und (4) Schutz einheimischer Technologien. Dabei kommt es zur Abwandlung der eingeführten Technologie. Die Verwendung eigener Arbeitnehmer (besonders ausgeprägt in Indien) ist ein wichtiger Faktor in der Technologiepolitik. Die meisten Schwellen- und Entwicklungsländer bemühen sich um den Aufbau einer eigenen Forschung und Entwicklung im Land. Wichtig sind diese für die Entwicklung von angemessenen bzw. von angepassten Technologien. In Schwellen- wie Entwicklungsländern sollen Produktionsverfahren arbeitsintensiv und wenig kompetenzintensiv sein, keine hohe Produktionskapazität erfordern und die Verarbeitung lokal verfügbarer Inputs ermöglichen. Die erzeugten Investitionsgüter sollen arbeitsintensiv, die hergestellten Gebrauchs- und Verbrauchsgüter einfach im Gebrauch und angemessen in der Qualität sein (Helmschrott 1986, 84-119).

Die zum Teil widersprüchlichen Anforderungsprofile und Effizienzkriterien machen die Minimierung der Produktionskosten schwierig. Somit herrscht ein gravierender Mangel an angepasster Technologie in den Entwicklungsländern. Eine Ursache dafür wird in ihrer Herkunft aus den Industrieländern gesehen. Dabei müssten Investitionsgüter von den Konsumgütern unterschieden werden, denn bei ihnen sind Standortfaktoren und die Wünsche der Abnehmer von besonderer Bedeutung. Viele der Investitionsgüter werden bereits für die Entwicklungsländer entworfen. In Schwellen- wie Entwicklungsländern gibt es Bedarf an einfachen und billigen Konsumgütern, während in den Industrieländern aufwendige Luxusgüter nachgefragt werden (Helmschrott 1986, 120-131). Forschung und Entwicklung in Indien wuchs von 1975 bis 1980 von 0,55 auf 0,65%, in Südkorea im selben Zeitraum von 0,50 auf 0,75%, in den Industrieländern sogar um 2%. In Indien ist Forschung und Entwicklung staatlich, in Südkorea privat finanziert. Es kam zu einer Erhöhung der betrieblichen Forschung und Entwicklungs-Ausgaben auch in Indien. Die Übernahme ausländischer Technologien wirft in der Anfangsphase häufig eine Reihe von technischen Problemen auf, die sich als Störungen des Produktionsablaufs äußern. Sie induzieren umfangreiche betriebliche Lernprozesse. In Schwellen- wie Entwicklungsländern muss man den Produktionsablauf beherrschen lernen und die Kompetenz entwickeln, die übernommene Technologie abzuändern und weiter zu entwickeln. Dies ist der Ansatzpunkt für eigene Forschung und Entwicklung bis hin zur Neuentwicklung. Dabei spielen adaptive technologische Veränderungen an andere klimatische Bedingungen und Konsumgewohnheiten, kleinere Absatzmärkte, niedrigeres Lohnniveau und Mangel an qualifizierten Arbeitskräften sowie der Mangel an Rohstoffen eine Rolle (Helmschrott 1986, 133-162).

Sehr häufig gehört zu den Anpassungsstrategien die Reduzierung der Produktionskapazität. Eine ganze Reihe von Anpassungsstrategien der Herstellungsverfahren der Produkte sind erforderlich. Häufig müssen importierte Technologien durch lokale Inputs substituiert werden. Häufig sind die Produktionsverfahren nicht kostendeckend, sondern dies ist auch eine Folge staatlicher Auflagen. Häufig werden nicht die neuesten Technologien übernommen und bleiben länger in Gebrauch. Die betriebliche Forschung in Schwellen- wie Entwicklungsländern zielt großen Teils auf die Modifizierung importierter Technologie. Die ältere Technologie hat aber in der Regel eine höhere Arbeitsintensität. Ein großer Teil der transferierten Technologien blieb unverändert, dann aber ist Entwicklungsarbeit nicht erforderlich. Häufig wird Forschung eingesetzt, um technologische Veränderungen vorzunehmen (zum Beispiel um lokale Inputs aufnehmen zu können), die steigende Produktionskosten nach sich ziehen. Dies geschieht häufig aufgrund staatlicher Auflagen. Größere technologische Veränderung durch die Forschung sind in Entwicklungsländern derzeit noch nicht festzustellen. In den Entwicklungsländer sind Forschungsbemühungen noch von geringerer Bedeutung, aber im Anwachsen begriffen. In Schwellen- wie Entwicklungsländern sind technologische Veränderungen von begrenzter Reichweite. Der Lizenzerwerb ist bei Entwicklungsländern sehr selten. Die Entwicklung leichter Ackerschlepper in Indien ist eines der Beispiele. Die Eigenentwicklung in semi-entwickelten Ländern ist stark von der Imitation geprägt und ermöglicht keinen dauerhaften Verzicht auf Technologieimporte aus den Industrieländern. Es handelt sich hierbei eher um kleinere technologische Veränderungen. Größere technologische Veränderungen implizieren größere Risiken und Kosten. Forschung ist häufig im Grundlagenbereich zu finden, Entwicklungsländer haben daran oft kein Interesse. Auch führt der anwendungsorientierte Teil von Forschung in Schwellen- und Entwicklungsländern nicht immer zum Erfolg. Häufig ist eine geringe Praxisrelevanz der öffentlichen Forschung zu verzeichnen. Und ein mangelhafter Informationsfluss zwischen öffentlichen Forschungseinrichtungen und Industrieunternehmen hemmt die Entwicklung. Hinzu kommen Hemmnisse auf der Nachfrageseite (Helmschrott 1986, 164-188).

Die Verschiebung der Industriestruktur und die Modifizierung der Industrialisierungsstrategie ist ein Teil des Technologietransfers. Technologieintensive Bereiche haben erheblich an Gewicht gewonnen. Industrielle Forschung tritt in nennenswertem Umfang nur in semi-industrialisierten Entwicklungsländern in Erscheinung und stellt auch dort ein relativ neues Phänomen dar. Lokale Besonderheiten führen zu Adaptionen und Modifikationen an der übernommenen Technologie. Die staatliche Forschung ist auf bestimmte Bereiche zu beschränken. Das Ziel, Unabhängigkeit von den Industrieländern zu er-reichen, entspricht nicht der Realität. Teilweise kommt es zu einer Ersetzung der aus den Industrieländern stammenden Technologie. Die Mehrheit der heutigen Entwicklungsländer steht vor erheblich größeren Startschwierigkeiten als Japan in der Mitte des 19. Jahrhunderts zu Beginn seiner Industrialisierung. Ganz wichtig ist die Verbesserung des Ausbildungssystems und selektiver Technologieimport (Helmschrott 1986, 215-221).

Multinationale Unternehmungen sind die grundsätzlichen Eigner und Verkäufer von industrieller Technologie auf Märkten, in denen sehr viele Unternehmer schlecht informiert sind und so nur über ein Minimum an Wettbewerbskompetenz verfügen. Dies gilt insbesondere auf Märkten in sich entwickelnden Ländern. Für die Aspekte des Technologietransfers ist es ausreichend, die vier unterschiedlichen Komponenten von Technologietransfer zu berücksichtigen und zu unterscheiden (1) Technologie in Form der legal anerkannten Patente und Warenmarken (2) Technologie in Form des nicht patentierbaren oder nicht patentierten Know-how, (3) Technologie, eingebettet in kompetent durchgeführte Arbeit und (4) Technologie verwirklicht bzw. realisiert in physischen Gütern (Chen 1994, 41f).

Eine Rahmenordnung für Technologietransfer ist das Patentwesen. Die überwältigende Mehrzahl der Patente in weniger entwickelten Ländern sind jedoch von ausländischen Unternehmen registriert worden. Patentschutz ist hier also weniger von Bedeutung für sich entwickelnde Länder, sondern eher für die große Anzahl der ausländischen Unternehmer. Die sehr geringe Anzahl von Bewohnern dieser sich entwickelnden Länder, die ebenfalls Patente anmelden können, wiegen die Nachteile für die sich entwickelnden Länder nicht auf, die durch das bisher bestehende internationale Patentsystem für diese heraufbeschworen werden. Die wenigsten dieser Länder können es sich erlauben, bestimmte technische Innovationen im Ausland patentieren zu lassen. Sie erreichen auf diese Art und Weise nicht den wechselseitigen Nutzen der in Paris ausgehandelten Patentkonventionen. Man kann daher unterstellen, dass Patente sich restriktiv auf den Technologietransfer auswirken und ihn nicht erleichtern. Ein anderes bedeutendes juristisches Instrument, um Märkte auszubeuten und die Stabilität dieser Ausbeutungsbeziehungen aufrecht zu erhalten, ist das eingetragene Warenzeichen. Seine offensichtliche Funktion ist der Schutz und die Garantie von technischen Qualitätsstandards. Häufig aber verhindert diese Form der Organisation von Technologie den eigentlichen Technologietransfer (Chen 1994, 43f).

Die „Angepasstheit" der von den Industrieländern angebotenen Technologien ist jeweils zu überprüfen. Ökonomische und soziale Merkmale zur Kennzeichnung angepasster Technologien sind anzuführen. Schwerwiegende Realisierungsprobleme angepasster Technologie können durch Entwicklungszusammenarbeit vermindert werden. Der TT kann insgesamt zu hohe Kosten aufwerfen (Menck 1981, 24-37). Die Nachfrage nach importierten Technologien wird in vielen Entwicklungsländern nach staatlichen Plänen festgelegt. Arbeitsintensive statt kapitalintensive Technologien sollten eingeführt werden. Die Instrumente des privatwirtschaftlichen TT von Unternehmen sind (1) Export und Import von Gütern und Dienstleistungen, (2) Direktinvestitionen, (3) Vereinbarungen über Patent- und Know-how-Lizenzen und Unternehmenszusammenarbeit bei Forschung und Entwicklung. Bei Direktinvestitionen geht es um die Bereitstellung technischer Kenntnisse, um Ausbildung von Arbeitskräften und um Vermarktung. Es gibt eine unterschiedliche Bewertung ausländischer Direktinvestitionen. Immer wieder hört man Verdrängungsvorwürfe. Der Wettbewerbsvorteil des Empfängers besteht darin, dass das technologische Wissen Beteiligung an exklusiven Nutzungsrechten beinhaltet. Industrieforschung hat ihre eigenen Vorteile und Problematik (Menck 1981, 41-61).

Die Kosten des TT sind nicht zu vernachlässigen. Es sind (1) Erschliessungskosten, (2) Kosten für die Inanspruchnahme der Technologie. Wichtig ist auch der Industrialisierungsgrad, der Personaleinsatz und die Vermeidung überhöhter Verrechnungspreise. Wirtschaftliche und administrative Hindernisse bestehen in (1) der Größe des Binnenmarktes, (2) der Qualifikation der Arbeitskräfte und den Fähigkeiten des lokalen Managements. Administrative Hindernisse bestehen (1) allgemein in Einstellungen der Regierungen von Entwicklungsländern dem privatwirtschaftlichen TT gegenüber. (2) Auflagen hinsichtlich der Verwendung der Technologie, (3) Einschränkung von Schutzrechten der Geberländer, (4) Beschränkung für die Erstattung der Kosten des TT, (5) Behinderung interner Kostenerstattungen bzw. der verbundenen Unternehmen und (6) Vorschriften über die Verwendung von Patent- und Know-how-Lizenzen. Die Haupthindernisse sind dabei die Qualifikation der Arbeiter und die Hindernisse durch die Administration (Menck 1981, 98-108). Große Unternehmen können Risiken und Zusatzkosten besser ausgleichen. Die Fördermaßnahmen der Entwicklungsländer müssten (1) den Bereich der Qualifikation des Faktors Arbeit umfassen; (2) Die Ausbildung muss über die des technischen Überwachungs- und Führungspersonals hinausgehen; (3) Die Schulung von Führungskräften im kaufmännischen und im Managementbereich ist zu erweitern. Es geht um eine Beschäftigung und Finanzierungshilfe. Eine Unterstützung von Selbsthilfeorganisationen ist erforderlich. Insgesamt sollten zu Entwicklungsprojekten nur noch Zuschüsse abgegeben werden.

Der Export technischer Güter in ausländische Abnehmerländer umfasst hauptsächlich Güter des Anlagen- und Maschinenbaus, meist Investitions- oder Produktivgüter. Es sind Eisenbahnen, Staudämme und Stahlwerke. Auch der Transfer kleinerer, weniger komplexer Anlagen ist wichtig. Häufig handelt es sich um Maschinenexport. Zwischen Unternehmen aber auch in Form staatlicher Entwicklungshilfe wird Technologietransfer organisiert, wobei nicht selten Entwicklungsruinen entstehen. Große räumliche Distanz, Verständigungsschwierigkeiten, Unterschiede im Rechtssystem, Unterschiede in klimatischen, infrastrukturellen und wirtschaftlichen Rahmenbedingungen und „Mentalitätsunterschiede" sind Ursache für die Misserfolge und Reputationsverluste der beteiligten Firmen. Hinzu kommt ein zunehmender weltweiter Konkurrenzdruck. Der Umgang mit Technik gilt dabei als Erfolgskriterium. Bei der Aufbauphase einer Industrie kann der Anbieter oft noch Einfluss nehmen, später jedoch nicht. Dabei ist der Umgang mit Technik, die Handhabung und Bedienung, die Pflege, Reinigung, Instandhaltung mittels Inspektion, Wartung und Reparatur oder der Ersatz der Anlagen, Apparate und Maschinen ganz entscheidend. Aneignung und Kenntnis spezifischer technischer Wissensinhalte sind für den Umgang mit Technik zentral und unverzichtbar. Vor allem in der Entwicklungshilfe gilt der nachhaltige Erfolg jedes Techniktransfers als explizites Ziel (Hermeking 2001, 11-14).

In der Phase von 1950 –1960 sollten insbesondere technische Rückstände aufgeholt werden. Ab 1970 war angepasste Technologie und ein entsprechende Know-how das Leitbild. Ab 1980 wurden „soziale Verträglichkeit" und Akzeptanz im Empfängerland als Leitbild ausgegeben. Seit 1990 können „Hilfe zur Selbsthilfe" an diese Stelle gerückt werden. Die Vernachlässigkeit des Problemfeldes des nachhaltigen Erfolgs des industriellen Techniktransfer stellt eines der ernsthaftesten Probleme in diesem Zusammenhang dar. 1980 gab es einige Ansätze zum internationalen Management von Entwicklungshilfe. Die tendenzielle Abkehr von rein technologisch-mechanistischer Betrachtung der Transfer durch Führung scheint sich anzubahnen. Kulturunterschiede und daraus resultierende Konflikte sind schon länger in den USA Forschungsgegenstand. Hier geht es um interkulturelle Kommunikation. Auch die ethnographische Methode ist für den interkulturellen Geschäftsverkehr unverzichtbar. Mit der Einbeziehung des Umgangs mit Technik in die Diskussion um die Kulturabhängigkeit wirtschaftlichen Handelns wird die kulturalistische Position erweitert (Hermeking 2001, 15-20).

Vorüberlegungen zum Verhältnis von Kultur und Technik weisen auf den Einbezug der Werthaltungen der Besitzer und Nutzer dieser Technik hin. Das Problembewusstsein für den Betrieb der Technik ist ein Erfolgsfaktor des Techniktransfers und muss erst noch entwickelt werden. Der globale Transfer industrieller Technik als materielles Symbol abendländischer Zivilisation suggeriert weltweit identische kulturelle Dispositionen als Voraussetzungen sowie Wirkungen ihrer Adaption analog dem historischen Prozess ihrer Verbreitung und ihrer kulturellen Folgewirkung im Abendland. Die universalistisch-technologische Auffassung der Technik kann als Charakteristikum der abendländischen Moderne interpretiert werden. Sie gipfelt in der Auffassung von der Dominanz der Wirtschaft über die Kultur (Hermeking 2001, 23-44).

Unter der universalistischen Haltung der abendländischen Moderne wird die globale Verbreitung der Technik auf einem oberflächlichen Betrachtungsniveau ohne Differenzierung ihrer immateriellen kulturspezifischen Dispositionen wahrgenommen. Die adaptive Anpassung transferierte Technik an die Kultur des jeweiligen Empfängerlandes ist zu fordern. Auch im Westen gibt es keinen einheitlichen Umgang mit Technik. Die Kulturabhängigkeit des Umgangs mit transferierter Technik führt zu einer Entscheidung zwischen einer kulturalistischen und einer technologischen Sichtweise von Technologie und Technologietransfer. Die eigene Kulturbrille wird oftmals ausgeblendet. Die bewusste, „kreative" Umfunktionierung, Umnutzung und Umwertung im Empfängerland ist zu berücksichtigen. Beim Techniktransfer erfolgt mit dem Wechsel des kulturellen Umfeldes auch ein Wechsel der sie einbindenden Kontexte wobei Kultur als Lebenswelt und Kulturwandel berücksichtigt werden muss (Hermeking 2001, 45-55).

Für den Technologietransfer entscheidend ist der Umgang mit Technik, das Eintauchen der transferierten Technik in neue, unterschiedliche kulturelle Handlungskontexte und Bedeutungszusammenhänge. Befunde in der arabischen Region weisen auf die Bedeutung des Erwerbs modernster Technik hin, auf die Rückständigkeit und das Know-how-Defizit der Bediener, wobei Technik oft soziales Statussymbol ist. Überzogene Gewährleistungsansprüche und mangelnde präventive Wartung der Technik sind ebenfalls kulturspezifisch. Ausbleibende Reparatur und vorzeitige Aufgabe der Technik gehen ebenfalls Hand in Hand. Verheimlichte Bedienungsfehler und Beschädigung der Techniken gehören ebenso dazu wie das Ignorieren der Bedienungshandbücher und mangelnde Vorsicht und Arbeitssicherheit. Die Bedeutung sozialer Beziehungen wird vom auswärtigen Partner oft nicht genügend berücksichtigt. Nach der Phase der schwierigen Einweisung ist häufig eine geringe Arbeitsmotivation zu verzeichnen. Private Interessen werden mit beruflichen verbunden, so dass es zu Entwendungen und zu einer mangelnden Reinhaltung der Technik kommt. Häufig wird ja gesagt und das Gesicht gewahrt, aber nichts getan. Die mangelnde Termineinhaltung und Arbeitsabsenzen gehören genauso zum Arbeitsalltag wie Autoritätsobrigkeitsdenken. Es gibt Kommunikationsprobleme und einen arabischen Nationalstolz, dazu religiös-rechtliche Differenzen. Hinzu kommt die mangelhafte Infrastruktur, hinderliche Bürokratie, aber auch ein hohes Ansehen moderner Technologie. Nicht zuletzt eine solche Meinung führt zu Überbeanspruchung der Technik worauf dann Improvisation erfolgt (Hermeking 2001, 85-87).

Außer bei ausländischen Firmen mit ausländischem Management spielt die Problematik der mangelnden Wartung bei Anlagen und Maschinen mit beweglichen Teilen die größte Rolle. Verstöße gegen Betriebsvorschriften insbesondere durch leitende Angestellte, das Ignorieren der Bedienungshandbücher, mangelnde Vorsicht und Arbeitssicherheit sowie Schwierigkeiten bei der Einweisung und mangelnde Reinhaltung der Technik gehören zum Alltagsgeschäft und sind Folge eines unterschiedlichen Umgangs mit Technik (Hermeking 2001, 89-95). Mangelnde Termineinhaltung und Arbeitsabstinenzen dokumentieren ein anderes Zeitgefühl. Außerdem gibt es Unterschiede hinsichtlich der sozialen Hierarchie. Patriarchalische Autorität, gestärkt durch nach außen sichtbare Statussymbole, sind vielerorts wichtig. Technik wird oft aus offensichtlichen Prestige- und Statusinteresse aufgebaut, obwohl für deren Betrieb die qualifizierten Bediener fehlen. Es gibt eine Diskrepanz zwischen dem Erwerb modernster Technik durch die Spitze der Hierarchie und Know-how-Defizite unterer Schichten, die diese Technik bedienen sollen, es aber nicht können. Dies führt zu Einweisungsproblemen bei steiler Hierarchie und bei fehlendem sozialem Mittelbau (Hermeking 2001, 95-98).

Tendenzen, den gesellschaftlichen Status aufrecht zu erhalten, sind auffällig. Es gibt Unterschiede hinsichtlich der Gruppensolidarität kollektivistischer Kulturen. Harmonie und Jasagen gehören in vielen Gesellschaften zu dem Sozialkitt, der bei uns eine andere Rolle spielt. Der soziale Schutz der Bediener vor ernsteren Konsequenzen von Fehlern ist ebenfalls häufig kulturell bedingt und ein Unterschied hinsichtlich der Leistungsorientierung. Häufig handelt es sich um sogenannte „feminine" Kulturen, die ein gutes soziales Umfeld, Harmonie und die Berücksichtigung von Familie fordern. In der arabischen Region gibt es eine geringe Arbeitsmotivation. Auch wird häufig Bescheidenheit statt Ehrgeiz propagiert. Hinzu kommt die andere Zeitorientierung wobei das vorzeitige Wegwerfen noch neuer Sachen uns besonders seltsam anmutet (Hermeking 2001, 99-106).

In ehedem sozialistischen Regionen, zu denen in gewisser Weise auch Indien und China gehören, sind folgende Werteinstellungen kultureller Art im Umgang mit Technik festzustellen. Die Präferenz modernster westlicher Technik wird konterkariert von hinderlichen Auswirkungen des Sozialismus. Mangelnde präventive Wartung und geringe Arbeitsmotivation, mangelnde Präzision und Sorgfalt, private Interessenspriorität und Entwendungen spielen ebenfalls eine hohe Rolle. Positiv ist die russische Möglichkeit zur Improvisation, wobei mangelnde Reinhaltung der Technik, Nationalstolz und Selbstbewusstsein möglicherweise dem in die Quere kommen. Es tauchen Kommunikationsprobleme auf, strenge technische Vorschriften werden nicht beachtet, die Infrastruktur ist häufig mangelhaft. Oft wird überdimensionale Technik bevorzugt, und der Alkoholgenuss am Arbeitsplatz ist nicht ohne Folge für den Betrieb der technischen Anlagen. Mangelnde Termineinhaltung, strenge Autorität und die Bedeutung sozialer Beziehungen sind ebenfalls auf unterschiedliche kulturelle Kodierungen im Umgang mit der Technik zurückzuführen. Mangelnde Vorsicht und Arbeitssicherheit sowie vorzeitige Aufgabe von Technik kommt wie in allen anderen Entwicklungsländern häufig vor.

Know-how-Defizite, Schwierigkeiten der Einweisung und hohes Ansehen deutscher Technik runden das Bild ab (Hermeking 2001, 111).

Die Präferenz modernster westlicher Technik zeigt Technik als Statussymbol, die mit mangelnder präventiver Wartung und der Vernachlässigung des alltäglichen Umgangs mit Technik durchaus einhergehen kann. Zahlreiche Wartungs- und Sicherheitsvorschriften werden nicht eingehalten. Die private Arbeitsmotivation ist gering, eher stehen private Interessen und Entwendungen im Vordergrund. Improvisation ist zentral und ersetzt in gewisser Weise die in Europa übliche Wartung und Sicherung. Auch überdimensionierte Technik als Statussymbol wird präferiert. Insgesamt sind Unterschiede hinsichtlich der Lebensorientierung, der sozialen Beziehung und der Hierarchie festzustellen (Hermeking 2001, 112-118). Improvisationen beim Versuch zu reparieren werden anstelle von Wartung eingesetzt. Die starke Unsicherheitsvermeidung und die materielle Leistungsorientierung, die charakteristisch ist für den deutschen oder europäischen Umgang mit Technik, findet man in vielen anderen Ländern nicht.

Horizontaler Technologietransfer und vertikaler Transfer von Forschung in die Anwendung sind zu unterscheiden. Zentral ist hierbei die Theorie der technologischen Lücke. Der technologische Vorsprung erzeugt eine Nachfrage bei Konkurrenten und Mitanbietern jedenfalls potentieller Art. Dabei kommt es zu Reaktionsverzögerungen und Lernperioden. Eine ausländische Technologie, die in die Wirtschaft des Empfängerlandes eingeführt wird, enthält potentielle „technologische Energie", die sich im Verlauf des Implementationsprozesses im Empfängerland entlädt. Sie spiegelt sich hier in einem anwachsenden technologischen Niveau wider, das bis zu dem Punkt gelangen kann, der durch die ausländischen Technologien repräsentiert wird (Resonanzmodell). Dabei handelt es sich um einen Echoeffekt des Transfers und um technologische Energie, die neue technologische Anforderungen und Möglichkeiten erzeugt. Man kann dies nach dem Stimulus-Responsemodell formulieren (Pauer 1992, 16-21).

Das Konzept des Technologietransfer muss mit dem Produktleben-Zyklus-Modell verbunden werden. Es gibt dabei materiellen Transfer, Konstruktionstransfer, Know-how-Transfer. Das Aufholungsmodell und das Dependenzmodell lassen sich ebenfalls unterscheiden. Allerdings verringert der Import von Technologien nicht die technologische Abhängigkeit der Entwicklungsländer, sondern verstärkt ihren Rückstand und ihre Abhängigkeiten. Von diesen zu unterscheiden sind dominante Wirtschaften. Es gibt keinen systematischen Technologietransfer. Eher ist der Ansatz zu suchen bei Technologisierungsinseln, wobei diese weniger riskant sind als die breite Diffusion selektiven Technologietransfers. Die Rückbesinnung auf die eigenen Kulturen und Techniken werden vom Institutional Choice-Ansatz berücksichtigt. Hierarchische Systeme sind risikoscheu, da Innovationen Unsicherheit in die Hierarchie bringen. Die Unsicherheit besteht in folgenden Ebenen: (1) Inhalte und Ergebnisse neuen Wissens lassen keine genauen Voraussagen zu. (2) Die Produktion neuer Ideen kann nicht zentral koordiniert werden. (3) Je komplexer das System wird, desto mehr echte Entscheidungen müssen getroffen werden und desto größer wird die Notwendigkeit, Entscheidungs- und Koordinationsprozesse zu dezentralisieren. Japan gilt als Musterknabe des Technologieimports der kreativen Adaptation. Dabei ist die Bedeutung des personalen Technologietransfers und des Tacit Knowledge nicht zu unterschätzen. Diese durch langfristige Beschäftigung mit technischen Prozessen erworbenen Fähigkeiten und Fertigkeiten lassen sich in der Regel nicht oder nur in beschränkter Form schriftlich festhalten und übertragen. Insgesamt ist die Prozesshaftigkeit des Technologietransfers zu betonen (Pauer 1992, 25-42).

Technologieausfuhr und -einfuhr ist begleitet von Transfer von Kulturelementen, zu denen die Technologie und ihre Anwendung gehört. Technik übernimmt immer Elemente der Mutterkultur. Der Import der Nassreisanbautechnik vom asiatischen Kontinent um die Mitte des ersten Jahrtausends löste eine technische Revolution mit erheblichen Auswirkungen auf das Wirtschaftsleben in Japan aus. Die Übernahme chinesischer Kulturelemente im 7. und 8. Jh. n. Chr. führte neben der Übernahme der Technik in Japan auch bereits zu einer Weiterentwicklung der Technik, wobei letztlich der Lehrling den Meister übertraf. Eine Theorie des Technologietransfers muss von der Konzeption des Learning by Making ausgehen. Der Begriff Entwicklungsland impliziert ein Gefälle im technologischen Niveau. Japan vertrat unter dem Shogunat eine Abgrenzungspolitik, die sich allerdings nicht sehr lange aufrecht erhalten ließ. Das Studium der westlichen Wissenschaften war auch für Japan sehr wichtig. Der Technologietransfer in der Zeit vor 1868 hatte zunächst offiziell fast ausschließlich das Ziel, die Verteidigungsfähigkeit des Landes zu erhöhen. Der Vorbildcharakter der Industrie der westlichen Länder wird aber auch bei einzelnen, führenden Politikern jener Zeit erkannt (Pauer 1992, 48-53).

Seit 1868 wird Technologieimport als Grundlage der Industrialisierung angesehen. Voraussetzung ist die Bereitschaft zur Übernahme ausländischen technischen Know-hows. Der Alphabetisierungsgrad in der damaligen japanischen Gesellschaft war bereits vorangeschritten. Bei der Vermittlung technischen Wissens bevorzugten die Japaner die Generalisten. Fachkräfte, die oft im Ausland als Lehrlinge arbeiteten, um Grundkenntnisse zu erwerben, wurden Pioniere im eigenen Land. Man hatte auch in Japan erkannt, welch große Summen für den Warentransport ausgegeben werden mussten. Daher suchte man nach Importsubstitution in Pilotfabriken (Pauer 1992, 54-57). Ab 1890 zog sich der Staat aus dem Technologietransfer zurück. Die Privatunternehmen, die zunächst vom Staat ausgesucht worden waren, übernahmen nun das Feld der Produktion. Auch in der Zeit bis 1945 hielt sich der Staat von direkter Einflussnahme auf den Technologietransfer weitgehend zurück. Im Zweiten Weltkrieg gab es Wünsche des japanischen Militärs in Bezug auf deutsche

Militärtechnik. Nachbaurechte, Baupläne und dergleichen konnten mit U-Booten nach Japan gebracht werden. Es kam zu einer Akkumulation von Technologie, welche im Hinblick auf ein Devisenkontrollgesetz überwacht werden sollte. Eine gewisse Lenkung und Steuerung der Auslandsinvestitionen und des Technologieimportes sollten von japanischer Seite aus garantiert werden. Japan erweist sich bei näherem Hinsehen als ungeeignet als Beispiel für die wirtschaftliche Entwicklung der Länder der Dritten Welt. Die politische Krisensituation in Ostasien um die Mitte des 19. Jh. ist eine ganz andere als die am Beginn des 21. Jh. Auslösender Faktor für die außerordentlichen wirtschaftlichen Anstrengungen Japans war eben diese Krisensituation. Außerdem hatte Japan ganz andere Voraussetzungen im Bereich der Humanfaktoren als viele heutige Entwicklungsländer (Pauer 1992, 58-68).

Interessant ist die Frage nach der Übertragbarkeit des japanischen Entwicklungswickllungsweges auf Entwicklungsländer. Für die Analyse des japanischen Entwicklungsweges sind zwei Aspekte von besonderer Bedeutung: Das Bündel staatlicher Förderungsmaßnahmen und die damaligen Rahmenbedingungen ökonomischer, soziokultureller und sonstiger Art. Eine spezielle Industrialisierungs- und Technologiepolitik lag Japans Industrialisierung zugrunde. Sie begann um 1870. Die Industrialisierung dauerte 60 bis 70 Jahre und beschleunigte sich erst allmählich. Die Baumwolltextilindustrie stand am Anfang und war der führende Wirtschaftszweig. Der Absatz dieser Waren war am Anfang ausschließlich für den Binnenmarkt gedacht und es handelte sich fast ausschließlich um vom Ausland übernommene Technologien. Es gelang, die übernommenen ausländischen Technologien rasch zu absorbieren. Hinzu kamen dann eigene innovative Aktivitäten. Am Beginn der Industrialisierung stand in Japan eine tiefgreifende geistige und soziale Reform. Die allgemeine Schul- und die allgemeine Wehrpflicht wurde eingeführt. Es kam zu einer Umstrukturierung des Feudalstaates. Der Mehrzahl der heutigen Entwicklungsländer fehlt eine vergleichbare Ausbildung als Modernisierungsgrundlage. Auch der Bildungsstand in Japan war relativ hoch. Eine durchgreifende Schulreform, insbesondere eine Reform der beruflichen Bildung wurde in Japan durchgeführt. Das technologische Gefälle zu den Industrieländern war in Japan damals nicht so groß wie heute in den Schwellen- und Entwicklungsländern. Außerdem hatte Japan eine lange technologische Tradition. Als Japan in den Industrialisierungsprozess eintrat, war das Tempo keineswegs so hoch wie heute. In vielen Entwicklungsländern ist der Staat ein wichtiger oder gar der dominierende Industrieunternehmer. Auch dies erweist sich als Modernisierungshindernis. Die Imitation ausländischer Technologien ohne ausländische Direktinvestitionen war die japanische Grunddirektive (Helmschrott 1986, 195-207).

Japanische Unternehmen haben in vielen Fällen bewusst nicht die neueste, sondern eine etwas ältere ausländische Technologie eingeführt (selektiver Technologieimport). Dies erleichtert die Absorption und reduzierte Freisetzungseffekte. Die Verbesserung des Ausbildungswesens und der Kompetenzen durch den Industrialisierungsprozess selbst sind eine Folge des Technologietransfers. Die wesentlichsten Elemente des japanischen Entwicklungsmodells waren privates Unternehmertum, Verzicht auf ausländische Direktinvestitionen, selektiver Technologieimport und umfassender Ausbau des beruflichen und technischen Ausbildungssystems. Nur die Hälfte der Kriterien lassen sich auf heutige Entwicklungsländer übertragen (Helmschrott 1986, 208-213). Imitation von Innovationen aus Industrieländern galt lange als wesentlicher Modernisierungsfaktor für sich entwickelnde Länder. Der Kolonialismus unterstellte die technologische und kulturelle Überlegenheit Europas, das Entwicklungshilfemodell wie das Konzept der nachholenden Industrialisierung, zumindest den Niveauunterschied in der technologischen Kompetenz betreffend. Technische Entwicklungspfade implizieren technischen Fortschritt, begründen Niveauunterschiede, legen aber auch einige der weiteren Entwicklungsmöglichkeiten fest. Sie schaffen eine Infrastruktur, eine vernetzte technische Struktur, deren Aufrechterhaltung ihren Preis hat. Alternative Wege, die von diesen Strukturen abweichen wollen, haben einen erheblich höheren Aufwand bzw. Preis oder Anstrengung zur Folge als das Weitergehen in den bereits gebahnten Pfaden.

Das Transfermodell kann drei Komponenten umfassen: (1) Kulturtransfer, d.h. Transfer bestimmter Institutionen, Bildungseinrichtungen, kultureller Güter wie Wissenschaft und Kunst, hat in Kolonialisierungsprozessen nur beschränkt stattgefunden. Transferiert werden können kulturelle Ideale, Lebensformen und kulturelles Ambiente. Inwiefern in diesem Bereich Globalisierungsprozesse erfolgreicher sein werden, bleibt abzuwarten. Kulturtransfer beruhte lange auf der Ideologie westlicher kultureller Überlegenheit. (2) Technik- bzw. Technologietransfer hat stattgefunden während und nach der Kolonialisierung, zur Zeit der Kolonialisierung nur in beschränktem Umfang. Die Technikhöhe westlicher Industrienationen wurde mit Ausnahme von Japan und Südkorea nie erreicht. Technologietransfer betrifft in erster Linie Technologien und Wirtschaftsformen und beruht auf den Werten technisch-ökonomischer Rationalität, Effizienz und Qualität. (3) Moraltransfer, vielleicht sogar akademischer Ethiktransfer, wird im großen und ganzen als Amerikanisierung abgelehnt. Er vollzieht sich aber in der Jugend und in urbanen Ballungszentren (Modernisierungsinseln) und führt zu umfangreichen Wertwandelprozessen, aber auch zur Entfremdung von der eigenen Tradition möglicherweise bis zu Entwurzelungsphänomenen. Diese können allerdings auch fruchtbar gemacht werden. Und Entfremdung ist wohl nicht das richtige Wort, denn es setzt eine relativ statische Konzeption sowohl der menschlichen Natur wie der Moral voraus.

Kulturtransfer besteht in einer Einbettung von Ideen, Erzählungen und Riten in eine neue Praxis. In früheren Zeiten waren sowohl Kultur- wie Techniktransfer nur durch Reisen, Migration und Ortswechsel möglich. Beim

Techniktransfer wird eine technische Praxis aus ihrem zivilisatorischen Kontext, in dem sie sich herausgebildet hat, herausgelöst, herausgenommen und isoliert. Vernetzungen und Einbettungsprozesse werden rückgängig gemacht, Praxiskontexte verlieren ihre Bedeutsamkeit und müssen für neue Vernetzungen, Einbettungsprozesse und Praxiskontexte vorbereitet werden. Techniktransfer in vorindustriellen Zeiten war relativ einfach. Auch heute noch ist der Technologietransfer leichter als der Kulturtransfer, denn technologische Praxis ist regelgeleitete Praxis, und zumindest die Regeln sind transferierbar und lehrbar, wenn auch nicht oder nicht immer die Praxis selbst. Eine neue Praxis konstituiert sich erst in Anknüpfung und Einbettung in einen Entwicklungspfad, der sich innerhalb der Empfängerkultur herausgebildet hatte. Transferierbar sind somit keinesfalls alle Formen der Praxis, sondern nur regelgeleitete Praxen wie Riten, Zeremonien, Produktionsverfahren und technische Routinen.

Organisationsfassaden sind deshalb nicht nur rituelle Inszenierungen institutionalisierter Handlungsmuster der umgebenden Gesellschaft, sondern gleichzeitig auch prekäre Balanceakte zwischen divergenten legitimierenden Logiken. In manchen Fällen folgen daraus Einsturz der Fassade und Auflösung der damit verbundenen Praxis, die nun „nackt" und ohne Legitimation dasteht. Doch unter bestimmten Verhältnissen entwickeln sich Fassaden zu aufgesetzten Blendwerken und überdauern. Daher sollte sowohl die Sackgasse der Entfremdungsthese wie die Begrenztheit der entgegengesetzten Annahme einer beliebigen Heterogenität der Diskurse als postmodernes Flickwerk vermieden werden (Rottenburg 1994, 265-269).

Häufig kommt es bei der Übernahme westlicher Organisationsformen dazu, dass die Betroffenen ihre Konflikte öffentlich nicht so darstellen, wie sie diese erleben. Vor allem soll dadurch der Gesichtsverlust in der Öffentlichkeit vermieden werden. Taktisches Handeln hinter Spiegelfassaden ermöglicht dieses Spiel. Eine der Hauptursachen des Legitimitätsdefizits in sich entwickelnden Ländern ist die sich aus der Logik der formalen Struktur ableitende Begründung von Status und Verdienst durch Leistung. Diese Verknüpfung erscheint aus dem Sinnhorizont der Akteure nicht annehmbar. Für sie ist der Status eines Menschen eine weitgehend zugeschriebene Dimension, die sich aus der Logik der Gemeinschaftlichkeit ableitet und der kühlen Logik wirtschaftlicher Effektivität nicht unmittelbar unterworfen werden darf. Wenn es im lokalen Legitimitätsdiskurs auch möglich und erstrebenswert erscheint, Status durch Leistung zu verbessern, so geht gehobener Status vor allem auf Großzügigkeit zurück. Viele trachteten danach, die formale Struktur als Spiegelfassade zu errichten, um in ihrem Schatten die bewährten und legitimen Patron-Klient Beziehungen zu pflegen. Doch der Patron-Manager, der angetroffen wurde, versteckt seine Rolle als Patron unter dem Nadelstreifenanzug des westlichen Managers (Rottenburg 1994, 284). Technologietransfer setzt also eine gewisse kulturelle Transformation voraus bzw. muss anerkennen, dass die institutionellen Rahmenbedingungen der technischen Organisation in verschiedenen Ländern ganz unterschiedlich sein können. Zentral jedoch ist die Einsicht, die Rottenburg formuliert: die traditionellen Entfremdungs- und Herrschaftsdiskurse erweisen sich als eurozentrisch.

Die kulturellen Rahmenbedingungen für gesellschaftliche Entwicklung sind in den Strudel umfassender Transformationsvorgänge geraten. Da es keine Grenzen mehr gibt, die überschritten werden könnten, wird der Weg reflexiv, wendet sich die Transformation der technischen Kultur nach innen. So wird eine neue Grundlage der Bildung neuer kollektiver Identitäten zumindest möglich und vorbereitet. Die Suche nach Identitäten und Lebensstilen, mit dem Zweck der Abgrenzung von anderen geht nun über herkömmliche nationale kulturelle Grenzen hinweg und richtet sich nach neuen Kriterien wie Alter, Geschlecht oder Bevorzugung bestimmter Mode- oder Konsumstile usw.. Im Hinblick auf ökosoziale Modernisierung muss Langzeitverantwortung (möglicherweise auch in Gestalt von sustainable development) ein neues identitätsstiftendes Leitbild zumindest einer ökologischen Elite weltweit werden, damit es soziale Vertreter für die Realisierung eines solchen Leitbildes gibt. Langzeitverantwortung wird sich im allgemeinen nicht durch Wiederbelebung religiöser Vorstellungen oder alter Traditionen erreichen lassen, auch wenn diese in einzelnen Fällen hilfreich sein mögen. So bleibt nur der bereits angedeutete Weg einer kulturellen Institutionalisierung und Etablierung einer Technologie-Reflexionskultur ökologisch-sozialer Modernisierung.

Technik als grundlegendes Segment der Kultur ist aufgrund der Nichtsprachlichkeit leichter zu transferieren als andere Kulturtechniken. Dies gilt aber eigentlich nur für handwerkliche Technik, nicht für Technologie, die an spezifische, häufig verwissenschaftlichte kulturelle Felder gebunden ist. Allerdings können auch High-tech-Technologien als Kulturtechnologien - wie z.B. der Internetgebrauch zeigt - auf andere Teilbereiche des kulturellen Gesamtsystems übergreifen. Unabhängig davon müssen wir uns um die Ausbreitung der ökosozialen Idee in verschiedenen Kulturbereichen bemühen, indem Langzeitverantwortung und ihre verwandten Leitbilder normativen Gehalt möglichst für das kulturelle Gesamtsystem erhalten. So müssen wir versuchen, aufgrund der kulturellen Grundsignatur unserer Gesellschaften in ihrer jeweils regionalen Ausrichtung in einen Dialog der Kulturen zu kommen, nicht um eine weltweite Einheitskultur zu generieren, sondern um im Bewusstsein der Differenzen die Toleranz für andere Kulturgestalten nicht nur aufzubringen und diese zu ertragen, sondern diese als anregend für die eigene Ortsbestimmung zu erfahren. Um diese Form transkultureller Entwicklung des Prinzips Langzeitverantwortung müssen wir uns allerdings bemühen. Diese Aufgabe ist, nüchtern betrachtet, keineswegs einfach, denn wenn die zugrunde liegende Konzeption richtig ist, brauchen sich die am Technologietransfer interessierten Gruppen um die kulturelle Akzeptanz in den meisten Fällen nicht ausgiebig zu kümmern. Die an einem kulturellen Austausch interessierten Gruppen haben keine gleich große Lobby hinter sich wie die Globalisierer und bedürfen daher nicht selten staatlicher und überstaatlicher Hilfen.

Für Technologietransfer ist von besonderem Interesse, welche Einstellung zur Arbeit besteht. Der Schlüsselfaktor in vielen Kulturen könnte hier darin liegen, Zukunftsperspektiven persönlicher Art zu eröffnen. Viele der Kulturen haben – im Unterschied zu den Europäern – keinen ausgeprägten Zukunftshorizont und keine explizite Zukunftsperspektive, da ihnen ein zyklisches Weltbild zugrunde liegt. Hier könnte das Prinzip der Langzeitverantwortung neue Horizonte und Perspektiven eröffnen. Dazu aber kann in der Regel nicht auf traditionelle kulturelle Konzepte zurückgegriffen werden. Vielmehr muss diese neue Zukunftsperspektive erst erfahrbar gemacht werden – durch einen erfahrbaren Zuwachs an Lebensstandard z.B.. Transnationale Partnerschaft hilft beim Technologietransfer und öffnet neue Märkte, konfrontiert aber auch mit fremden Lebensentwürfen. Kulturelle Unterschiede im Managementstil in Abhängigkeit von sozialen Rollenerwartungen sind Teil dieses Problems. So ist letztendlich der Aufbau eines wechselseitigen Verständnisses im gemischten Management erforderlich. Meistens aber gibt es mehrere Wege im Projektmanagement.

Folgende Probleme spielen dabei eine bedeutende Rolle: (1) Die nationale Technologiepolitik, die verfolgt wird und Rahmenbedingungen für die einzelnen Technikanwendungen in jedem Land abgibt. (2) Die lokale Akzeptanz bestimmter Technologie, die dazu führt, dass bestimmte Techniken bzw. Technologien akzeptiert und ausgewählt werden, andere aber möglicherweise auf Ablehnung stoßen. (3) Die Fähigkeit zur Einfügung in bereits verfügbare und akzeptierte Technologien ist ein ganz zentraler Gesichtspunkt, damit eine Technologie als angepasst gelten kann und letztendlich in verschiedenen Ländern zum Einsatz kommen kann. (4) Kommen die ökologischen lokalen Rahmenbedingungen für den Technikeinsatz hinzu, die diesen erschweren, aber auch begünstigen können. Auf jeden Fall müssen diese berücksichtigt werden, um Technologie anpassen zu können und ihren Einsatz erfolgreich werden zu lassen. (5) Managementstile in Projekt- und Arbeitsgruppen sowie die Rolle des Projektkoordinators sind von ebenso großer Bedeutsamkeit wie Rivalitätskonflikte und lokale Akzeptanzstrategien. (6) Sprachliche Verständigungsprobleme und Wertkonkurrenzen können hinzukommen und erschweren den kulturellen Ausgleich. (7) Gegebenenfalls steht die Frage nach den Organisationskulturen in einer Arbeitsgruppe im Vordergrund und muss insbesondere bei transkulturellen Projekten berücksichtigt werden. Schwellen- und Entwicklungsländer haben versucht, den Technologietransfer durch bilaterale und multilaterale Verhandlungen mit den Industrieländern zu fördern. Nennenswerte Ergebnisse sind dabei nicht erzielt worden. Die Schwierigkeiten liegen zu einem guten Teil darin, dass Technologien überwiegend von privaten Unternehmern produziert und wirtschaftlich verwertet werden, weswegen der Staat im Grunde keine Verfügungsmacht über sie hat. Schon der Begriff Technologietransfer ist irreführend, weil er eine einseitige Transaktion suggeriert, während es sich im Grunde um ein Geschäft handelt, bei dem Technologien gegen Zahlung oder andere wirtschaftliche Vorteile geliefert werden (Reile 1988, I).

Multinationale Unternehmen können den Technologietransfer in weniger entwickelte Länder in verschiedener Art und Weise unterstützen. Von Regierungsseite ist Hilfe z.B. durch Steuern, gesetzliche Provisionen und Restriktionen verschiedener Art möglich. Die Theorie des Produktzyklus ist die am besten bekannte allgemeine Zugangsweise zu den Faktoren, die es erlauben, Technologie im Produktionssektor in weniger entwickelte Länder durch multinationale Firmen zu transferieren. Dabei gibt es eine ganze Reihe von Problemen: (1) die Nichtexistenz und die Nichtentwicklung angepasster Technologien, (2) nichtadäquate oder unangemessene Preisvorstellungen, (3) Technologiefixiertheit, (4) Ebenendifferenzen und komplementäre Inputs können sich als Komplikationen erweisen, (5) die Rolle der Unsicherheit und (6) die Unternehmensethik, d.h. die Art und Weise wie ein Unternehmen sich in eine Gesellschaft einführt (Chen 1994, 47-51).

Die Unangemessenheit von Technologien, die weniger entwickelten Ländern angeboten werden, kann zum einen in der Produktionscharakterisierung, zum anderen aber auch im Typus der Produkte liegen, die im Adressatenland für den Konsum nicht angemessen sind. Diese Unangemessenheit kann verändert werden, indem die weniger entwickelten Länder deutlicher ihre Bedürfnisse formulieren und die Faktoren benennen, die berücksichtigt werden müssen, um bestimmte Technologien und technologische Produkte ihrem Land angemessen zu gestalten. Es müssen Mechanismen entwickelt werden, die sicher stellen, dass die technologischen Verfahren und Produkte tatsächlich einem Bedürfnis und einer Nachfrage in den sich entwickelnden Ländern entsprechen. Eine geeignete Technologiepolitik ist in vielen Fragen und auf vielen Entwicklungswegen möglich, besteht aber im Konflikt mit den Interessen der politischen und ökonomischen Eliten auch in den sich entwickelnden Ländern selbst (Chen 1994, 62).

Grundsätzliche Entwicklungstendenzen gelten sowohl für die Adaptionen existierender Produktionsprozesse für Produkte und für die Entwicklung von vollständig Neuem. Konstruktionsalternativen sind am teuersten für jede Unternehmensoperation. Die Zielrichtung für multinationale Unternehmensaktivität für angepasste Technologien ist daher in signifikanter Weise verbunden mit der Technologiepolitik der Regierungen der weniger entwickelten Länder der Welt. In der Tat können ausländische Innovatoren eine wesentliche Quelle für Forschung, Entwicklung und Innovation im neuen Technologiesektor sein, sie müssen es aber nicht. Daher muss man eine ganze Vielzahl von neuen und kleineren Firmen erwarten, die entstehen als Antwort auf diese Möglichkeiten des neueren Marktes (Chen 1994, 66f).

Unterschiedliche Typen von Forschung und Entwicklung sollen besser angepasste Produktions- und Konsumtechnologien hervorbringen, die auch in Ländern mit geringen Löhnen und mit weniger entwickelten Ökonomien erfolgreich sind, wobei ein geringerer Kapitalinput erforderlich ist. Dieses Kapital muss ersetzt werden durch Kompetenz und Erfahrung der jeweilig in diesen Ländern Arbeitenden. Aus der Perspektive der weniger entwickelten Länder ist die kleine Größe ausländischer Technologieeigner von Vorteil, denn diese erhöht ihre relative Wettbewerbsfähigkeit und die Möglichkeit, eine Übereinkunft zu treffen, die auch für sie vorteilhaft ist. Wenn ausländische Unternehmen wirklich die größten Kompetenzen haben, neue Technologien schnell zu entwickeln, muss die Alternative darauf hinauslaufen, sich Zeit zu nehmen bei der Entwicklung von eigenständigen, inländischen Kapazitäten und den politischen Willen zu entwickeln, diese zu fördern bis zu dem Punkt einer Forschung und Entwicklung durch Inländer. Der Nutzen der Geschwindigkeit in der Entwicklung angepasster Technologie im Ausland ist abzuwägen gegenüber einem möglicherweise geringeren Risiko auf niedrigerem Kostenniveau und das Lernen Können in den sich entwickelnden Ländern. So müssen Möglichkeiten geschaffen werden, langfristige Effekte in der jeweils nationalen bodenständigen Forschungskapazität und den lokal angesiedelten eigenen Technologien zu fördern. Welchen Erfolg ein solches Gleichgewicht zwischen externem Technologietransfer und interner Technologieentwicklung haben wird, hängt von den Umständen in den jeweils einzelnen Ländern ab (Chen 1994, 68f).

Während ein Vertrag geschlossen werden kann im Hinblick auf die Entwicklung lokaler technischer Expertise durch formelle und informelle erzieherische Anstrengungen, muss man in Rechnung stellen, dass diese zum Teil finanziert werden durch die multinationalen Firmen selbst, und dies ist absolut notwendig, da innovative Kapazität oder die Kapazitätseffektivität berücksichtigt werden muss, wenn fremde Technologie angepasst werden soll für ein unterentwickeltes bzw. sich entwickelndes Land. Man muss auch die Gefahren technologischer Ausbildung durch Amerikaner und Europäer sehen. Denn die technologische Denkweise, die in typisch europäischen oder nordamerikanischen technischen Schulen, Universitäten oder auch in der Industrieforschung bereits etabliert ist, stellt eine Gefahr dar, wenn diese Strukturen ohne Anpassungen auf Studenten in Entwicklungsländern mit oft ganz anders ausgerichteten Erziehungssysteme treffen. Möglicherweise kann die Einführung solcher falscher Erziehungssysteme mehr langfristigen Schaden anrichten als der unkritische Transfer dieser Technologien selbst (Chen 1994, 69).

Michael Auer analysiert die Organisation des Technologietransfers. Durch das wachsende Bewusstsein der Wechselwirkung zwischen Soziologie und Technologie kann Technologie im weiteren Sinne auch einfach als Gesamtheit des theoretischen Expertenwissens verstanden werden. Beim Transfer handelt es sich allgemein stets um das Übertragen von Subjekten/Objekten/Verfahren durch ein Medium von Subjekten/Objekten zu Subjekten/Objekten. Dieses Übertragen ist im engeren Sinne zunächst nur unidirektional zu betrachten. Will man nun auch die Effektivität als Gestaltungskriterium der Übertragung integrieren, so bedarf es einer Betrachtung vom Transfer im weiteren Sinne. Als Transfer kann dann die Kommunikation mit den unterschiedlichsten Vor- und Rückkoppelungen verstanden werden. Der Transfer als Prozess hat einen Kunden und einen Lieferanten. Das Transferergebnis hat für den Kunden einen Wert, den er durch die Rückkoppelung anerkennt (Auer 2000, 7-11).

Der infrastrukturorientierte fokussierte Technologietransfer bemüht sich um ein optimiertes Infrastrukturwissen, das an eine bestimmte Zielgruppe transferiert werden soll. So gibt es eben auch den Transfer von Infrastrukturen, beispielsweise den Aufbau von Berufsschulen nach deutschem Vorbild in einem Entwicklungsland durch eine deutsche Bildungsorganisation, beantragt von einer deutschen Entwicklungshilfegesellschaft (Kulturtransfer). Der Verkauf eines Investitionsgutes, beispielsweise einer Werkzeugmaschine, ist klassischerweise mit einem produktorientierten, kundenorientierten, prozessuralen Technologietransfer verbunden. Der Kunde ist mit der entsprechenden Schulung in der Lage, die Technologie des Herstellers bei sich einzusetzen und nutzbar zu machen. Es gibt aber auch den dienstleistungsorientierten Technologietransfer. Mit jeder in Auftrag gegebenen Beratung, Schulung bzw. Entwicklung findet ein prozessuraler Technologietransfer vom Lieferanten zum Kunden statt. Diffusion kann als Vorgang betrachtet werden, bei dem eine neue Idee von der Ideenquelle aus an die Endnutzer oder Anwender verteilt wird. Zwar ist Diffusion nicht prinzipiell zielgerichtet, doch existiert ein Lieferant, eine potentielle Problemlösung und ein oder mehrere Empfänger. Der originäre diffuse Technologietransfer ist ein institutionalisierter Transfer. In einigen Fällen ist dabei der Staat Auftraggeber oder Förderer. Bei einem induzierten diffusen Technologietransfer existiert kein direkter Auftraggeber bzw. Förderer für den Transfer (Auer 2000, 13-16).

Der Staat kann einen entsprechenden Konzern zum Transfer mit dem Ziel der Anwendung beauftragen bzw. fördern. Nur wenn der Technologe seinen Förderauftrag erfüllt und der Empfänger die Technologie auch aufnimmt, verfügt der Empfänger als sekundärer Umsetzer nach einer bestimmten Zeit über diese Technologie. Die Ebene der Anwendung ist dann erreicht. Der Technologe kann aber auch seine Technologie über einen prozessuralen Transfer selbst vermarkten. Nach einer bestimmten Zeit ist die Ebene der Anwendung erreicht. Die Kriterien hierfür sind zum Beispiel Transparenz der verfügbaren Technologien, Bewusstsein für die Möglichkeiten der Technologien, Bewusstsein für den Bedarf an Technologien, leichte Verfügbarkeit der Technologien. In der Praxis findet man jedoch die Situation, dass insbesondere die kleineren und mittleren Unternehmen weder über die entsprechenden Technologien verfügen noch über die Zugänglichkeit und den richtigen Zeitpunkt für die Anwendung der Technologien ausreichend Bescheid wissen, so dass der Transfer aus Unternehmersicht nur bei Insidern funktioniert. Besonderheiten der Unternehmen, deren subjektiv geprägtes Problembewusstsein und Wertebeachtung mit hereinspielen, müssen berücksichtigt werden. Insbesondere ideelle Werte spielen hier eine Rolle. Es gibt aber auch eine ganze Reihe von materiellen Werten, die berücksichtigt werden müssen. Zudem können ideelle und materielle Werte interferieren. Die ideellen und materiellen Werte des Anbieters sind rückgekoppelt und wirken fördernd (z.B. ein gutes Image) oder konkurrierend (Auer 2000, 18-22).

Technologietransfer ist die Übertragung von geschaffenem Wissen von einer Wissensbasis in eine Anwendung. Die Notwendigkeit des Transfers und der Umsetzung bzw. Anwendung ist eine sehr alte Erkenntnis. Ist Effizienz und Effektivität beim Transfer von der Wissensbasis in die industrielle, wirtschaftlich anerkannte Anwendung gefordert, dann ist der Transfer fokussiert und prozessural, d.h. in einer wertorientierten, geregelten Kunden-Lieferanten-Beziehung zu gestalten. Ist die Wissensbasis für diesen prozessuralen Transfer nicht geeignet, dann muss sich die Wissensbasis auf ihre Kernkompetenz in der Schaffung des ihr eigenen Wissenstransfers konzentrieren, um so eine marktorientierte, nutzwertorientierte, wirtschaftlich anerkannte und zeitnahe Umsetzung in konkrete Anwendung zu erreichen (Auer 2000, 27-29).

Die effektive und effiziente Umsetzung von Technologien auf Wissensbasis in industrielle Anwendung bedarf geeigneter Organisationen und Formen des Transfers. Der Transferunternehmer schafft sich die geeignete Transferorganisation, die er jeweils für die Realisierung des von ihm angestrebten Erfolgs benötigt. Der erfolgreiche Transferunternehmer ist unternehmerisch aktiver. Initialisieren, Kombinieren und Durchsetzen prägen sein Tun. Der erfolgreichere Transferunternehmer prägt durch sein aktiveres unternehmerisches Verhalten sowohl eine höhere Qualität der Organisation aus als auch einen höheren Erfolg dieser Organisation. Der erfolgreichere Transferunternehmer verfügt über bestimmte persönliche Voraussetzungen, die sein Tun positiv beeinflussen. Seine Beweggründe sind sowohl egoistische Unternehmensmotive als auch altruistische Transfermotive. Je kompetenter er ist, desto leichter kann er aktiv werden. Je stärker sein persönliches Expertentum und seine persönliche Erstkundenbeziehungen ausgeprägt sind, um so leichter fällt ihm die Entfaltung seiner unternehmerischen Aktivitäten. Die erfolgreichere Transferorganisation verfügt über elastischere Netzwerke, über die sowohl Know-how als auch Kundenbeziehungen aufgebaut und gepflegt werden. Der Erfolg des Transferunternehmens setzt sich aus den folgenden Indikatoren zusammen: Umsatzwachstum, Ertragssteigerung und längerfristiges Überleben, Zufriedenheit der Kunden, Erfolg der Kunden mit dem transferierten Know-how, Vertrauen der Kunden, Wiederkommen der Kunden, Image als kompetentes Unternehmen, Vorsprung in der Technologie bzw. im transferierbaren Wissen, Vorsprung in der Wissensschaffung bzw. Forschung sowie Vorsprung in der Umsetzung und bei den Kosten gegenüber den Wettbewerbern (Auer 2000, 153-155). Diese Kriterien sind alle triftig. Dennoch scheint durch die Berücksichtigung von Kulturfaktoren eine Verbesserung der Theorie und Praxis des Technologietransfers erreichbar.

Aus philosophischer Perspektive muss sich die transferierte Technologie einpassen in die herrschende Alltagskultur, sowohl im Hinblick auf die Produktions- wie Konsumstrukturen, auch wenn diese bisweilen durch den Technologietransfer langfristig transformiert wird. Eine sehr interessante Analyse des Themas Technik in der Alltagspraxis findet sich bei Michel de Certeau. Rekonstruiert werden soll die tägliche Kreativität des Nutzers, die unzählige Praktiken konstituiert. Repressive, disziplinierende Techniken und Taktiken strukturieren Praxis. Die populäre Kultur ist eine Art bzw. eine Kunst des Machens. Praktiken sind eine Mixtur von Ritualen und Machenschaften, Manipulationen des Raumes, Operationen von Netzwerken und Konventionen. Diese kulturelle Aktivität der Nichtproduzenten, die ein Produkt wieder nutzen, gilt es hier zu analysieren. Rekonstruiert werden sollen die alltäglichen Praktiken (Certeau 1984, XI-XX). Der Zugang zur Kultur ist in gewisser Weise narrativ und funktional. Es werden Geschichten erzählt im Namen des normalen und gewöhnlichen, des alltäglichen Lebens (Certeau 1984, 2-11). Es gibt unzählige Wege, etwas zu machen, unzählige kulturelle Techniken und ebenso viele Formalitäten wie Arten der Praxis, Typen und Wege der Operation und vor allem den Kontext des Gebrauchs wie eine Rhetorik des Gebrauchs bzw. eine Rhetorik der Praxis (Certeau 1984, 29-39).

Die Prozeduren sind an technologische Apparate gebunden. Es gibt dabei bestimmte vordergründige Praktiken, die bestimmte Institutionen organisieren und formieren. Das sind spezifische Effekte der Macht. Auch Bourdieu hat einen „Versuch einer Theorie der Praxis" geliefert. Dieser enthält ethnologische Studien und entwickelt Alternativen zum Mythos des Wissens. Diese Studien haben ihren eigenen Stil. Strategien, die Aufgaben verteilen, werden rekonstruiert (Certeau 1984, 48-53). Konstruierte Modelle der Praxis sind möglich, Theorie der Praxis kann geleistet werden, wobei hierbei die Anpassungsleistungen an Handlungsstrukturen rekonstruiert werden. Die Genesis einer Praxis impliziert eine Verinnerlichung von Strukturen zu einem eigenen Habitus (Certeau 1984, 54-60). Dieser beruht auf einem Umgangswissen.

Mein Vorschlag, die kulturelle Einbettung von Technologietransfer zu konzeptualisieren, knüpft an Certeau, Langdon Winner und Henry Petrowski an und stellt nicht die technischen Artefakte – Werkzeuge, Produktionsanlagen, Laboratoriumsapparate – in den Vordergrund, sondern den Umgang mit technischen Artefakten. In konventioneller Perspektive sind Werke der Technologie mehr als sicher, sie sind doppelt sicher. Die Werke der Technologie sind sicher in dem Sinn, dass ihre Konstruktion abhängig ist von dem Besitz von geprüftem Wissen entweder aus der weltlichen Erfahrung oder aus einer angewandten Wissenschaft. Das, was der Mensch gemacht hat kann er auch kontrollieren. Dies ist Common-Sense-Ansicht: Kontrolle ist insgesamt gesehen Teil der Konstruktionsidee der technischen Schöpfung. Werkzeuge hängen völlig ab von dem Willen des Gebrauchenden (Winner 1992, 26f). Der Kontrollierbarkeits-These liegt Wunschdenken zugrunde. Selbst traditionelle handwerkliche Technik, die Werkzeuge benutzt, ist nicht vollständig unter Kontrolle. Jeder Hammerschlag auch des professionellen Handwerkers kann daneben gehen, wenn handwerkliche Routine auch das Risiko des Misslingens verringert. Was für traditionelle handwerkliche Technik gilt, gilt auch für moderne Technologie, allerdings in unterschiedlichem Maße. Selbstverständlich können Werkzeugmaschinen in der Herstellung von Werkzeugen und Produkten die technische Routine und damit die Sicherheit der Produktion erhöhen. Dennoch läuft in der Regel auch ein solcher automatisierter Herstellungsprozess nicht völlig störungsfrei ab, sondern ist immer wieder auf Interventionen von Menschen angewiesen. Zudem ist der Konstruktionsprozess selber auch von technischen Strukturen abhängig von technischer Planung und ingenieursmäßiger Konstruktionstätigkeit, somit von Fehlermöglichkeiten und Misslingenspotential durchgriffen, auch wenn in der Regel menschliches Versagen im Umgang mit Technik der größere Risikofaktor ist als technische Fehlerhaftigkeit von technischen Mittel oder von technischen Prozessen. Die These einer autarken Entwicklung moderner Technologie unterstellt zu Unrecht, dass moderne Technologie menschenfrei ist. So bleibt uns nichts anderes übrig, wenn wir ein umfassendes Verständnis moderner Technologie wie traditioneller Technik erarbeiten wollen, von einem Verständnis des technischen Handelns unter Berücksichtigung des Faktor Mensch auszugehen.

Die wissenschaftliche Entwicklung hat zu einer Expansion der Technologie und zu einer Beschleunigung sowohl der Industrialisierung wie der Modernisierung geführt. Philosophen haben Unsicherheit, Nichtvorhersagbarkeit und Unkontrollierbarkeit als Charakteristika aller menschlicher Handlungen herausgearbeitet. Sie haben auch auf die nicht gewollten Nebenfolgen von Handlungen hingewiesen (Winner 1992, 93). Die Konzeption des technischen Handelns ist damit der Konzeption technologischer Imperative entgegengesetzt (Winner 1992, 100; Irrgang 2002b). Technokratie versucht, mit technischen Mitteln Sicherheit und gute Regierung zu garantieren. Die technologische Gesellschaft geht von einer spezifischen Rationalität aus. Effizienz ist definiert durch Anpassung der Mittel an die Ziele. Moderne Technologien sind großdimensionierte, hochenergetische und in hohem Maße ressourcenverbrauchende Systeme mit erheblichem Kapitaleinsatz und dem Bedürfnis nach technisch trainierter Arbeitskraft. Es geht um die technische Organisation der Apparate (Winner 1992, 181). Die Möglichkeiten schwerer Zusammenbrüche in hochtechnologisierten Systemen ist nicht zu unterschätzen. Das Problem des Gebrauchens und Kontrollierens stellt sich auch auf dieser Ebene. Was wir bei hochtechnologisierten Strukturen finden, ist nicht die Passivität eines Werkzeuges, was darauf wartet, gebraucht zu werden, sondern ein technisches Ensemble, das routinisiertes und trainiertes Verhalten und Handeln erfordert (Winner 1992, 202), welches gleichfalls im Umgang erworben werden muss. Das technische Medium hat sich verändert, es ist kein Werkzeug mehr, nicht aber die grundsätzliche Struktur technischen Handelns.

Die mangelnde Kenntnis technischer Gegenstände durch den Gebrauchenden, ohne ihre Struktur im einzelnen zu kennen, ist Teil der Komplexität technischen Handelns und nicht auf moderne Technik beschränkt. Sie ist kein Problem, wenn die Apparate technisch sicher und der Gebrauch eindeutig ist. Einen Fernsehapparat, einen CD-Player oder ein Automobil kann man im Hinblick auf technisch gewünschte Wirkungen hervorragend bedienen, ohne im Einzelnen den Apparat kennen zu müssen, wenn man diese Geräte kennt und mit ihrem Umgang vertraut ist. Bei unsachgemäßem Gebrauch geht er schlimmsten Falles kaputt oder löst einen Brand aus. Der Schaden bleibt begrenzt. Selbstverständlich sind wir heute im Alltag nicht mehr in der Lage, all die technischen Geräte zu reparieren, die uns umgeben, aber der erfolgreiche Gebrauch eines technischen Artefaktes oder auch der erfolgreiche Umgang mit technischen Strukturen setzt nicht voraus, dass wir Details der Konstruktionspläne technischer Artefakte und technischer Strukturen kennen müssten. Nicht nur der Ingenieur ist ein erfolgreich technisch Handelnder. Dies impliziert selbstverständlich eine gewisse Demokratisierung technischen Handelns und der technischen Entwicklung. Diese widerlegt nicht die Professionalisierung technischen Handelns, sondern sind eine Folge der Veralltäglichung professioneller Technik und erweitert sie: Der Nutzer muss einbezogen werden (Winner 1992, 233).

Die frühesten Ingenieurstrukturen wurden auf der Basis von Versuch und Irrtum konstruiert. Die ägyptischen Pyramiden und ihre Erbauer waren nicht nur einzigartig in ihrer Art und Weise, die Grenzen von Strukturen einschätzen und abschätzen zu können, gleich wie ihr Wunsch, Dinge zu tun, die niemals zuvor gemacht worden waren. Auch die Kathedralen entstanden in einem Prozess von Versuch und Irrtum. Als das Ingenieurwesen die Mittel entwickelte, die Anwendung wissenschaftlicher Methoden beim Bau von Eisenbahnbrücken und anderen ambitiösen technischen Strukturen einbezog, kam es dazu, dass sich die technischen Praktiker Fragen eines strukturellen Mangels bzw. struktureller Fehler bei der Konstruktion technischer Produkte in einer expliziteren Art und Weise zuwandten. Die Fehlversuche bei den Pyramiden und bei den Kathedralen wurden durch große Fehler während der Konstruktion charakterisiert, nicht hinsichtlich von Fehlern während ihres Gebrauchs. Wir können nicht genug von dem Erfolg lernen, der uns antreibt, über den Stand der Technik hinauszugehen, außer wenn niemand mehr wünscht, aus den Fehlern zu lernen (Petrowski 1992, 53-62). Dies ist heute anders. Das muss auch der Technologietransfer berücksichtigen.

2. Technologietransfer in Handel, Kolonialisierung und Globalisierung

Globalisierung der Märkte ist nicht identisch mit dem klassischen Technik- und Kulturtransfer. Allerdings hat dieser keineswegs aufgehört und ist nach wie vor ein wesentlicher Bestandteil von Entwicklungspolitik. Globalisierung schaffe Modernisierungszwänge. Technologietransfer im Zeitalter der Globalisierung ist eine Mischung aus Kultur-, Moral- und Technologietransfer. Im Kolonialismus waren die Infrastrukturmaßnahmen nicht am Anpassungsparadigma, sondern am Beschaffungsparadigma von Rohstoffen im Interesse der Kolonialmacht orientiert. Allerdings sind nicht alle alten Abhängigkeitsstrukturen verschwunden. Vor allem hat sich das Paradigma „Export von Rohstoffen" erhalten. Im folgenden sollen Handel, Kolonialismus und Entwicklungshilfe als Formen des Technik- wie Kulturtransfers daraufhin untersucht werden, inwiefern sie Vorformen oder (sogar wirkliche) Formen der Modernisierung darstellen können. Dabei wird deutlich, dass Handel, Kolonialismus und Technologietransfer unterschiedliche Modelle von Kultur- oder gar Moraltransfer darstellen und dass Religion und Kultur durchaus von Handel und Techniktransfer profitieren können. Kulturen sind umfassende Weltauslegungen. Die Interpretation des Wissenschaftlers steht den Interpretationen der Handelnden gegenüber. Die Weiterentwicklung der hermeneutischen Diskussion hat die Theorie der Kultur wie auch ihre Repräsentation auf den Prüfstand gestellt. Kultur in diesem Sinne erschließt sich letztlich nur einem externen Beobachter. Das Dilemma, das die Auflösung stabiler kultureller Strukturmuster erzeugt, ist die Frage nach der angemessenen Darstellung und damit der Konzeption von Kultur (Brocker/Nau 1997, 142-146).

Strukturelle Modernisierung zielt auf kulturelle Bewältigung des Technologietransfers und die dadurch bewirkte soziale Transformation ab. Kolonialisierung ist ein Beispiel für Technologietransfer und für strukturelle Modernisierung in einem nahezu ausschließlich heteronomen Sinn. Im Empfängerland entsteht der Kampf um Bewahrung und Transformation von kultureller Identität. Der Kolonialismus hat ein politisches Dominierungsinstrument aufgrund von Handelsinteressen ohne Rücksicht auf Kulturräume entwickelt, aber auch zu einem möglichen kulturellen Austausch geführt. Zu unterscheiden sind (1) ein imperial-koloniales Interesse, (2) ein pragmatisch-utilitaristisches Interesse und (3) ein emanzipatorisches Interesse beim Transfer von Technologie und Kultur. Oft wird die Überlegenheit westlicher Technologie unterstellt. Dabei ist es interessant zu beobachten, wie sich neue Technologien und alte Kulturen begegnen. Es geht um die Hintergründe von Technologietransfer. Die materiale Kultur umfasst Artefakte oder ein Set von Artefakten (Ihde 1993a, 32). Dabei ist die wesentlich unvorhersehbare und ambivalente Art und Weise der Beziehung zwischen Mensch und Technologie, die Unmöglichkeit, diese Beziehungen zu kontrollieren, zu berücksichtigen. Technologien in ihrer Gesamtheit sind wahrscheinlich mehr Kulturen als Werkzeuge (Ihde 1993a, 42).

In den Industrieländern und technologischen Zivilisationen ist die Alltagskultur und mit ihr Religion und Moral weitgehend technisiert, eine Massengesellschaft hinsichtlich Produktion und Konsum entstand. Die Migration der Europäer in nahezu alle Teile der Erde – begonnen als Kolonialisierung – ist heute keineswegs abgeschlossen, auch wenn das Bevölkerungswachstum in den Industrieländern als abgeschlossen erscheint. Das Wachstum der Ansprüche ist hier an die Stelle des Bevölkerungswachstums getreten und hat die ökologischen Problematik verstärkt. In den Entwicklungsländern und Schwellenländern ist das Bevölkerungswachstum weiterhin ein Problem der Interferenz zwischen traditioneller Moral und modernen technisch-medizinischen Mitteln. Das Problem ist allein mit technisch-ökonomischen Mitteln nicht zu lösen, sondern bedarf der Technologie-Reflexion, Bildung und Kultur.

Nur auf die traditionelle technische Modernisierung zu setzen, bleibt uns allerdings verwehrt, hat doch die industrielle Technik zu einer Reihe von ökologischen und sozialen Problemen geführt. Zwar haben Industriegesellschaften ihre Probleme mit dem Bevölkerungswachstum durch Kolonialisierung, Industrialisierung, Massenproduktion und Massenkonsum gelöst, dadurch aber massive ökologische Probleme auf den Plan gerufen. Auf eine solche Entwicklung steuern auch viele Schwellen- und Entwicklungsländer zu. Deshalb ist es nicht ganz nachvollziehbar, wenn viele von diesen dem Modell einer „nachholenden Industrialisierung" verbunden sind. Denn die ökologischen Rahmenbedingungen für Industriegesellschaften wie für Entwicklungsländer erlauben eine solche Vorgehensweise im allgemeinen eigentlich nicht. Technische Kultur hat sich über die ganze Erde ausgebreitet. Ihre Entwicklungsdynamik ist gekennzeichnet durch Angebot, Nachfrage, Akzeptanz und Nützlichkeit unter Abhängigkeit von ökologischen Rahmenbedingungen. Grob gesprochen gibt es zwei Arten von Technologie: industrielle Techniken, die in die ökologische Krise führen, und umweltfreundliche Technologien, die allerdings den eingeführten Konsummustern individueller Nutzenmaximierung widersprechen. Insofern brauchen wir eine Reflexionskultur ökologisch-sozialer Modernisierung und eine neue Bedeutungsstruktur für die Handhabung technischer Artefakte.

Die Gegenüberstellung autochtoner, traditionaler und authentischer Momente von Kultur und Gesellschaft auf der einen Seite und moderner importierter und daher nicht authentischer Momente auf der anderen Seite hat sich als eurozentrische Fiktion erwiesen. Wir sind in einer poststrukturalistischen Wende begriffen, die den Blick für die Heterogenität von Kultur freigemacht hat. Parallel und teilweise verbunden mit der Widerlegung der

Entfremdungsthese veränderten sich die Definitionen von Macht und Herrschaft. Erstens enthält jede Kultur unaufhebbare Divergenzen, die einen niemals abgeschlossenen Prozess begünstigen, in dem Synthesen, Flickwerke und Gemengelagen hergestellt werden. Zweitens spielen alle, auch schwächere Akteure dieser „Life debate" (Mary Douglas) eine wirkungsvolle Rolle in den Aushandlungsprozessen über Interpretations- und Gebrauchsrahmen. Wenn Afrikaner westliche Artefakte und Ideen aufgreifen oder aufgezwungen bekommen, eignen sie sich diese Importe dadurch an, dass sie diese in ihre institutionellen Kontext übersetzen.

Technologietransfer ist keine moderne Erfindung. Er hängt zusammen mit dem technisch-ökonomischen Paradigma des Handels, des Warenaustausches technisch produzierter Güter. Dieser wiederum hat die Entwicklung urbaner Zivilisationen zur Voraussetzung. In den Gebieten längs den großen Strömen des Orients, dem Nil in Ägypten, dem Euphrat und Tigris in Mesopotamien, dem Indus in Indien und dem Huang-Ho in China entwickelten sich bronzezeitliche Hochkulturen als städtische Gemeinwesen. Grundlagen dieser Kulturen waren die Metallgewinnung, Transportmittel, Wagen, Segelschiff und Lasttier, und besonders auch ein durch Bewässerungsanlagen intensivierter Ackerbau (Klemm 1999, 17). Zu den großtechnischen Leistungen in Ägypten gehören auch der Bau von Pyramiden und die Bearbeitung, Beförderung und Aufstellung von Obelisken. Diese gewaltigen Aufgaben wurden nur gelöst durch eine absolute Staatsmacht, die zugleich Träger religiöser Organisationen war (Klemm 1999, 19). Ramses der Zweite (1298-1235 v. Chr.) war der erste Großindustrielle, wobei insbesondere die industrielle Herstellung von Bronze und von Glas vor ca. 3300 Jahren einsetzte. Vorformen der Industrialisierung sind damit bereits in relativ früher Zeit festzustellen und finden ihre Fortsetzung in den großen Manufakturen der hellenistischen und römischen Zeit. Bei Ausgrabungen fand man Schmelzbatterien zur Bronzeherstellung und Anlagen zur industriellen Produktion von Streitwagen. In Mesopotamien wurden vor ca. 4000 Jahren die ersten Darlehensgeschäfte getätigt.

Der Fernverkehr erfolgte lange Zeit in der Menschheitsgeschichte weitgehend zur See. Kriegsflotten zum Schutz der Seewege und als Machtfaktor wurden eingesetzt. Damit wurde die Bedeutung der Seefahrt für Wirtschaft, Staat und Kultur unterstrichen. Der erste archäologische Beweis für Schifffahrt fand sich 8000 v. Chr. in einem aus Rehgeweih geschnitzten Spant eines Fellbootes, der in Husum gefunden wurde. Die Bauart ist so ausgereift, dass eine gewisse Entwicklung vorausgegangen sein dürfte. Das Boot ist also das älteste Verkehrsmittel. Ins 7. Jahrtausend v. Chr. sind in diese Zeit Funde aus Japan und Taiwan, Portugal und Norwegen zu datieren. Fischer aus Japan hat es vermutlich bis nach Equador verschlagen. Im Mittelmeer zeichnet sich erstmals im 3. Jahrtausend v. Chr. ein lebhafter Fernhandel ab. Insbesondere die Route nach Byblos (Ägypten) wurde häufig befahren. Der Hunger nach Metall löste weitere Transportbewegungen aus. Von hoher Bedeutung war die Piraterie. Seeschlachten im militärischen Sinn können erst für das Hethiterreich vorausgesetzt werden. Auch Kreta war eine zentrale Handelsmacht (Höckmann 1985, 7-10).

Im 9. und 8. Jh. v. Chr. beginnen die Phöniker, die Seewege durch die Gründung von Kolonien zu sichern. Karthago errichtet ein Handelsmonopol wie nie zuvor im Mittelmeer. Ab dem 7. Jh. finden sich griechische Kolonien (Höckmann 1985, 10-25). Die Handelsschifffahrt in der griechischen und römischen Antike beruhte auf Schalenbauten. Dübel und Nuten bei den Spanten wurden gefunden. Meist wurde ein Teilskelett und Primärspanten aufgezogen. Metall wird zunächst nur spärlich verwendet. Dabei erfolgte ein enormer Aufwand an Präzisionsarbeit beim Bau von Schiffen. Als Konservierungsmittel dienten Teer oder Pech. Handelsschiffe waren solide gebaut, bei Kriegsschiffen war der Zwang zur Gewichtseinsparung nicht unbeachtlich. In der Nordsee könnte eine nichtmediterrane Tradition Bestand gehabt haben. Es gibt auch Frachter mit Ruderapparat. Die sogenannten Holkas waren Schwerlaster. Die Reisegeschwindigkeit war hier weniger wichtig als das Fassungsvermögen. Es waren in der Regel Getreidetransporter (Höckmann 1985, 52-62).

Der größte römische Standardtyp fasste 10.000 Amphoren. Dies war ein Ruderfrachter. Spezialschiffe gab es z. B. für Pferde oder für Bausteine sogar für Obelisken. Außerdem wurden Schiffe konstruiert, die sich bei Bedarf leicht in Kriegsschiffe verwandeln ließen. Zu unterscheiden sind dickbauchige Lastschiffe, schlanke Fischerboote, die in der Regel als Weiterentwicklung von Einbäumen anzusehen sind. Das Tauwerk war aus pflanzlichen Fasern. Das Be- und Entladen erfolgte durch Scheuerleute. Schwere Gegenstände wie Sarkophage wurden durch Hafenkräne transportiert. Die Lebensmittelversorgung der Großstädte beruhte auf Getreideimport durch Schiffe. In Kriegszeiten konnte das System leicht durch Blockaden außer Kraft gesetzt werden. Claudius baute deshalb einen Kunsthafen Namens Portos. Er ist zu groß. Um 64 n. Chr. sinken dort 200 noch nicht entladene Kornschiffe. Im selben Jahr verbrennen in Rom 100 Tiberkähne. Dies hatte katastrophale Folgen für die Kornversorgung der Hauptstadt. In Portos gab es bereits staatliche Lagerhäuser. In der Völkerwanderungszeit wird die Versorgungslage Rom prekär und die Situation für die Reeder schwierig. Etwa 800 Schiffsladungen Korn im Jahr waren zur Ernährung Roms erforderlich (Höckmann 1985, 65-78). Der jährliche Verlust an Getreideseglern darf bei 20 % angenommen werden. Es gab viele Seeunfälle und kaum eine Versorgung der Passagiere. Brände an Bord und Brände im Hafen waren nicht selten. Seeräuber waren eine ernste Gefahr. Das Ausplündern bevorzugt von Küstenorten war ihr Metier. Es gab richtige Kriege gegen die Seeräuber (Höckmann 1985, 90-94).

Der Handel mit Luxusgütern und Sklaven gab weiteren Auftrieb. Orientalische Gewürze werden außerordentlich begehrt. Es kommt zum Abfluss von Goldwährung in den Orient. Karawanentransport z.B. findet auf der Seidenstraße statt. Der Handel mit Luxusgütern führte zum ersten Mal zu einer Art Welthandel. Eine weitere Folge der Seefahrt war die Kolonisation. Rings um das Mittelmeer und dem Schwarzen Meer entsteht eine Perlenschnur von Hafenstädten. Die Stadtstaaten der Phöniker, Griechen und Punier entwickeln sich zu Seemächten. Erste Ansätze einer Kykladenkultur entstehen im 3. Jahrtausend v. Chr. Später gab es mykenische Expansionsbewegungen. Die Griechen haben sich meist direkt an den Flussmündungen niedergelassen. Es ging um die Erschließung von Absatzgebieten für die eigene Wirtschaft. Eisenwaren, Vasen und Wein verkauften die Griechen besonders gut. Die Kolonien wurden zur Sicherung des Schiffsverkehrs angelegt. Die Reisenden auf Schiffen waren oft schutzlos und wurden in die Sklaverei verkauft, obwohl sie ihre Passagen bezahlt hatten (Höckmann 1985, 79-86). Mitte des 1. Jahrtausends wurde Seegerichtshöfe zur Behebung der Rechtsunsicherheit eingeführt.

Der indische Ozean ist eine Region, die für die Seefahrt in einzigartiger Weise geeignet ist. Es ist nicht nur die Regelmäßigkeit der Monsunwinde, die die Seefahrt erleichtern, sondern ein sehr klarer Himmel für etwa 6 bis 8 Monate im Jahr mit gut sichtbaren Sternen. Für die anderen Monate, wenn es regnet, sind die Schiffe in der Regel zur Reparatur für die nächste Reise vorbereitet worden. In Indien entwickelte sich eine Sternenkunde mindestens vor 3500 Jahren (Sahai 1996, 243f). Seefahrt und Schiffbau ist ein wichtiges Kapitel für Technologietransfer und kulturellen Austausch. Lange Zeit wurden die wirtschaftlichen und sozialen Entwicklungen im Hinblick auf Technologie vernachlässigt. Insbesondere die Interaktion zwischen Technik, Gesellschaft und Ökonomie. Dabei ist der Bereich des Handels, des Transportes der eigenen Produktion für den Export eine eigene technische Kultur, die sich mit den urbanen technischen Kulturen vor 5000 bis 7000 Jahren herausgebildet haben. Seehandel zwischen Mesopotamien und Ägypten sowie zwischen Mesopotamien und der Induszivilisation sind belegt.

Der Fernhandel war so in vielfältiger Form die Voraussetzung für Technologietransfer z.B. beim Schießpulver, beim Kompass oder beim Schonersegel usw.. Er war aber genauso Voraussetzung für den Kulturtransfer. Viele Religionen und Religionsgemeinschaften breiteten sich längs der Handelsstrassen und Seewege aus, insbesondere Buddhismus und Hinduismus, aber auch der Islam und das Judentum. Die zweite Quelle von Technologie- und Kulturtransfer waren militärische Großaktionen wie Eroberungsfeldzüge und Kriege. Händler trugen nicht nur zur Ausbreitung von Technik bei, sondern auch zur Verbreitung von Religionen und Weltanschauungen. Im südlichen und östlichen Asien wurde insbesondere der Buddhismus und der Islam, später auch das Christentum durch Händler verbreitet. Dies gilt z.B. auch für die sog. Thomas-Christen mit ihren frühen Gemeindebildungen in Südindien bereits ab dem 4. Jhd.. Dabei können die folgenden Überlegungen schlaglichtartig ein Forschungsgebiet beleuchten, das weiterer Bearbeitung bedarf.

Weltentdeckung und Welterkundung geschah meistenteils durch Kaufleute. Handel und Entwicklung der Menschheit gehören zusammen und beruhen auf dem Tausch von Gabe und Gegengabe. Zugrunde liegt dem das Phänomen der Arbeit: Die Natur brachte nichts ohne menschliche Beschäftigung hervor. Zum Handel gehört vor allem die Lagerung und der Verkauf von Waren. Der Tausch von Waren oder Opfergaben wird bereits dargestellt auf einem Steinsockel in Ur etwa 2100 v. Chr.. Der Tausch von Feuerstein und Steinbeil ist bereits vor 6000 Jahren genauso nachgewiesen wie der Tausch von Schmucksteinen und Schmuckstücken. Auch die Metalle und die Entstehung von Rohstoffstraßen fördern den Handel. Dabei zeichnet die Natur die Wege zunächst vor. Die Kaufleute dieser Zeit waren Einzelgänger, Individualisten, die Geschäft und Gegengeschäft organisierten. Handel und Schrift gehören eng zusammen. Die Schrift aber entstand zur Dokumentation von Handelswaren und findet sich auf Tontäfelchen im südlichen Mesopotamien. Auch die Erfindung von Zählmitteln geschah im Zusammenhang mit dem Handel (Bauer/Hallier 1999, 11-17).

Vor ca. 6000 Jahren stellte der Mensch zum ersten Mal mehr her als er brauchte. Damit hatte die Geburtsstunde des Handels geschlagen. Wagemutige und unternehmenslustige Menschen nahmen ihren Mitmenschen gegen ein Entgelt die Mühe ab, den gesuchten Gegenstand und den entsprechenden Tauschpartner zu finden. Früheste Beförderungsmöglichkeiten waren menschliche Träger und Ochsenkarren. Eselskarawanen zogen durch die großen Wüsten. Die Überquerung von Dünen war höchst gefährlich und das Geröll im Weg oft sehr hinderlich. Letztlich hat das Kamel die Wüste besiegt. Es ist widerspenstig, übellaunisch und langsam. Vor ca. 5000 Jahren wurden wohl an verschiedenen Stellen zwischen Kleinasien und Persien die ersten Kamele gezähmt. Um 1200 v. Chr. fing die große Karriere des Kamels als Wüstenschiff an. Erst das Kamel machte den Fernhandel möglich, zumindest zu Lande. Wüstenkundige Nomaden waren ebenso erforderlich für eine erfolgreiche Durchquerung. Die Kamele wurden damals in Reihen gebunden (Kaster 1986, 8-14).

Am Anfang waren vielleicht die Händler Jäger oder Nomaden, die Sümpfe, Wüsten und Berge überqueren konnten. Eine solche Handelsreise war jeweils eine Reise ins Ungewisse. Waffen zur Verteidigung mussten immer mitgeführt werden. Gerste wurde das erste Zahlungsmittel, bis die Metalle aufkamen. Eine weitere Hilfe war die Flussschifffahrt. Sie ergänzte den Landtransport mit dem Karren. Metalle gab es in den Gebirgen, wo es an Grundnahrungsmitteln fehlte. Bis zur Mitte des dritten Jahrtausends gab es den frühen Tauschhandel, Ware gegen Ware, aber Mitte des vierten Jahrtausends erfanden die Sumerer und Semiten das Metallgeld. Sumer bestand aus einer Hand voll Stadtstaaten mit Ziegelmauern und Gräben. Es war eine Tempelgemeinschaft mit Zikkurat. In den Mauern der Stadt geschah die Ausdifferenzierung der Berufe. Der Tempel war der große, alleinige Auftraggeber. Daneben aber gab es einen florierenden Schwarzmarkt. Die Tempelwirtschaft war ein Geschäft der Priester. Es entstand Wohlstand aufgrund von landwirtschaftlichen und handwerklichen Produkten. Eine Reihe von Innovationen auch kultureller Art sind mit dem Stadtstaat verbunden. Diese kamen dem Handel zugute, so die Einführung des Zahl- und Gewichtssystems und die Fertigkeiten des Schreibens (Kaster 1986, 23-28).

Fernhandel ist zunächst Staatshandel. Manche Farben für Ägypten mussten von weither bezogen werden. Zunächst handelte es sich um Kompensationsgeschäfte. Die Rohstoffe für den Schmuck mussten in Ägypten ebenfalls erhandelt werden. Nachweislich sind ägyptische Schiffe bis nach Australien gelangt. Erfolgreiche Händler wurden zu Staatsbeamten gemacht und mussten ihren Reichtum abgeben. Babylon war zur Zeit der babylonischen Gefangenschaft des Volkes Israel ein Handelszentrum und ein Zentrum des Verkehrs wie des Handwerks. Im Kodex Hammurabi finden der Handel und ein besonderer Schutz für die Kaufleute Erwähnung. In diesen Zivilisationen kam es zur Erfindung der Maß- und Gewichtseinheiten, um den Handel zu ermöglichen. Die Tempel hatten ihre eigenen Banken. Rechtliche Regulation wie religiöse Sanktionierung griffen ineinander. Der Handel stieß allerdings auch auf Misstrauen. Die Händler waren in erster Linie Lieferanten der Könige und Priester. Diese benötigten insbesondere Weihrauch. Die Händler hüteten das Geheimnis der Herkunft ihrer Waren, nicht zuletzt das Geheimnis der Purpurfarbe (Bauer/Hallier 1999, 18-23).

Die Vergrößerung des Austausches von Gütern und Dienstleistungen machte eine Geldwirtschaft erforderlich. Diese führte zu einer Umkehr des wirtschaftlichen Denkens. Nun stand nicht mehr die Anhäufung von Lebensmitteln, Sklaven und anderen Gütern im Vordergrund, sondern die Anhäufung von Geld. In der Mitte des 3. Jahrtausends gab es eine Art kapitalistische Revolution. Selbständige Gruppen oder Gilden von Kaufleuten und Händlern fanden zusammen. Das geschriebene Wort trat seinen Siegeslauf an. Ganze Bibliotheken sind erhalten, die Handelstransaktionen dokumentieren. Hinzu kam die Notwendigkeit, Eigentum kenntlich zu machen. Tontäfelchen und die Schrift war wichtig für Urkunden und Verträge. Ein mesopotamischer Fernkaufmann war sein eigener Transportunternehmer. Ein Heer von Beamten berechnete Zölle und Abgaben und gab die nötigen Sichtvermerke. Babylon kannte Silber als Währung und entwickelte Institutionen zur Kreditvergabe (Kaster 1986, 63-97).

Am Anfang hatte wohl gelegentlicher Tauschhandel gestanden. Mitte des dritten Jahrtausends führte die Erfindung der Bronze zu umfangreichen Handelsbeziehungen. In Assur war Profit der Leitgedanke. Es entstand ein ganzes Netz von Handelsniederlassungen. Die Assyrer hatten eine vorzügliche Organisation der Geschäfte. Lange Eselskarawanen beförderten die Ware. Eine Eselsladung betrug ca. 56 Kg. Der Besitzer der Packtiere war der Spediteur und er haftete für den Verlust der Ladung, denn Versicherungen gab es noch nicht. Verlor er eine Karawane, musste er ganz von Neuem anfangen oder sich in die Sklaverei verkaufen. Das Handelssystem wurde in bevorzugter Weise durch die Regierung überwacht. Das Stadthaus war die zentrale Leit- und Überwachungsstelle des Handels. Die Exportgüter Assurs waren Stoffe und Zinn. Erst die Kolonien machten Assyrien zu einem Handelsreich. Hier entstanden erste Formen von Kolonialismus und Imperialismus. Die Zinnstraße führte an Mari in Assur vorbei (Kaster 1986, 99-126).

Die Weihrauchstraße führte von Petra bzw. Eilat in Palästina nach Shihr im Jemen. Von hier aus ging zum Beispiel der Seeweg nach Indien. Weihrauch bestand aus wohlriechendem Harz. Die Hafenstadt Cana war ebenfalls ein großer Umschlagplatz für Waren aus Indien. Die Welthandelsstraßen hatten ihren Ursprung im Wunsch nach Gewinn. Im Jemen wurden enorme Kosten nicht gescheut für den Bau einer schwierigen Passstraße. Der Weihrauch brachte legendären Reichtum (Kaster 1986, 146-169). Petra war zunächst eine Wasser-stelle in der Wüste und wird zur Handelsmetropole. Am Ende wird sie in das römische Reich einverleibt. Eine weitere Handelsmetropole in der syrischen Wüste war Hallab, das spätere Aleppo (Kaster 1986, 253). In gewisser Weise können die Chinesen als Erfinder der Marktwirtschaft gelten, richtig praktiziert haben sie diese aber nie. Die Grundprinzipien der Marktwirtschaft werden in China schon vor zweitausend Jahren von Tschien beschrieben. Es ging darum, den Eigennutz zu fördern, auch das Prinzip von Angebot und Nachfrage wird formuliert, ebenfalls die Gesetze von Reichtum und Armut (Bauer/Hallier 1999, 30).

Im Gegensatz zur militärischen Unterwerfung braucht der Kaufmann Frieden. Handel war die langfristig erfolgreichere Strategie im Vergleich zu Kriegs- und Raubzügen, um Reichtum zu garantieren. Geschäfte waren Wagnis und Abenteuer, aber häufig winkte hoher Gewinn. Auf den Handelsstraßen im Orient wurden z.B. Märchen mitgenommen. Kulturtransfer fand statt. Jede Ware hatte hier ihre eigene Straße. Auch die Reiseberichte, die schriftstellerisch tätige Kaufleute insbesondere im arabischen Raum abgefasst haben, sind heute wichtige Quellen kulturgeschichtlicher Art (Bauer/Hallier 1999, 38-43). Man sieht insbesondere an der Hochkultur der Mauren in Spanien, dass hier ein Kulturtransfer stattgefunden hat durch die Begegnung zweier unterschiedlicher Kulturen. Dies führte auch zu einer hervorragenden Technik und nicht zuletzt ist es möglich, dass diese Kulturmischung zwischen Arabern und Europäern in Spanien die Voraussetzung schuf, das Zeitalter der Entdeckungen, ausgehend von Spanien und Portugal, zu ermöglichen.

Eine Quelle der Kenntnisse über den innerasiatischen Handel bilden Reiseberichte des 19. Jhds.. Besondere Aufmerksamkeit muss einer differenzierten Bewertung der Rolle des Kolonialismus gewidmet werden. Am Beispiel Indiens ist feststellbar, dass England eine zerstörende und eine bewahrende Rolle spielte. Die allmähliche Transformation der alten Gesellschaftsordnung führte zu einer kommerzielleren Gesellschaft. England war aber streng darauf bedacht, dass die wirtschaftliche Entwicklung Indiens begrenzt blieb (Becker 1990, 8f). Wichtigster Handelshafen war zunächst Bombay mit dem Baumwollmarkt. Für den Handel innerhalb Indiens spielte die Baumwolle nur eine untergeordnete Rolle. Dafür war sie um so bedeutender für den Außenhandel. Als wichtigstes Transportmittel in das innere Indien entwickelte sich seit dem 19. Jahrhundert die Eisenbahn. Diese Eisenbahnen stellten das indische Kastenwesen vor große Probleme. Denn Industriearbeiter aus den Dörfern benutzen auf ihrem Weg nach Bombay die Bahn. Für höhere Kasten war es schwierig, Berührungen mit niederen Kasten zu vermeiden. Besonders die Brahmanen fühlten sich tief verletzt und forderten: "Hinweg mit Dampfschiffen, Eisenbahnen und Druckerpressen!" Hindupriester riefen zum offenen Boykott der Eisenbahnen auf. Aber nicht nur die Eisenbahnen nahmen in Bombay ihren Anfang, sondern auch das so wichtige Telegraphennetz (Becker 1990, 11-14).

In Ceylon und Indien entstanden sehr früh Handelsstraßen, die sich bis in das 19. Jahrhundert hinein nicht oder nur geringfügig veränderten. Mit Beginn der Kolonialzeit versuchten die einzelnen Kolonialstaaten, diesen Handel für sich zu nutzen. Sie scheuten nicht davor zurück, einige dieser Handelswege zu zerstören. Eine besonders unrühmliche Rolle spielten in diesem Zusammenhang die Portugiesen. Aber auch die Engländer versuchten im 18. und 19. Jahrhundert, diese Straßen für weitere koloniale Eroberungen, so in Richtung Tibet und Afghanistan, zu nutzen. Einige Reisende verherrlichen in ihren Berichten den sogenannten Fortschritt, ohne auf die Folgen für die einheimische Bevölkerung einzugehen. So war auch die Meinung, dass Indien unterentwickelt war, nur aus europäischer Perspektive zu fällen (Becker 1990, 32f).

Der Handel wurde meist mit Kamelen und Karawanen gesichert, aber in zunehmendem Maße nutzte man im 19. Jahrhundert die neueste Technik. Diese neuen technischen Errungenschaften waren vor allem Eisenbahnen, Telegraphen und neue Schiffstypen. In China gab es lange Zeit keine Eisenbahnen, da die Vorteile dieser Technik nicht erkannt wurden. China hatte gute Voraussetzungen für einen blühenden Handel (Becker 1990, 34-36). Indien stand im Mittelpunkt des asiatischen Handels und erregte durch seine Exporte und auch durch die englische Kolonialpolitik immer wieder die europäische Aufmerksamkeit. Systematisch wurde Indien zu einem billigen Absatzmarkt für England und zu einem wertvollen Lieferanten von begehrten Rohstoffen für die Kolonialmacht (Becker 1990, 53-55). Den zweiten Platz nach der Schifffahrt nahm für die Kolonialmacht der Bau von Eisenbahnlinien ein. Der Hauptaugenmerk der britischen Kolonialmacht richtete sich auf Indien, um die begehrten Waren noch schneller und vor allem billiger aus dem Landesinneren an die Küste transportieren zu können. Auch hierdurch verstärkte sich die Ausbeutung der einheimischen Bevölkerung. Der asiatische Handel hatte über Jahrhunderte hinweg einen erheblichen Beitrag für die Entwicklung der einzelnen Regionen geleistet. Er diente dem meist friedlichen Austausch von Waren und half bei der Entwicklung der Ware-Geld-Beziehung. Im Zeitalter des Kolonialismus wurden die Bedingungen für diesen friedlichen Austausch schwieriger, da besonders die Portugiesen und die Briten darauf bedacht waren, diesen Handel in ihre Hände zu bekommen, um ihn kontrollieren und für sich ausnutzen zu können. Dieses Vorhaben gelang aber nur zum Teil. Wesentliche Gebiete Asiens blieben den Europäern über lange Zeit verschlossen und so konnten sich hier die ursprünglichen und typischen asiatischen Erscheinungsformen des Handels auch zur Kolonialzeit länger behaupten und weiter durchsetzen (Becker 1990, 63-65).

Die verschiedenen Religionen Indiens spielen innerhalb der gesellschaftlichen Sphären eine beachtliche Rolle für die Entwicklung von Handel und Technik. Unverkennbar ist ihr Einfluss auf den Handel, der mit dazu betrug, die Glaubensstrukturen weit über die Grenzen der einzelnen Länder auszudehnen (Bec??ker 1990, 85). Innerhalb der Brahmanenkaste gab es Unterschiede in Bezug auf das Betreiben von Handelsgeschäften. Diese Unterschiede waren nach Aussagen der Reisenden regional bedingt und dem Ansehen der einzelnen Vertreter der Brahmanen geschuldet. Die Kaste hemmte das Leben der Hindu mit einer großen Zahl von Regeln und Bräuchen. Sie erschwerte es den Brahmanen gemäß vielen Selbstzeugnissen, von der Kultur des Westens zu lernen. Und sie gehörte zum konservativsten Teil der indischen Gesellschaft (Becker 1990, 88-90).

Der Islam hat den mit der europäischen Kolonialherrschaft eindringenden christlichen Missionaren mit Erfolg widerstanden (Becker 1990, 94-96). Eine Verknüpfung des Islams mit dem Karawanenverkehr ist offenkundig. Außerdem wird deutlich, dass sich der Islam als Religion in erster Linie als Folge des Handels und der kulturellen Kontakte ausbreiten konnte, mehr als durch militärische Eroberungen. Dem Wesen des Jinismus entsprechend durfte kein lebendiges Wesen getötet werden. Aus diesem Grunde allein waren den Jainas im Grunde genommen fast alle produzierenden Berufe verboten. Sie hielten sich an den Handel. Innerhalb der ihnen gebotenen religiösen Grenzen trieben auch die Sikhs Handel und übten zum Teil auch die verschiedensten Handwerke aus (Becker 1990, 97f). Hier lässt sich also eine Nähe bestimmter Religionen zum Handel und zur Technik aufzeigen. Auf keinen Fall lässt sich ein feindliches Verhältnis zwischen Religion und Technik im asiatischen Bereich konstatieren.

Ohne die Buddhisten wären die Seidenstraße und andere alt überlieferte Karawanenwege nicht denkbar, denn sie zeichneten verantwortlich für Gast- und Rasthäuser, die es längs der gesamten Hauptverbindungswege gab. Im 19. Jahrhundert änderten sich zum Teil die äußeren Bedingungen für den Handel. Es kamen neue Möglichkeiten hinzu, die Reisen wurde kürzer und angenehmer. Bedingt durch die Kolonialherrschaft nahm allerdings auch die Konkurrenz zu und die Kaufleute Indiens versuchten, ihre angestammten Rechte zu verteidigen. Ein Weg hierzu war die Gründung des Vereinswesens insbesondere für Handels-

und Schifffahrtsgilden (Becker 1990, 101f). Nicht zuletzt durch den Islam bedingt gab es allerdings auch Tendenzen, gemäß denen sich einzelne Religionen gegenseitig bekämpften, Bekehrungen erzwungen wurden oder Zerstörungen an heiligen Stätten keine Seltenheit waren. Trotzdem dienten fast alle Religionen der Weiterentwicklung von Handel, Handwerk und Gewerbe, auch wenn sie sich in einzelnen Verantwortungsbereichen unterschieden (Becker 1990, 104).

Der indische Ozean hatte für die Schifffahrt und die alten Handelsstraßen für den Karawanenverkehr eine außerordentlich große Bedeutung für die Anliegerstaaten. Der Handel kam im asiatisch-ostafrikanischen Bereich im 19. Jahrhundert dem des Mittelmeergebietes quantitativ gleich. Der Marktfrieden stand im hohen Ansehen und gewährleistete den friedlichen Austausch von Waren, Informationen und Ideen. In Indien vollzog sich im 19. Jahrhundert der Übergang zur modernen Gesellschaftsordnung unter spezifischen Bedingungen. Der Handel erlebte einen erheblichen Aufschwung. Als Knotenpunkte des Handels erwiesen sich vor allen die Städte. Einige Bevölkerungsgruppen konnten sich ausschließlich dem Handel widmen. Typisch dafür waren die Parsen. Kein Handel wurde ohne sie geschlossen und die Absprache erfolgte nach uralten Ritualen. Zum Transport der Waren aus dem Landesinneren an die Küste bzw. umgekehrt wurden Flüsse, Karawanenwege und Eisenbahnen benutzt. Jahrhundertealte See- und Landwege bildeten die Grundlage des asiatisch-ostafrikanischen Handels im 19. Jahrhundert. Entlang der Ostküste Afrikas bestanden verschiedene Religionsgruppen nebeneinander. Nachgewiesen werden konnte, dass die kulturelle Entwicklung durch den Handel günstig beeinflusst wurde. Die Geschichte der asiatisch-afrikanischen Beziehungen gestaltete sich so, dass eine gegenseitige Beeinflussung der Kultur, der Sitten und Gebräuche usw. nachweisbar war. Die Inder waren am Handel beteiligt. Die Handelsbeziehungen der asiatischen Staaten untereinander und im asiatisch-afrikanischen Bereich stellten einen Beitrag für die Weiterentwicklung bzw. Verbreitung der einzelnen Kulturen dar. Bewiesen ist auch, dass hochrangige Hindus nicht grundsätzlich von der Schifffahrt ausgeschlossen waren (Becker 1990, 118-121).

Ohne jeden Zweifel gab es Kolonialisierung auch schon vor dem Prozess, der vom neuzeitlichen Europa ausging, so in Babylon, Assur, im Hellenismus, bei den Griechen und Römern. Aber es fehlte der Zusammenhang zwischen Kolonialismus und der schellen Entwicklung neuer und epochaler technischer Niveaus, wodurch im 19. Jhd. erstmals weite Teile der Erde gezwungen wurden, sich mit Modernisierung, Technologisierung und Technologietransfer auseinander zu setzen und traditionelle Kulturen und Lebensformen unter Legitimationsdruck gerieten. Die westlich-abendländische Welt schottete sich nie über längere Zeiten nach außen ab. Im Gegenteil: Die teils freiwillige, teils unfreiwillige Offenheit Europas gegenüber Einflüssen aus dem Osten wird als ein wichtiger Grund dafür angesehen, dass hier die Technik allmählich das Niveau anderer

Länder wie China erreichte und übertraf. Die Völkerwanderung, die Araber als Eroberer oder als Eroberte und der Handel mit dem fernen Osten brachten technische Kenntnisse ins Abendland, wo sie rezipiert, modifiziert und erweitert wurden. Seit der europäischen Neuzeit kann man von mehreren „Globalisierungswellen" oder „Globalisierungsphasen" in einem weiten Sinn sprechen. Es handelt sich dabei zunächst um:

(1) Entdeckungsreisen, die mit ökonomischen Interessen verknüpft wurden, um sie zu finanzieren. Die Kombination von Entdeckerdrang, Schiffen und Kanonen erwies sich auch ökonomisch als so günstig, dass Handelsgesellschaften und einzelne Kolonien gegründet wurden.
(2) Systematischere Formen der Kolonialisierung zunächst durch Spanien und Portugal, dann durch Großbritannien, die Niederlande und Frankreich. Der Aufbau von Kolonialmächten erfolgt eher zögerlich und unsystematisch.
(3) Die Dampfschiffkolonialisierung und die europäische Expansion in der zweiten Hälfte des 19. Jahrhunderts, die in die erste Phase der Globalisierung übergeht (Dampfschiffe, Telegraphie, Telefonnetze, Erzeugung des Welthandels; industrielle Revolution und Expansion des Handels).
(4) Digitalisierung der Information, Finanzmärkte und Transportmittel, ab 1970, verstärkt nach 1989; Globalisierungsphase 2.

Ein weiterer wichtiger Punkt und zentral für Technologietransfer, Kulturtransfer und Kolonialisierung war die Entwicklung der Feuerwaffentechnologie im 14. bzw. 15. Jahrhundert, die den Ursprung der europäischen Weltmachtstellung begründete (Irrgang 2003a). Sie stand am Anfang jenes fundamentalen Wandels der europäischen Mentalität, welche die Grundlage einer spezifischen Überlegenheitsideologie bildete. Zumindest zwei andere Weltkulturen, die chinesische und vor allem die islamische, sind am Ende des europäischen Mittelalters dem christlichen Abendland vielleicht sogar überlegen. Die Feuerwaffeninnovation führte vom 14. Jahrhundert an zu einer Kanalisierung wirtschaftlicher Kräfte auf den militärischen Fortschritt. Der Kanonenguss aus Bronze, später der aus Eisen entwickelte sich im 15. Jahrhundert und wird im 16. Jahrhundert weitgehend beherrscht (Zinn 1989, 14-29).

Dass Schießpulver als wirksames Treibmittel für Waffen den Arabern im 13. Jahrhundert bekannt gewesen sein könnte, ist nicht unwahrscheinlich. China kannte ein explosives Gemisch, allerdings nicht das spezielle Gemisch aus Salpeter, Schwefel und Holzkohle. Die Chinesen experimentierten aber nicht mit Geschützrohren und Explosivstoffen. Experimente mit Büchsen und mit Schießpulver fanden bereits im England König Edwards II um 1320 und König Eduards III statt. Ob sie aber zu Schusswaffen oder nur zu Feuerwerken führte, ist umstritten. Eine Experimentierphase der Feuerwaffenentwicklung lief bereits um die Mitte des 14. Jahrhunderts aus. Feuerwaffen als Pfeilwerfer und eine Art

Handgranate war von den Chinesen bereits um 1240 verwendet worden. Die zweite Waffenart war eine Art Sprengmine. Zeichnungen über die chinesischen Waffen aus dem 12. Jahrhundert bieten die Schriften des Jesuiten Amiot (Kramer 1995, 41-47). Auch die Araber konnten Feuerwaffen. Hassans Waffen wurden mit salpeterhaltigen Treib- und Sprengsätzen betrieben. Es handelt sich um explodierende Glas- oder Rindenkörper, die man mit der Hand schleuderte, aber auch um eine gewisse chinesische Feuerlanze. Die Araber verwendeten zum Abschuss Tonröhren. Auch Roger Bacon beschreibt Feuerwerk und Raketen im Zeitraum von 1266 bis 1276 (Kramer 1995, 47-58). In diesem Zusammenhang darf auf Roger Bacons erstes europäisches Pulverrezept verwiesen werden. Aber Bacon hat ebenso wenig wie Albertus über Geschütze berichtet. Feuerwaffen tauchten zwar im niederländischen Raum schon um 1340 auf (Kramer 1995, 61). In allen Schlachten im 14. Jahrhundert wird allerdings insgesamt die Wirkungslosigkeit der Feuerwaffen beschrieben. So sind Kenntnisse über das Zusammenmixen von Schießpulver entweder über Arabien und durch das muslimische Spanien nach Europa gekommen sind oder über England aus China.

Eine gewisse Erwähnung von Handbüchsen in Deutschland gibt es aus dem Jahr 1338. Etwa ab 1340 nimmt die Zahl der Erwähnung von Büchsen zu. Die älteste Handfeuerwaffe ist in einer 1341 zerstörten Burg gefunden worden. Keines dieser Geschütze oder dieser Handfeuerwaffen entsprach aber dem Bauprinzip der Steinbüchse. Die Steinbüchse besteht aus der funktionellen Einheit der Pulverkammer und dem Lauf. Dazu ist die Technik des Ladens erforderlich. Das Schießpulver als ein Gemenge aus Holzkohle, Salpeter und Schwefel (genauer aus Kalium- oder Natriumnitrat als Oxidationsmittel mit Holzkohle und Schwefel) in Form eines gekörnten Pulvers wurde im Unterschied zu den chinesischen Experimenten mit Frühformen von Raketen und Feuerwerkskörpern und der arabischen Nutzung für Brandsätze erst in Europa als Treibmittel für Geschosse verwendet. Dies setzte die Erkenntnis voraus, dass der Expansionsdrang des entzündeten Schießpulvers als kinetische Energie genutzt werden konnte (Ludwig/Schmidtchen 1992, 312f).

Schießpulver in seiner Kombination mit Büchse und Kanone war die Schlüsselerfindung des Mittelalters, die eine militärische Revolution inklusive letztlich auch der Kolonisation auslöste. Zentral für diese war nicht die Erfindung des Schießpulvers allein, sondern in Kombination mit einem Metallrohr, das es erlaubte, Geschosse nun mit sehr viel höherer Geschwindigkeit und sehr viel weiter zu schießen als es mit den Methoden der Chinesen und wohl auch der Araber möglich war. Auch die Chinesen hatten versucht, das Schießpulver als Waffe zu gebrauchen und es kam immer wieder zum Einsatz einfacher Feuerwaffen, die aber vor dieser Schlüsselerfindung offenbar relativ wirkungslos waren. Auch die Araber kannten Feuerwaffen. Der Technologietransfer fand hier also zunächst aus China und dem arabischen Raum nach Europa, nach England oder Deutschland, statt. Die Verknüpfung von Schießpulver und Metallrohr war Konsequenz der Experimentierkunst, allerdings einer Experimentierkunst ohne Beweischarakter für irgend eine Theorie. Dieses Experiment war nicht ein Experiment der modernen Naturwissenschaften gewesen, sondern ein Experiment technischer Praxis, wie es im Bereich der Alchimie offenbar häufiger vorgekommen ist.

Die technischen Wurzeln der Kolonialisierung liegen – sicher vereinfachend beschrieben – in der experimentellen Naturwissenschaft und in der Erfindung einer neuen Waffentechnik. Die Feuerwaffeninnovation im 14. bzw. 15. Jahrhundert stand am Anfang jenes fundamentalen Wandels der europäischen Mentalität, die wir auch heute beobachten. Der militärische und ökonomische Erfolg bildete die Grundlage einer spezifischen Überlegenheitsideologie. Zumindest zwei andere Weltkulturen, die chinesische und vor allem die islamische, sind am Ende des europäischen Mittelalters dem christlichen Abendland vielleicht sogar überlegen. Die Feuerwaffeninnovation führte zu einer Kanalisierung wirtschaftlicher Kräfte auf den militärisch ausgerichteten Fortschritt vom 14. Jahrhundert an. Die Begründung weltweiter Seefahrt, wie wir sie heute kennen, wurde durch die Portugiesen eingeführt. Sie waren Pioniere in der Aufnahme der Navigationsstudien und benutzten systematisch wissenschaftliche Erkenntnisse. Es gelang ihnen aber nur, einige wenige Festungen und zentrale Landepunkte und Häfen im westlichen Teil Indiens zu erobern und zu halten, die sie für 150 Jahre das portugiesische Indien nannten. Portugiesische Seefahrer entwickelten zum ersten Mal Landkarten und Seekarten. Die Kunst der Navigation ist aus vielen Teildisziplinen zusammengesetzt und erfordert die Koordination einer ganzen Reihe von Untersuchungsgegenständen. Die wichtigsten sind die Herstellung von Seekarten, das Lesen Können von Sternen und Planeten, eine tiefe Kenntnis der Mathematik einschließlich der Trigonometrie, die Kunst des Schiffs- und Bootsbaus, die genaue Beobachtung der Farbe des Seewassers, des Lebens im Meer und des Vogelfluges (Sahai 1996, 117).

1486 fand Bartolomeos Diaz den Weg nach Indien. 1498 nahm Vasco da Gama den Weg von Madagaskar aus nach Indien. Die Portugiesen führten in den Handel im indischen Ozean gewisse Neuerung ein. Sie verlangten Monopole für bestimmte indische Güter auf bestimmten Routen. Sie setzten dazu auch militärische Gewalt ein und verdrängten so zum Teil die muslimischen Händler von den indischen Küsten. Sie beriefen sich dazu auf Vollmachten durch ihr geistliches Oberhaupt, den Papst (Sahai 1996, 129-132). Nicht zuletzt durch den Einfluss des arabischen und islamischen Vordringens kam es zu einer Verlagerung im Mittelmeerhandel von Venedig nach Portugal und Spanien. Prinz Heinrich der Seefahrer führte zu einer neuen Entwicklung in Portugal. In der Zeit zwischen 1415 und 1543 annektierten die Portugiesen Marokko, die Azoren, Westafrika, die Elfenbeinküste, Ostafrika, Teile von Indien und Japan.

Der portugiesische direkte Gewürzhandel ruinierte den arabischen Zwischenhandel. Ab 1490 kam es zu einem schwunghaften Handel mit Negersklaven (Bauer/Hallier 1999, 86f.) Um 1550 etablierten die Portugiesen die Handelsroute zwischen China und Japan. Das billige japanische Silber konnte in China teuer verkauft werden.

Zwischen dem 15. und 19. Jahrhundert dominierten vier größere europäische Mächte die Schifffahrt im indischen Ozean. Nach den Portugiesen kamen die Niederländer, die insbesondere die Malabarküste zum Ausgangspunkt ihrer Kolonisation in Indonesien machten. Ebenfall in Südindien hatten die Deutschen, die Dänen und die Franzosen ein kurzes koloniales Zwischenspiel. Die englischen Händler im 16. Jahrhundert sowie die niederländische und die englische Ostindienkompanie kamen etwa zur gleichen Zeit in Indien an. Die Münzprägung der Großmoguln erfolgte mit amerikanischem Silber, mit dem die englischen Händler bezahlten. Die großen Landmächte Indiens hatten kaum direkte Beziehungen zum Seehandel und unterhielten deshalb auch keine Marine. Sie waren aber interessiert an der Einfuhr von Silber und Kanonen und ließen daher die Europäer gewähren. Die Großmoguln wollten von den Jesuiten den Stand der Technik in Europa kennen lernen, insbesondere der Waffentechnik. Insofern unterstützten sie die Portugiesen. Die Grundsteuerzuweisung war die Grundlage eines Militärfeudalstaates mit einigen Zügen eines frühneuzeitlichen Territorialstaates (Rothermund 1995, 89-92).

Der portugiesische Pfeffer- und Pferdehandel hatte keinen Eingriff in die einheimische Produktion zur Folge, aber seit der Mitte des 17. Jahrhunderts war der Export indischer Baumwolltextilien immer bedeutender geworden. Die niederländische Ostindiengesellschaft hatte mit diesem einträglichen Geschäft begonnen. Die Briten setzten dies fort und führten dann ab dem 18. Jahrhundert eine Plantagenwirtschaft zur Erzeugung der Baumwolle ein. Die britische Kolonialherrschaft war von Robert Clive begründet worden, der 1751 die Festung von Arcot gegen eine große Übermacht verteidigte. 1761 war die Ostindiengesellschaft in Indien abgesichert. Erst 1858 übernahm die britische Krone die Herrschaft nach dem Aufstand von 1857. Die Dampfschifffahrt und der Suezkanal sowie der Telegraph und die Ausbreitung des Eisenbahnnetzes verfestigten die britische Herrschaft. Die Weltkriege des 20. Jahrhunderts schwächten die britische Weltmacht so sehr, dass es unmöglich wurde, die Herrschaft über das ferne Indien weiter aufrecht zu erhalten (Rothermund 1995, 93-96).

Mit Kolonialismus sind Bedeutungselemente wie Fremdbestimmung, Usurpation und illegitime Aneignung angesprochen. Dahinter verbirgt sich die negative Beurteilung alles dessen, was mit Kolonialismus zusammenhängt. Anders als zum Themenkomplex Imperialismus gibt es zu zeitgenössischen und modernen Vorstellungen von Kolonialismus nur wenige begriffsgeschichtliche und dogmengeschichtliche Untersuchungen. Irgendwann zwischen 1500 und 1920 geriet die Mehrzahl der Räume und Völker der Erde unter die zumindest nominelle Kontrolle von Europäern: Ganz Amerika, ganz Afrika, nahezu das gesamte Ozeanien und - berücksichtigt man die russische Kolonisation Sibiriens – der größere Teil des asiatischen Kontinents. Die koloniale Wirklichkeit war bunt, vielgestaltig, widerspenstig gegenüber anmaßenden imperialen Strategien, geprägt von den lokalen Besonderheiten der Verhältnisse in Übersee. Die Arbeit von Jürgen Osterhammel handelt von den Absichten und Möglichkeiten der einzelnen Kolonialmächte, von großen Tendenzen im internationalen System. Nicht nur das umfassendste aller modernen Weltreiche, das britische Empire, war aus Improvisationen entstandenen, ein Fleckenteppich von ad hoc-Anpassungen an besondere Umstände. Selbst das dem eigenen Anspruch nach cartesianisch durchrationalisierte französische Kolonialimperium gab es in Wahrheit nur auf dem Papier (Osterhammel 1995, 7f).

Kolonisation bezeichnet im Kern einen Prozess der Landnahme, Kolonialismus ein Herrschaftsverhältnis. Eine Kolonie ist ein durch Invasion in Anknüpfung an vorkoloniale Zustände neu geschaffenes politisches Gebilde, dessen landfremde Herrschaftsträger in dauerhaften Abhängigkeitsbeziehungen zu einem räumlich entfernten Mutterland oder Imperialzentrum stehen, welche exklusive Besitzansprüche auf die Kolonie erhebt. Zu unterscheiden sind:
(1) Beherrschungskolonien, meist Resultat militärischer Eroberung zum Zwecke wirtschaftlicher Ausbeutung. Zahlenmäßig relativ geringfügige koloniale Präsens primär in Gestalt von entsandten, nach dem Ende ihrer Tätigkeit ins Mutterland zurückkehrenden Bürokraten, Soldaten sowie von Geschäftsleuten, nicht von Siedlern! Autokratische Regierung durch das Mutterland; Beispiele: Britisch-Indien, Indochina (französisch), Ägypten (britisch), Togo (deutsch), Philippinnen (amerikanisch), Taiwan (japanisch); Variante: Spanisch-Amerika;
(2) Stützpunktkolonien als Resultat von Flottenaktionen. Zwecke: Indirekte kommerzielle Erschließung eines Hinterlandes und/oder Beitrag zur Logistik maritimer Machtentfaltung und informeller Kontrolle über formal selbständige Staaten („Kanonenbootpolitik"); Beispiele Malakka (portugiesisch), Batavia (holländisch), Hongkong, Singapur, Aden (alle britisch); Shanghai (international);
(3) Siedlungskolonien als Resultat militärisch flankierter Kolonisationsprozesse zum Zwecke der Nutzung billigen Bodens und billiger (fremder) Arbeitskraft, Praktizierung militärischer soziokultureller Lebensformen, die im Mutterland infrage gestellt werden. Koloniale Präsens primär in Gestalt permanent ansässiger Farmer und Pflanzer, frühe Ansätze zur Selbstregulierung der weißen Kolonialisten unter Missachtung der Rechte und Interessen der indigenen Bevölkerung:
(3a) neuenglischer Typ: Verdrängung, zum Teil Vernichtung der ökonomisch entbehrlichen Urbevölkerung; Beispiele: die englischen Neuenglandkolonien, Kanada (französisch/britisch) Australien;
(3b) afrikanischer Typ: Ökonomische Abhängigkeit von einheimischer Arbeitskraft, Beispiele: Algerien (französisch), Südrhodesien (britisch), Südafrika;

(3c) karibischer Typ: Import von landfremden Arbeitssklaven; Beispiele: Barbados (englisch) Jamaika (englisch), St. Dominique (französisch), Virginia (englisch), Kuba (spanisch) und Brasilien (portugiesisch; Osterhammel 1995, 16-18).

Die beiden entscheidenden Elemente von Kolonialismus sind Herrschaft und kulturelle Fremdheit, wobei diese von den Unterworfenen als illegitime Fremdherrschaft aufgefasst wird. Der moderne Kolonialismus beruht auf dem Willen, periphere Gesellschaften den Metropolen dienstbar zu machen. Zweitens ist die Art der Fremdheit zwischen Kolonialisierern und Kolonialisierten von großer Bedeutung. Eine Kolonialismusdefinition muss diese mangelnde Anpassungswilligkeit der Kolonialherren berücksichtigen. Moderner Kolonialismus ist nicht nur ein strukturgeschichtlich beschreibbares Herrschaftsverhältnis, sondern zugleich auch eine besondere Interpretation dieses Verhältnisses. Stets lag dem die Überzeugung von der eigenen kulturellen Höherwertigkeit zugrunde. Kolonialismus ist eine Herrschaftsbeziehung zwischen Kollektiven, bei welcher die fundamentale Entscheidung über die Lebensführung der Kolonisierten durch eine kulturell andersartige und kaum anpassungswillige Minderheit von Kolonialherren unter vorrangiger Berücksichtigung externer Interessen getroffen und tatsächlich durchgesetzt wird. Normalerweise hat sich Kolonialismus von Ent-deckung und Erstkontakt her allmählich aufgebaut. Die eigentliche Koloniebildung war bei Siedlungs- wie bei Beherrschungskolonien stets mit Gewaltanwendung verbunden (Osterhammel 1995, 47f).

Die Kolonialisierung beruhte im weltanschaulich-kulturellen Bereich auf der Idee der europäischen Höherwertigkeit, die letztlich technisch begründet war (Waffentechnik, Schifffahrt). Sie drückte sich aber aus in einer dreifach gestuften Idee der Höherwertigkeit, die traditionell als Herrschaftsphänomen gedeutet wurde, der letztlich aber eine kulturelle Konzeption zugrunde lag, die transkulturellen Austausch ungemein erschwerte:

(1) Sendungsbewusstsein und der Glaube an die Höherwertigkeit der eigenen Religion verbunden mit dem missionarischen Auftrag der Christianisierung insbesondere in der Anfangsphase bei Spaniern und Portugiesen

(2) Der Glaube an die eigene überlegene Zivilisation mit dem höheren Level des technischen und ökonomischen Niveaus. Aber erst mit der industriellen Revolution begann eine tatsächliche Differenz in den jeweils verwendeten Techniktypen und des verwendeten technischen Niveaus. In diesem Zusammenhang setzt Technologietransfer ein; Voraussetzung für sein Gelingen: Ausbildung der Kompetenzen der einheimischen Bevölkerung; Glaube an die höhere Wissenschaft und Kultur insbesondere Eingeborenen gegenüber.

(3) Überlegene Rasse: Im Zusammenhang mit der Entwicklung des Darwinismus kommt es zu Überhöhungen in den Vorstellungen auch von der physischen Überlegenheit der weißen Rasse bis hin zu Sozialdarwinismus und zur Unterlegenheit bestimmter Rassen; Biologisierung des Menschenbildes; Positivismus und Imperialismus als Herrschaftsphänomen.

Kolonialkriege wurden unter weniger kalkulierbaren Bedingungen ausgetragen als innereuropäische Kriege. Gefährlicher als der Feind war oft die Natur. Aufwendige und teuere Feldzüge wie die britischen Eroberungskriege in Indien 1798 bis 1819 fielen aus dem Rahmen. Je mehr sich im 19. Jahrhundert ein sozialdarwinistisches Denken durchsetzte, desto mehr wurden Kolonialkriege als Kriege zur Verbreitung der Zivilisation gegen Widersacher betrachtet, denen man zivilisierte Regeln des Umgangs nicht zugestehen mochte. Dabei trafen die Europäer in der Regel auf einheimische Despoten: sie brachen keineswegs in ruhige Idyllen ein, sondern in Gesellschaften mit einem schon vorkolonial hohen Gewaltpegel. Die Antwort bestand häufig genug in einem nationalen Befreiungskampf (Osterhammel 1995, 50f).

Im Allgemeinen wichtiger als kulturelle Nachteile der überseeischen Völker dürften gewisse organisatorische Vorteile der Europäer gewesen sein: Eine kompakte und strikt zielorientierte, also etwa von Prestigefragen absehende Heeresorganisation mit eindeutigen Kommandostrukturen, bei der jeder Kommandoposten augenblicklich neu besetzt werden konnte, sowie die dem europäischen Staatssystem anerzogene machiavellistische Bereitschaft und Fähigkeit taktischer, jederzeit Frontwechsel erlaubender Bündnispolitik innerhalb schnell durchschauter indigener Machtkonstellationen. Die unweigerlich meist sehr brutale Niederschlagung von Aufständen führte zur Neuorientierung imperialer Politik. So bedeutete der Aufstand von 1857 in Indien eine tiefe Zäsur in der britischen Politik in und gegenüber Indien. Auch nach dem Ende der großen überregionalen Widerstandsbewegungen blieb es in den meisten Kolonien unruhig (Osterhammel 1995, 52f).

Koloniale Herrschaft kleidete sich in eine Vielzahl organisatorischer Gewandungen. Kein einziges modernes Imperium war administrativ homogen. Oft genug wird der Begriff der indirekten Herrschaft ungenau verwendet. Bis 1858 unterstanden die britisch beherrschten Teile des Subkontinentes nicht der Krone, sondern nominell der im Jahre 1600 gegründeten altehrwürdigen East India-Company. Dann wurden sie eine besonders kompliziert organisierte Kronkolonie (Osterhammel 1995, 57). Der koloniale Staat war seinem Wesen nach bürokratisch (Osterhammel 1995, 68). Kollaborateure sind auch halbautonome Agenten, also keine bestallten Funktionäre, keine Rädchen im kolonialen Getriebe. Sie stehen vielmehr am Relaispunkt zwischen kolonialem Staat und kolonisierter Gesellschaft. Sie sind Mittelsmänner, haben einen Fuß in jedem der beiden Lager (Osterhammel 1995, 74). Der koloniale Staat setzte überall das Territorialprinzip durch. Dass solche Grenzen, wie oft gesagt wird, willkürlich gezogen wurden, hat ihre weitgehende Respektierung durch die unabhängigen Staaten nicht verhindert. Wenn der koloniale Staat Territorialstaat war, so ist er durchaus nicht auch Nationalstaat gewesen (Osterhammel 1995, 77).

Die Errichtung kolonialer Herrschaft war eines der wichtigsten Mittel, um jenem interkontinentalen Tauschzusammenhang, den erst das neuzeitliche

Europa schuf, frische Quellen von Naturreichtum und menschlicher Arbeitskraft dauerhaft zu erschließen. Jene Länder der späteren Dritten Welt schließlich, die politisch selbständig blieben, haben mit Ausnahme Japans kein prinzipiell anderes Entwicklungsschicksal erfahren als die Kolonien. Kolonialwirtschaft bedeutet überall die Übernahme der Steuerhoheit sowie der Kontrolle über Außenhandel und Währung durch Fremde. Die koloniale Besteuerung führte zur Verbreitung von Geldwirtschaft und Marktbeziehungen. Sie konnte ein wirksames Instrument sein, um Arbeitskräfte ohne außerökonomischen Zwang zu mobilisieren: Wollten sie Bargeld verdienen, um ihre Steuern zahlen zu können, so mussten sie den geschlossenen Kreis der Subsistenzwirtschaft verlassen. Traditionale Gemeinschaftsstrukturen konnten so zerstört werden (Osterhammel 1995, 78-80).

Der Kontakt mit den Kolonialherren führte selten zum völligen Zusammenbruch vorkolonialer Kosmologien und Lebenswelten, überall aber zu ihrer Zerschlagung in Fragmente oder zumindest zur Infragestellung kultureller Selbstverständlichkeiten. Meist waren die Reaktionen in irgend einer Weise kreativ. Die westliche Zivilisation hat sich kaum jemals ungebrochen durchgesetzt (Osterhammel 1995, 100). Im Hinblick auf die Religion sind folgende Einstellungen und Haltungen möglich gewesen: (1) Unterdrückung der einheimischen Kulte und Durchsetzung eines staatlich gestützten christlichen Religionsmonopols, (2) Selbstchristianisierung und Übergang zu einheimischen Kirchen, (3) Stimulierung nichtchristlicher Gegenbewegungen. So sind Begriff und Sachverhalt des Hinduismus als eindeutig identifizierbare und doktrinal beschreibbare Weltreligion dem vorkolonialen Indien fremd: Hinduismus ist nichts als eine von der europäischen Wissenschaft gezüchtete Orchidee. Kulturtransfer und Missionierung führte häufig aber auch zur Selbstbehauptung oder sogar zur Stärkung der bestehenden Ordnung wie z.B. im Islam (Osterhammel 1995, 103-105). Vermittler solcher Kulturwerte waren an vorderster Stelle die Schulen, die teils von Missionaren, teils vom Staat betrieben wurden, sich teils auch in nichtmissionarischer privater Hand befanden. Da Erziehung in der Regel kein bevorzugtes Feld der hohen Kolonialpolitik war, gab es eine unüberschaubare Menge lokaler Varianten. Ein notorischer Streitpunkt war die Unterrichtssprache. Der entwickelte Kolonialismus brachte im Bildungsbereich durchweg eine Missachtung der indigenen Kulturen mit sich, für die missionarische und andere Lehrer meist wenig Interesse zeigten (Osterhammel 1995, 106-109).

Der Prozess der Aufteilung der Welt in Kolonialreiche oder in „Informal Empires" näherte sich um 1900 dem Ende. Die politische Methode des imperialistischen Zeitalters unterscheidet sich von denen in früheren überseeischen Expansionsphasen durch politische Ausnutzung der vielgestaltigen und durch die moderne Entwicklung des Wirtschaftslebens geschaffene Abhängigkeiten und Einflussmöglichkeiten sowie durch die kulturelle Penetration der Interessensgebiete, d.h. das Ringen um die Meinung der Menschen. Die europäischen Nationen, die den Wettlauf um Einfluss und Herrschaftszonen austrugen, folgten den Traditionen des europäischen Staatensystems. Händler, Investoren u.a. konnten ihren Interessen im Windschatten dieser Beziehungen nachgehen, aber auch quer zu politischen Erbfeindschaften komplementäre finanzielle und wirtschaftliche Kooperationsformen zwischen diesen Nationen entwickeln. Der Imperialismus ist das Ineinandergreifen der wechselnden politischen Konstellationen zwischen dem nationalen Expansionsdrang der großen und kleinen europäischen Mächte, die sich auf der Grundlage der Gesamtheit der ökonomischen Tauschrelationen vollzog (Schmidt 1989, 1-6). Die ökonomischen Ursachen des Imperialismus liegen im Streben nach der Einbeziehung neuer Gebiete unter die informelle oder die direkte Kontrolle über eigene Hoheitsgebiete zur Befriedigung des Erwartungshorizontes einer auf Expansion angewiesenen industriellen Wirtschaft (Schmidt 1989, 129-132).

Die europäischen Auswanderer und ihre Nachkommen sind in unserer Welt überall anzutreffen. Das bedarf einer Erklärung. Australien, Neuseeland und 80 % von Amerika sind neoeuropäische Gebiete. Sie verfügen über ungeheure Nahrungsmittelüberschüsse. Sie sind groß im Einsatz von Technologie, führend nicht in der Produktivität, sondern in der Produktivität auf die Anzahl der Beschäftigten bezogen und auf exportierbare Überschüsse. Woher kommt der ausgeprägte Hang der Europäer, nach Übersee auszuwandern? Zwischen 1820 und 1930 wanderten über 50 Millionen Europäer in die neoeuropäischen Überseegebiete aus. Das ist annähernd ein Fünftel der damaligen Bevölkerung. Sie wurden angezogen von Gegenden, in denen europäische Verhältnisse herrschten, wo Weizen und Rinder gedeihen. In der Folge dieser Kolonialisierung erfolgte eine Europäisierung der Tier- und Pflanzenwelt in diesen Regionen (Crosby 1991, 9-14).

Voraussetzung für den Expansionsdrang waren große Schiffe, Navigationskünste, Waffen und eine starke Antriebsenergie. Den Kompass hatten die Chinesen erfunden, das Schonersegel, das ein Kreuzen gegen den Wind erlaubte, stammte von den Moslems. Dann entdeckte man die Windsysteme, den Passat und den Monsun. Das Wissen um diese Windsysteme machte die Entdeckungsreisen zu kalkulierbaren Abenteuern. Vasco da Gama hatte die größte Flottenmacht im indischen Ozean, denn die Türken hatten ihre Kanonenboote im Mittelmeer. Vasco da Gama machte ausgiebigen Gebrauch von dieser Flotte. Die Monsunwinde halfen ihm, Indien zu erreichen. Ferdinand Magellan initiierte die erste Weltumsegelung zwischen 1519 und 1522. Er wählte den optimalen Weg durch den Pazifik, musste also über die Windsysteme Bescheid gewusst haben. Nach Magellan wusste man, dass die Erde viel größer war als ursprünglich angenommen. Außerdem wurde der Golfstrom im zunehmenden Maße genutzt (Crosby 1991, 107-129).

In China, Korea und Japan trafen die Europäer auf eine kompakte Bevölkerung, die über eine bewährte Tradition, eine starke Zentralregierung, flexible Institutionen und ein ausgeprägtes kulturelles Identitätsgefühl sowie eine ausgeprägte Landwirtschaft und Handwerk verfügten. Nur in technologischer Hinsicht waren die Europäer vorübergehend überlegen. In diesen Bereichen gab es keine europäische Siedlungskolonisation. Auch im Nahen Osten war die Kolonisation nicht einfach. Insgesamt erwiesen sich die Tropen als schwieriges Siedlungsland. Europäische Frauen kamen selten in die Tropen und waren dort noch seltener fruchtbar. Krankheiten und Fieber rafften sie dahin. Hier gab es zudem schlechte Wachstumsbedingungen für europäische Pflanzen und Tiere (Crosby 1991, 133-141).

Die Europäer schufen häufig in den von ihnen besiedelten Regionen Plantagenkolonien. Unkraut und verwilderte Tiere machten ihnen aber das Leben schwer. Die gemäßigten Regionen wurden in ihrer Flora zum Teil völlig umstrukturiert. Besonders betroffen von der Europäisierung der Flora war Nordamerika. Die Veränderungen der Grasflächen in der Rio de la Plata-Region war bemerkenswert. Umgekehrt fand eine erfolgreiche Einschleppung von Samen aus den Kolonialländern niemals statt. Unkräuter sind besonders erfolgreich in Umbruchs- und Notsituationen, wie sie mit der Kolonialisierung gegeben war (Crosby 1991, 145-170). Die Europäer waren abhängig von den von ihnen mitgebrachten Tieren wie Schweine, Rinder, die in der neuen Umgebung oft zu halbwilden Tieren wurden. Die Spanier führten Pferde in Amerika wieder ein und es kam zu riesigen Mengen verwilderter Pferde in der Pampa. Auch die Bienen wurden von den Europäern eingeführt (Crosby 1991, 171-188).

Die Anfälligkeit der amerikanischen Indianer und der australischen Ureinwohner für die Infektionskrankheiten aus der alten Welt, insbesondere die Pocken, ist bekannt (Crosby 1991, 195-197). Die bessere Ernährung und der langsam anwachsende Lebensstandard in den neuen Kolonien machten diese besonders attraktiv. Die kombinierte Entwicklung von Unkräutern und Weidetieren machte sich bei der Entwicklung der Tiere bemerkbar (Crosby 1991, 228-234). Die Europäer kamen im Unterschied zu früheren Einwanderern per Schiff und dies schuf Nachschub- bzw. Versorgungsprobleme. Die erste Welle der Einwanderer waren häufig Sträflinge und weiße Sklaven auf Zeit (die jahrelang ihre Passage abzahlen mussten). Die zweite Welle war dann die Dampfschiffzivilisierung. In der Pampa profitierten zunächst die Indianer von den sich ausbreitenden Pferde- und Rinderherden. Die Überseeeuropäer schafften der europäischen Industrie neue Märkte. Das Bevölkerungswachstum in den neoeuropäischen Regionen war zunächst gigantisch (Crosby 1991, 239-248).

Umweltprobleme wurden zuerst in den Kolonien entdeckt und namhaft gemacht. Bis in die Mitte des 17. Jahrhunderts jedoch gab es nur wenige Vorkommnisse von Entwaldung, auf St. Helena z.B., die insgesamt allerdings noch nicht dazu geführt hatten, in der Insel etwas anderes als eine soziale Utopie oder ein Paradies zu sehen. Die Holländer besetzten das Kap der guten Hoffnung, siedelten ihre Ostindienkompanie im südlichen Afrika an und etablierten dort eine bemerkenswert dauerhafte Kolonie. Dies führte als flankierende Maßnahme zunächst zur Besiedelung von St. Helena und zur Einführung der Plantagenwirtschaft auf dieser Insel. Die teilweise auf den Westindies gemachte Erfahrung, dass eine Entwaldung zur Anlage von Plantagen eine Reihe sehr unerwünschter Umwelt-Effekte insbesondere durch negative Auswirkungen auf den Wasserkreislauf nach sich ziehen konnte, machte schon 1673 die Schwierigkeiten bewusst, Holz auf dem Nachschubwege zu erhalten. Außerdem erwies sich die Einführung großer Haustiere auf St. Helena als Fehler. Im Mai 1694 gab der Gouverneur der Insel Sankt Helena die Order aus, dass keiner der wertvollen Tropenholzbäume der Insel aus privatem Interesse verkauft werden durfte (Grove 1996, 99-107).

Große Plantagen, in denen Gummi- und Zitronenbäume angepflanzt wurden, erwiesen sich als ökologisch nachteilig (Grove 1996, 110). Die Abholzungsvorgänge zeigten 1715 höchst unerwartete Konsequenzen ökologischer Art in Form einer schnellen Entwaldung, einem Mangel an Feuerholz und einer anwachsenden Bodenerosion. Zusätzlich vermehrten sich die Krankheitsrisiken (Grove 1996, 117-121). Die Holländer am Kap gingen sorgsamer mit ihrer Umwelt um. Die unabhängig gewordene holländische Kolonie am Kap zeigte Neigungen zu einem sorgfältigen Umgang und zur Beobachtung, wenn nicht gar zum Schutz der natürlichen Ressourcen. Es handelte sich um eine pragmatische Anerkennung für die wichtigen lokalen Ressourcen an pharmakologischem und botanischem Material für den europäischen Gebrauch. Die Wälder und kultuvierten Landschaften Malabars gewannen erhebliche Bedeutung. Das politische Management von Mauritius war ähnlich der des Kaps (Grove 1996, 127-129).

Ende des 18. und zu Beginn des 19. Jahrhunderts kamen in Indien größere Gebiete tropischen Regenwaldes unter koloniale Kontrolle. Während dieser Periode und der kolonialen Besetzung fand ein dramatischer ökologischer Wandel statt. Europäische Forscher konnten die Folgen solcher Entwaldungskampagnen in den Kolonien beobachten (Grove 1996, 309f). Zentral waren dabei die Reisen und Beobachtungen von James Cook. Er trennte seine Beobachtungen ganz strikt in eine naturalistische Forschungs- und Beobachtungsmethode und unterschied diese von ökonomischen und wirtschaftlichen Interessen. Die deutschen Naturforscher Johann Rainhold und Georg Forster begleiteten Cook auf seiner zweiten Reise. Sie hatten die Gelegenheit, unterschiedliche Ländereien direkt mit ihrer Heimat unter geografischen und ökologischen Gesichtspunkten zu vergleichen. Sie stellten allgemeine Überlegungen an über die Beziehung zwischen den Menschen und ihrer physikalischen Umwelt. Diese Überlegungen waren sehr hilfreich für die Entwicklung der Anthropologie und der Ethnologie (Grove 1996, 312-316).

Der lange Seekrieg zwischen Frankreich und Großbritannien im Zusammenhang mit der Kontinentalsperre und den napoleonischen Kriegen führte zu verstärkter Nachfrage nach Ressourcen, insbesondere nach Holz für den Schiffbau. Die kumulativen Effekte dieser frühen kommerziellen Entwaldungsaktionen begannen beobachtbar zu werden und führten zu einer gewissen Ängstlichkeit der britischen Offiziellen an der Westküste (Grove 1996, 391). Ab 1860 entwickelt sich eine Umweltschutzbewegung in Indien (Grove 1996, 462). Im kolonialen Staat des indischen Subkontinents finden sich die Ursprünge der westlichen Umweltbewegung, indem man aufmerksam wurde auf die ökologischen Konsequenzen einer kapitalintensiven und sklavenbenutzenden Plantagenökonomie und sich in wirksamer politischer Art und Weise gegen diese zu wehren begann (Grove 1996, 476).

Die Kolonialisierung Indiens durch Großbritannien wirkte sich auf Hindus und Moslems sehr unterschiedlich aus. Weite Teile Indiens waren von Moslems beherrscht, ehe die Briten kamen, deshalb fühlten sich die Moslems ihrer Herrschaft beraubt, während Hindus die Briten als Befreier von der Moslemherrschaft betrachten konnten. Das galt besonders für Bengalen, wo die mächtigen Nawabs geherrscht hatten. Im Maharashtra im Westen Indiens, wo die Briten Hinduherrscher besiegt hatten, war dagegen die Haltung der Bevölkerung ihnen gegenüber ganz anders. Hier gab es schon früh nationalistische Bewegungen. Erst der Aufstand von 1857 erschütterte das Selbstvertrauen der Briten (Brocker/Nau 1997, 174-177). Häufig wurde die indische Gesellschaft in der Vergangenheit als statisch bezeichnet, als unfähig zu Innovation und zum Wandel. Das Klischee des Konservativismus findet sich in der Beschreibung der indischen Gesellschaft überall. Sie korrespondiert der Beschreibung als traditionelle Gesellschaft. Es gibt eine Hypothese, die von einer bemerkenswerten Leistungsfähigkeit indischer Wissenschaft und Technologie vor dem 12. Jh. spricht, die allerdings durch die Einwanderung der Moslime zerstört worden sei. In diesem Zusammenhang könnte man dann von einer Rettung aus dieser Stagnation durch die europäische Kolonialisierung sprechen (Quaisar 1998, 1f).

Die Inder realisierten sehr schnell das Geheimnis der europäischen Oberherrschaft über die See: Sie lag in der Haltbarkeit und Stabilität der europäischen Schiffe, die eiserne Nägeln zusammenhielten, in dem effektiven Gebrauch der Artillerie, die von ihren Schiffen abgefeuert werden konnte, genauso wie in ihren navigatorischen Kompetenzen und Fähigkeiten. Die Inder verloren keine Zeit in dem Versuch, diese neuen Techniken zu übernehmen (Quaisar 1998, 25). Es gibt unzählige Belegstellen für den Gebrauch der Artillerie auf indischen Schiffen. Dennoch konnten sich die Inder nicht sehr gut auf See verteidigen. Der Grund lag in ihrer Schwäche und ihrem Mangel an Fähigkeiten in der Benutzung von Feuerwaffen (Quaisar 1998, 44). Die Inder bevorzugten Krummsäbel und nicht die europäischen geraden Schwerter und Degen und übernahmen auch hier nicht die europäische Tradition (Quaisar 1998, 57).

Wenn zwei kulturelle Gruppen in engen kulturellen Kontakt kommen, so sind die unterschiedlichen Sprachen ein Hinderungsgrund für gegenseitiges

Verstehen. Die wechselseitige Anwendung und der wechselseitige kulturelle Austausch sind eng begrenzt. In gewisser Weise haben indische Zwischenhändler hier einen großen Dienst geleistet. Ein weiterer Ansatzpunkt für den transkulturellen Austausch waren Konversionen zu christlichen Religionen und Heiraten über die Kulturgrenzen hinweg. Die Hindus betrachteten Konversionen ohne größeres Interesse. Dies war bei Moslimen jedoch anders (Quaisar 1998, 110-115). Im Hinblick auf Nahrung, Kleidung, Etikette und andere kulturelle Verhaltensweisen übernahmen die Inder von den Europäern nur wenig. Es gibt eine Ausnahme: das Rauchen fand eine überwältigende Akzeptanz sowohl bei den Reichen wie bei den Armen, bei den Jungen wie bei den Alten. Auch Früchte wurden von den Europäern eingeführt, meist nicht aus Europa, sondern aus Brasilien wie die Cashweh-Nuss und die Ananas. Wir finden eine allgemeine Gleichgültigkeit gegenüber europäischen Kleidern und der europäischen Mode. Die Europäer ihrerseits realisierten im Laufe der Zeit die Unangemessenheit der schweren europäischen Kleider insbesondere während der Sommermonate in Indien (Quaisar 1998, 121-125).

Allgemein gesprochen kam es zur Übernahme europäischer Technologie insbesondere in den Bereichen, in denen diese die indischen Interessen am meisten betrafen. Dort, wo keine unmittelbare Gefahr von den Europäern und ihrer Technologie drohte, wurde diese entweder vernachlässigt oder übersehen, denn sie wurde nicht gebraucht. Das Konstruieren von Schiffen und der Aufbau der Artillerie jedoch wurde von den Indern sehr stark und mit großem Interesse verfolgt und versucht zu imitieren. Und dies lag daran, dass diese Technologie die Inder schwer erschreckt hatte. Im Gegensatz dazu wurde die Technik des Landtransportes wie die europäische Kutsche, die von Pferden gezogen war, überhaupt nicht angenommen und ersetzte keineswegs die eingeführte indische Transporttechnik (Quaisar 1998, 130). Die europäische Architektur wurde ebenfalls kaum akzeptiert und rezipiert bzw. kopiert, ausgenommen in jenen Küstenstreifen, die direkt unter europäische Kontrolle kamen. Auch vor der Ankunft der Europäer wurde fremde Technologie, insbesondere das Spinnrad, das Papier und andere Techniken, die die Perser bzw. die Türken nach Indien brachten, akzeptiert und angewendet. Diese Objekte und Ideen, die durch die jeweils politisch dominante Gruppe kultiviert angewendet wurden, wurden von einigen gesellschaftlichen Gruppen viel leichter akzeptiert und angewendet als von anderen. Auch kann nicht geschlussfolgert werden, dass das Kastensystem letztendlich einem Technologietransfer entgegen gestanden hätte. Allerdings solange und soweit eine alternative oder angepasste landesübliche Technologie zur Verfügung stand, die die betreffenden Bedürfnisse erfüllen konnte, bestand kein Bedarf bei den Indern, eine andere Technologie aus Europa zu übernehmen und dies ist auch letztendlich verständlich (Quaisar 1998, 137-139).

Alphonso Alvares stellt sich die Frage, warum sich nicht in Indien oder in China trotz hoher handwerklich technischer Standards eine industrielle

Revolution ereignet hat, sondern in Großbritannien. Die indische Landwirtschaft, die seit über 4000 Jahren praktiziert wurde, ermöglichte eine hochkomplexe Zivilisation, die eine ganze Reihe auch heute noch unverstandener Elemente enthält (Alvares 1979, 48). Zum Beispiel war der Malabarpflug leicht genug, um auf dem Rücken eines Mannes getragen zu werden. Der schwere europäische Pflug, der nur von Ochsen gezogen werden konnte, war aber nicht in der Lage, die leichten indischen Böden zu pflügen. Insofern war die technisch adaptiertere Lösung diejenige, die Indien selbst hervorgebracht hat. Neben der Landwirtschaft waren Baumwolle und Textilien aus Baumwolle Basis für die wichtigste Industrie auf dem indischen Subkontinent. Dabei war die Textilindustrie in höchstem Maße koordiniert mit landwirtschaftlicher Produktion (Alvares 1979, 55). Auch die Medizin war technisch und handwerklich hochstehend. In Surat war die indische Schiffbauindustrie in der Tat hoch entwickelt.

Der Konfuzianismus richtet sich primär an der Ordnung menschlicher Sachen aus. Technik ist nicht Ziel dieser Weltanschauung. In China wurde die Identität eines menschlichen Individuums definiert in Begriffen einer harmonischen Integration in die Familienstruktur und in die Gesetze der Natur (Alvares 1979, 86f). Weder Indien noch China fühlten eine große Notwendigkeit für Fernhandel. Zudem sahen sie nie die Notwendigkeit, Wissen und Einsicht außerhalb ihrer Grenzen zu suchen (Alvares 1979, 93). Needham und Huang bemerkten, dass der hohe Grad von Zentralisation, der bereits im frühen China entwickelt worden war, nicht die Erfindung eines politischen Denkers oder politischer Philosophen war, sondern durch die natürlichen geografischen Umgebungen angeleitet wurde, die zu den Schlüsselfaktoren der technischen Entwicklung auch in China gehörten. Das Zusammenwachsen zu einem vereinigten China im dritten vorchristlichen Jahrhundert war nicht zuletzt Folge umfangreicher Baumaßnahmen und Dammanlagen gegen Überflutungen. Hinzu kam der ständig anwachsende Bevölkerungsdruck in China. Zur Zeit um 1000 n. Chr. war die chinesische Bevölkerungszahl auf über hundert Millionen angewachsen. Der Bevölkerungsdruck führte zu einer ganzen Reihe von revolutionären Prozessen im Ackerbau, im Transport von Wasser, im Hinblick auf das Geld und Kreditwesen, auf die Struktur der Märkte, auf die Städtebildung wie auf Wissenschaft und Technik. Die Frage nach der Nützlichkeit von Maschinen und Last- und Arbeitstieren ist nicht so einfach zu entscheiden in einem Land, das nur wenig Möglichkeiten bot, seine Bewohner ausreichend zu ernähren (Alvares 1979, 103-106).

Alvares sieht die Voraussetzungen für die Industrialisierung und die industrielle Revolution in Großbritannien in den Randbedingungen, unter denen die westlichen Gesellschaften im Zeitalter der Kolonialisierung der alten und neuen Welt standen. Die Industrialisierung Englands kann ohne diese Erfahrungen nicht verstanden werden, die das Machen und Erwerben von Reichtümern und Ressourcen außerhalb der eigenen Grenzen begünstigte (Alvares 1979,

218). Chandra Mukerji rekonstruiert als ideologischen Hintergrund für die neue Konsumgesellschaft im 18. Jahrhundert den Materialismus. Ab dem 16. Jahrhundert gab es eine gewaltige Ausdehnung des Handels. (Mukerji 1983, 176-179). Den europäischen Handelskompanien, die mit Asien und Amerika Handel trieben, wurde unterstellt, dass sie Rohmaterial nach Europa brachten und Endprodukte exportierten. Selbstverständlich unternahm Englands East India Company Anstrengungen in dieser Richtung. Aber häufig genug erwies sich das als unmöglich. Häufig mussten Englands Goldreserven verbraucht werden, um indische Fertigwaren zu importieren (Mukerji 1983, 186).

Die industrielle Revolution (Irrgang 2002a, 69-99) begann in Großbritannien und vollzog sich dort etwa zwischen 1760 und 1830. Ihr ging eine Nachfrage- und Konsumrevolution voraus (Irrgang 2002c). Die Industrieproduktion war der Träger des beschleunigten Wachstums, den man mit industrieller Revolution umschreibt (Paulinyi 1989, 9). Dabei unterscheidet sich die industrielle Revolution von allen Wellen technischer Neuerungen, die auch vorher stattgefunden hatten. Die industrielle Revolution ist ein komplexer technischer, ökonomischer und gesellschaftlicher Umwälzungsprozess. Der Kolonialismus war zugleich eine ökonomische und kulturelle Tatsache, obwohl die offensichtlichen ökonomischen Aspekte mehr kritische Aufmerksamkeit auf sich gezogen haben. Der Kolonialismus verändert dieses komplexe Bild einer von Hierarchien und internen Differenzierungen gekennzeichneten Gesellschaft. Die Folge war eine eigentümliche Mischung aus gezielten Maßnahmen und unbeabsichtigten Konsequenzen. Die koloniale Politik war insofern erfolgreich, als es ihr gelang, durch westliche Bildung und Kultur das kulturelle Selbstverständnis und den Common Sense der Eliten zu restrukturieren (Matthes 1992, 219-223).

Anders als in Europa, wo die heraufziehende Moderne von großen gesellschaftlichen Gruppen als befreiende Antwort auf drängende soziale Fragen erfahren werden konnte, blieb sie in Indien gezeichnet mit dem Stigma einer gewaltförmigen fremden Disziplinierung (Matthes 1992, 224f). Eine dieser Ironien besteht darin, die beiden recht widersprüchlichen Erbschaften von kolonialer Ordnung und demokratischer Bewegung zu vereinbaren (Matthes 1992, 228). Das Regime von Nehru gab Unsummen für Institutionen einer erkennbaren technischen Modernität aus wie medizinische und technische Hochschulen und Eliteuniversitäten. Hingegen vernachlässigte man sträflich die wahren Schmieden des Common Sense, die Volksschulen, die der Sphäre des Alltag am nächsten sind, in denen das allgemeine Bewusstsein und seine begrifflichen Ressourcen geformt, verändert und vermittelt werden (Matthes 1992, 232).

Ausgangspunkt für Globalisierung war eine technologische Revolution, die nach der Digitalisierung der Informationstechnologie im Begriff ist, Informationsaustausch und Kommunikation weltweit auf eine neue technologisch-ökonomische Basis zu stellen. Die Verwendung der neuen Technologie zunächst in den Finanzmärkten entfachte eine Sogwirkung, die weltwirtschaftliche Entwicklung und Vereinheitlichungsprozesse vorantreibt, ohne dass der Prozess eines interkulturellen Zusammenwachsens der Menschheit die gleiche Intensität erreicht hätte. So wird die ökonomisch-technische Entwicklung als Sachzwang erlebt, dem die humanitär lebensweltlich und kulturell geprägte Moral sowie religiöse Vorstellungen nicht mehr zu folgen vermögen. Moral, Personalität und Pluralität der kulturellen Lebenswelten erscheinen als vergängliche Illusionen angesichts der neuen Kulturtechnologie.

Globalisierung bedeutet weltweiten Wettbewerb, insbesondere Konkurrenz aus USA und Asien. Institutionelle Anleger suchen branchenübergreifend nach Anlagemöglichkeiten, kostengünstige und marktnahe Standorte sind entscheidend. Es gibt ein weltweites Rekrutieren für Führungspositionen. Mentale Aufmerksamkeit umspannt den ganzen Globus. Kosteneffizienz ist nicht mehr ein hinreichender Wettbewerbsvorteil, nur Innovationen sichern das Überleben in der modernen Wirtschaftsgesellschaft. Auch in der alten Ökonomie nimmt die Bedeutung immaterieller Werte zu, vom Produkt zur Problemlösung. Jedoch bleibt materielles Wohlergehen vorrangiges Bedürfnis der Menschen. Die Wirtschaft beherrscht zunehmend alle Lebensbereiche, also das Mehr haben wollen, das Kosten-Nutzen-Denken, Eigennutz, befristete Vertragsbeziehungen anstelle von dauerhaften Bindungen. Der Abstand zwischen den reichsten und ärmsten Ländern hat in den letzten 30 Jahren um 150% zugenommen. US-Top-Manager verdienen 44 mal mehr als der durchschnittliche Arbeiter. Es ist zu erwarten, dass die soziale Ungleichheit zunehmend zu einem der wichtigsten Charakteristika der Globalisierung wird. Wir stehen erst am Anfang einer sehr ambivalenten Entwicklung. Einerseits gibt es intellektuell herausfordernde Arbeitsmöglichkeiten, andererseits Nivellierung des Familienlebens, Ausschluss von Nichtwissensarbeitern im Niedriglohnbereich von den Ressourcen der Gesellschaft, eine Verlagerung von Sustainable Development zu ökonomischen Imperativen (Koslowski/Röttgers 2002, 163).

Globalisierung impliziert aber auch die Aufwertung des Regionalen. Insgesamt ist bisher eher eine widersprüchliche Restrukturierung des globalen Raumes zu konstatieren. Die Außenhandelswerte von 1913 wurden erst Ende der 80er, Anfang der 90er Jahre wieder erreicht. Damit wird die Neuartigkeit des Globalisierungsprozesses bestritten. Bisher gibt es nur eine makroökonomische Konzeptualisierung der Globalisierung. Anders als das System des Kalten Krieges wird die Globalisierung durch keine eigene dominierende Kultur geprägt. Die Globalisierung hat ihre eigenen Technologien: Computerisierung, Miniaturisierung, Digitalisierung, Satellitenkommunikation, Glasfaseroptik und Internet (Friedmann 1999, 31). Geschwindigkeit ist das Kennzeichen der Globalisierung. Alle werden zu Konkurrenten, und es kommt zu einer Zunahme der Wanderungsbewegungen. Globale Märkte bedeuten eine Befreiung des Individuums und der kleineren Firmen. Das Verhältnis von Staat, Firmen und

Individuen muss neu geregelt werden. Die Globalisierung hat damit einen grundsätzlich neuen internationalen Bezugsrahmen. Ausgangspunkt ist zunächst ein weltweites Streben nach einem materiell besseren Leben (Friedmann 1999, 57).

Der Sachzwangpolitik der Globalisierung muss etwas entgegengesetzt werden. Häufig wird Globalisierung als Drohfaktor inszeniert. Dabei ist die Entmächtigung nationalstaatlicher Politik durch die Globalisierung nicht zu leugnen. Die Verlagerung von Arbeitsplätzen, das Unterlaufen von Schutzbestimmungen und die Suche nach den billigsten Steuer- und günstigsten Infrastrukturleistungen hat die Machtbalance zwischen großen Unternehmen und Nationalstaaten verändert (Beck 1998, 17). Die Technisierung der Alltagswelt, als Massenkultur in den Industrieländer kritisiert, breitet sich aus und setzt im Hinblick auf die Ausbreitung des Konsums neue Modernisierungseffekte, die detailliert z.B. im Hinblick auf die Konsumwelt in Indien und in China noch zu untersuchen wären. Die unterschiedliche Geschwindigkeit technischer und kultureller Entwicklung und Durchsetzung neuer epochaler technisch-ökonomischer Niveaus erzeugt sowohl kulturelle wie ökologische Probleme sowie Schwierigkeiten beim Technologietransfer, die nun im einzelnen analysiert werden sollen. Das Niveau der jeweils beherrschten technischen Praxis bzw. der technischen Kompetenz ist ein Maß für den jeweils zugrunde liegenden technischen Fortschritt. Insofern ist das technische Niveau immer relativ. Die „Höhe der Technik" ist aber auch ein Maß für technische und sozioökonomische „Überlegenheit" im kulturellen Umgang mit Technik, also im technischen Können und in der technischen Produktion. Ein technisches Niveau ist damit abhängig von regionalen Rahmenbedingungen, die sehr unterschiedlich sein können. Diese sind ökologischer (Ressourcen, Lebensbedingungen, Klima usw.) und kultureller Art. Sie betreffen aber auch die Ausbildung der Arbeitnehmer. Technische Kompetenz und Stand der Kultur bedingen sich wechselseitig.

3. Wissenschaft und Technik in Europa – technologischer Wandel und komparative Technikhermeneutik

Technische Praxis umfasst Herstellung bzw. Konstruktion, die Bereitstellung und Erhaltung der Bereitstellung technischer Mittel zum Gebrauch oder zur Nutzung bis hin zum Verbrauch, die Entsorgung nach Auslaufen der Nutzungsperiode oder dem Produktzyklus eines technischen Artefaktes. Ursprung technischer Konstruktionspraxis ist die Architektur. In den frühen Phasen technischer Praxis ist die technische Konstruktion noch nicht von der Produktion getrennt, der Bauingenieur noch nicht vom Architekten, das implizite noch nicht vom expliziten Wissen, Erfahrungswissen noch nicht von der Geometrie. Nicht allein eine immanente Entwicklung technischer Artefakte, sondern auch die lebensweltlichen Grundlagen technischer Konstruktionspraxis begründen ein gewisses Maß für technische Praxis und technische Konstruktion. Es gibt also ein funktionales und ein lebensweltliches Maß für das Gelingen technischen Handelns. Dieses Maß ist für die technische Funktionalität die technische Machbarkeit. Sie bestimmt sich über den Erfolg bei der Realisierbarkeit technischer Mittel. Die lebensweltliche Einbettung einer Technik wäre ein weiteres Kriterium insbesondere für Alltagstechnik, das allerdings nicht so leicht festgestellt werden kann wie die technische Machbarkeit.

Angemessenheit ist das Maß für die Sinnbedingungen, für das Gelingen bzw. Misslingen technischen Handelns gemäß den Kriterien des technisch-konstruktiven Gelingens der kulturellen Einbettung einer Technik. Angemessenheit lässt sich nicht leicht mathematisieren und funktional beschreiben. Allerdings gibt es auch funktional-instrumentelle Sinnbedingungen für das technische Handeln, die erfüllt sein müssen, damit technisches Handeln gelingt. Die Mathematisierung technischer Konstruktion führte zu einer Reduktion auf das technisch Funktionale. Die Angemessenheit der technischen Gestalten für den menschlichen Leib und seine Bedürfnisse waren ursprünglich in der kulturellen Entwicklung der Menschheitsgeschichte die Ausgangspunkte von Technikentwicklung. Dies macht das Kriterium der kulturellen Einbettung plausibel, wobei deren Beurteilung von den einzelnen Bereichen abhängt. Mit der Verwissenschaftlichung der Technik entfernt sich das Technische vom Leib apriori der Technik, obwohl dieses letztendlich erhalten bleibt. Angemessenheit ist der Ausdruck für das Passen der technischen Gestalten in einem technischen, anthropologischen, kulturellen und sozialen Kontext. Um Technik in Asien mit der in Europa vergleichen zu können, sollten wir die Beziehung von Wissenschaft und Technik sowohl in der europäischen Antike wie in der Neuzeit und Gegenwart kurz umreißen.

Nun soll der Rahmen analysiert werden sowohl für die Konzeptualisierung technischen und technologischen Wandels, d.h. technologischer Modernisierung, wie für die Paradigmen wie Technikhöhe, die einer transkulturellen Vergleich von Technik ermöglichen sollen. Gemeinsamer Ausgangspunkt ist eine handwerkliche Technik und eine beobachtende Naturkunde, die zunächst für Europa beschrieben werden soll, um dann für Indien und China Spezifiziert werden zu können. Antike Technik ist besonders gekennzeichnet durch die Grenzen des Einsatzes menschlicher Muskelkraft. Außerdem war die Koordination der Arbeit vieler Menschen und Tiere mit erheblichen Problemen verbunden, die nur unter Aufwendung großer materieller Mittel und unter Einhaltung äußerster Arbeitsdisziplin bewältigt werden konnte. Aus diesem Grunde stellte sich der antiken Technik die Aufgabe, die Effizienz der menschlichen Arbeitskraft durch mechanische Instrumente wie den Hebel, die Rolle oder die Winde so zu erhöhen, dass auch solche Arbeiten, für die der Einsatz bloßer Muskelkraft nicht ausreiche, durchgeführt werden konnten (Schneider 1992, 41-45).

Homer darf nicht naiv als historische Quelle für die Verhältnisse seiner Epoche gelesen werden; die Epen stellen die längst versunkene Welt jener Helden dar, die vor Troja kämpften. Durch eine archaisierende Beschreibung von Waffen, Kriegstaktik oder von Herrschaftsverhältnissen schafft Homer bewusst eine Distanz zu seiner eigenen Zeit. Es gibt in den Epen aber auch Passagen, in den die Distanz zwischen der Zeit der Heroen und der Gegenwart des Dichters überbrückt wird: Die Vergleiche, die das erzählte Geschehen verdeutlichen sollen, verweisen auf einen den Zuhörern vertrauten Vorgang. Auf diese Weise vermitteln die zahlreichen Vergleiche ein anschauliches Bild der frühgriechischen Technik. Viele der in den Vergleichen beschriebenen bäuerlichen Arbeiten stehen im engen Zusammenhang mit dem Getreideanbau; so werden im Einzelnen das Pflügen, die Ernte, das Dreschen und das Worfeln erwähnt. In einigen dieser Verse stellt der Dichter nicht die Tätigkeit des Menschen, sondern die Anstrengungen der Tiere in den Mittelpunkt. Zu den ländlichen Motiven in den Vergleichen gehört ferner die Bewässerung eines Gartens.

Unter den handwerklichen Tätigkeiten, die in den Vergleichen erwähnt werden, dominiert die Arbeit des Zimmermanns, zu dessen Aufgaben der Schiffbau, die Herstellung von Wagenrädern und der Bau eines Dachstuhls gezählt werden; die besondere Aufmerksamkeit des Dichters gilt dabei der Funktion und dem Gebrauch der Werkzeuge, von denen Beil, Richtschnur und Bohrer genannt werden. Die Arbeit des Handwerkers wird als geschickter, auf Erfahrung und Wissen beruhender Gebrauch von Werkzeugen bestimmt. In der „Odyssee" ist der Held auf den Handwerker und die handwerkliche Arbeit angewiesen. Um die Insel der Nymphe Kalypso verlassen zu können, ist Odysseus gezwungen, sich ein Boot zu bauen. In den entsprechenden Versen werden alle dafür notwendigen Arbeitsschritte – das Fällen der Bäume, das Glätten und Bohren der Balken, das Zusammenfügen der Planken, die Aufstellung des Mastes, die Herstellung des Ruders sowie die Einrichtung der Takelage – eingehend beschrieben. Ohne Schwierigkeit gebrauchte Odysseus die Werkzeuge des Zimmermanns. Die handwerkliche Geschicklichkeit des Odysseus wird auch in einer Schlüsselszene des Epos, in Wiedererkennen von Odysseus und Penelope unterstrichen. Auf die Probe gestellt, erzählt Odysseus, wie er vor langer Zeit das Ehegemach für sich und die Gemahlin gebaut hat, indem er selbst die Mauern um einen alten Ölbaum, dessen Stamm dann als Pfosten des unverrückbaren Bettes diente, errichtete, die Türen zimmerte und schließlich die Möbel mit Gold, Silber und Elfenbein verzierte. Die handwerkliche Tätigkeit steht demnach keineswegs im Widerspruch zum Selbstverständnis der homerischen Helden (Hägermann/Schneider 1991, 64-67).

Die menschliche Arbeit, die Produktion materieller Güter, einzelne im Handwerk und in der Landwirtschaft angewandten Techniken sowie bestimmte Werkzeuge und Geräte haben in den Epen Homers solche Beachtung gefunden, dass trotz der zunehmenden Bedeutung des archäologischen Materials die Interpretation der Dichtung für unser Verständnis der frühgriechischen Kultur unentbehrlich bleibt (Schneider 1989, 12). Techné meint die Fähigkeit, ein Werkzeug sachgerecht zu führen, so dass ein intendiertes Ziel erreicht wird (Schneider 1989, 14). Techné und damit verwandten Wörter haben sich bei Homer bereits von dem Bereich des Handwerks gelöst und bezeichnen auch allgemein ein geschicktes Vorgehen oder Handeln. Techné kann möglicherweise auch moralisch verwerflichen Zielen dienen. In vielen Fällen wird ein Stärkerer durch eine Techné überwunden, die in diesem Falle allerdings nicht mehr als handwerkliche Geschicklichkeit aufzufassen ist, sondern nur noch eine List darstellt.

Bereits in homerischer Zeit ist die griechische Sprache geeignet, allgemein technische Sachverhalte zu erfassen. Im Kontext von Daidalon und verwandten Wörtern findet sich sowohl Metallerzeugnisse wie Waffen oder Schmuck als auch Holzarbeiten oder Gewebe; außerdem werden an diesen Stellen Tätigkeiten beschrieben, die mit der Textilherstellung, der Holzverarbeitung und der Metallurgie zusammenhängen (Schneider 1989, 16-18). Die Techné setzt den Umgang mit einem Werkzeug, die Beachtung bestimmter Regeln voraus; bei Nichteinhaltung dieser Regeln wird der gewünschte Erfolg nicht erzielt; die Verfahren einer Techné sind prinzipiell rational begreifbar und können daher gelernt werden; selbst wenn Götter als Lehrmeister der Menschen auftreten, fehlt der Techné normalerweise jeder magische Zug (Schneider 1989, 45-49).

Die wissenschaftliche Diskussion über die antike Technik und ihre Entwicklung konzentrierte sich seit Hermann Diels wesentlich auf die Frage, aus welchen Gründen griechische und römische Technik verglichen mit der Situation der Neuzeit so rückständig blieb und ein Prozess kontinuierlichen technischen Fortschritts nicht in Gang gesetzt werden konnte. Die Naturbeherrschung war in der Antike theoretisch antizipiert, die Tatsache, dass dies aber nicht Realität geworden ist, wird von Gigon auf die Grenzen und den Zerfall der Naturwissenschaften zurückgeführt (Schneider 1989, 1f). In vorindustriellen Gesellschaften benötigten Innovationsprozesse normalerweise einen sehr langen Zeitraum (Schneider 1989, 4).

Eine gerechte Bewertung der Errungenschaften antiker Technik ist nur möglich, wenn man darauf verzichtet, sie an dem in der Neuzeit Erreichten zu messen. Die an sich richtige Feststellung, in Griechenland und Rom sei es nicht gelungen, durch Erfindung und Einsatz von Maschinen die Arbeitsproduktivität wesentlich zu steigern, muss ergänzt werden durch den Hinweis auf die Kumulation kleiner Fortschritte und jeweils geringfügiger Verbesserungen, die jedoch in ihrer Gesamtheit nachhaltige Wirkungen auf die antike Gesellschaft besessen haben. Neben den Neuerungen in Landwirtschaft und Gewerbe sind die durchaus bahnbrechenden Leistungen auf solchen Gebieten wie der Infrastruktur oder der Mechanik zu berücksichtigen. Außerdem darf Technik nicht nur im Kontext wirtschaftlicher Aktivität untersucht werden, denn in der Antike waren nicht allein wirtschaftliche Zielsetzung für die technische Entwicklung entscheidend, sondern in vielen Fällen auch religiöse Überzeugungen, soziale Normen oder das Bestreben, Herrschaft zu legitimieren. Auf diese Weise kann gezeigt werden, dass Griechen und Römer einen wichtigen Beitrag zur Geschichte der europäischen Technik geleistet und die Voraussetzungen für die weitere Entfaltung der technischen Kapazitäten im Mittelalter und in der frühen Neuzeit geschaffen haben (Hägermann/Schneider 1991, 60).

Es lag durchaus nahe, dass die griechischen Ärzte im 5. Jahrhundert begannen, ihre Tätigkeit als Techné zu begreifen (Schneider 1989, 132-134). Der Techné wird die Funktion zugeschrieben, den Zufall auszuschalten. Menschliches Handeln, das vom Zufall abhängig bleibt, kann demnach nicht als Techne qualifiziert werden. Ein weiteres Kriterium für die Existenz einer Techné besteht darin, dass ihre Resultate ohne ihren Eingriff, aufgrund spontaner Vorgänge nicht zustande kommen (Schneider 1989, 138). Die Einsicht in eine hochgradige Spezialisierung des griechischen Handwerks veranlasste Platon zu dem Ausspruch, es sei unmöglich, dass einer viele Technai angemessen ausüben könne (Schneider 1989, 163). Der Weber arbeitete mit einem Erzeugnis des Tischlers. Durch den Gebrauch von Werkzeugen entsteht ein Zusammenhang zwischen den verschiedenen Zweigen des Handwerks (Schneider 1989, 165). Aus der Beschreibung der Rohstoffgewinnung geht ebenso wie aus der vorangegangenen Analyse der Weberei hervor, dass Platon dem Zusammenwirken verschiedener Technai eine große Bedeutung beimisst. Der von Platon konstatierte technische Zusammenhang bildet den Rahmen für die Herstellung der Werkzeuge (Schneider 1989, 171). Die Tendenz, die Wirklichkeit mit den Mitteln der Messung und der Zahl zu erfassen, wurde durch die erkenntnistheoretische Position der griechischen Philosophie noch verstärkt (Schneider 1989, 174). Die Verfahren des Messens, Zählens und Wiegens erscheinen bei Platon im erkenntnistheoretischen Zusammenhang (Schneider 1989, 177). Für die Ausübung einer Techné reicht es nicht, die idealen geometrischen Figuren zu kennen, es kommt in der Praxis vielmehr darauf an, die unsicheren und unreinen geometrischen Verfahren zu beherrschen (Schneider 1989, 179).

Es herrscht gegenwärtig Einigkeit darüber, dass Technikgeschichte nicht mehr mit der Geschichte der Erfindungen gleichgesetzt werden kann. Die neue Einschätzung der Leistungen einzelner Erfinder beruht vor allem auf den Ergebnissen der Innovationsforschung, die hier wenigstens angedeutet werden sollen: Wichtige technische Neuerungen sind keineswegs nur der Arbeit von Ingenieuren und Technikern zu verdanken, sondern waren das Ergebnis von schrittweisen im Produktionsbereich selbst vollzogenen Verbesserungen, ein Tatbestand. Das Phänomen der Mehrfacherfindungen macht deutlich, dass Erfindungen eher durch objektive Voraussetzungen, besonders durch den erreichten Stand der wissenschaftlichen und technischen Kenntnisse insgesamt, als durch die besonderen Fähigkeiten einzelner Erfinder determiniert sind. Daneben muss auch das Problem der Komplementärerfindungen erwähnt werden, die notwendig waren um die Grundidee überhaupt nutzbar zu machen. Handwerkliche Fähigkeiten wie die Beherrschung von Verfahren der Materialverarbeitung sind als wesentliche Voraussetzung der technischen Entwicklung anzusehen.

Die Innovationsforschung hat gezeigt, dass die Technik keineswegs unabhängig von wirtschaftlichen Einflüssen ist; oft haben ökonomische Interessen insbesondere die Erwartung künftiger Gewinne die technische Entwicklung vorangetrieben. Der Bedarf einer Gesellschaft an Gütern gilt heute für viele Historiker als entscheidender Antrieb technischen Fortschritts, der also keineswegs als autonomer Prozess aufgefasst werden kann. Die eigentliche Erfindung und die einzelnen Erfinderpersönlichkeiten können in der Technikgeschichte keinen Primat mehr beanspruchen; das Problem der Beziehung zwischen Technik und Gesellschaft hat dagegen diese Einsichten für die Wissenschaft an Bedeutung gewonnen (Schneider 1992, 2 – 5).

Im Gegensatz dazu ist es für neuere Arbeiten charakteristisch, nicht mehr primär nach den Wirkungen, sondern nach den sozialen und wirtschaftlichen Ursachen technischer Innovationen zu fragen. Andererseits wurde auf die Tatsache hingewiesen, dass in vielen Fällen die Übernahme neuer Techniken in bestimmten Regionen verhindert wurde, weil diese Neuerungen im Widerspruch zu den sozialen und kulturellen Traditionen standen. Auch Kapitalmangel, fehlende Risikobereitschaft der Unternehmer oder der Widerspruch der Arbeiter gegen die Einführung von Maschinen haben die Anwendung neuer Erfindungen in der Wirtschaft oft erheblich verzögert. In neueren Arbeit wird daher der Begriff der Technik durch den der Technisierung ersetzt und Technisierung wiederum als sozialer Prozess gesehen, in dem es zur Vergesellschaftung der Technik und Technisierung der Gesellschaft kommt. Für die ältere Technikgeschichte war Technik wesentlich angewandte Naturwissenschaft (Schneider 1992, 5-7).

Eine weitere Wurzel technischer Konstruktionspraxis findet sich in den Mechanischen Künsten und dem Bau von Maschinen insbesondere zu militärischen Zwecken. Die Mechanik entstand in diesem Umfeld zur Zeit Platons und Aristoteles und blieb stets ein Kind dieser Zeit, insofern sie die technischen Mittel und Werkzeuge zu einer die Natur überlistenden Kunst auffassten und die strategisch-instrumentelle Vernunft als unphilosophisch-sophistisch aburteilten. Dennoch waren Ingenieure und Baumeister zu fast allen Zeiten bei den Griechen hoch angesehen (Krafft 1970, 158). Die untergeordnete Rolle der Technik wird bei Platon seinem Werk Gorgias 512 bc deutlich. Theoretische Wissenschaft war der zentrale Gegenstand der griechischen Philosophie. Die Technik bedarf eines Zieles, und dieses Ziel kennt nur der Wissenschaftler. Zu dieser Zeit wurde die mechanische Kunst von Eudoxus und Archytas entwickelt. Archimedes erfand neben Kriegsmaschinen eine Maschine, mit der er ein Schiff an Land ziehen konnte (Klemm 1999, 23). Die Lösung mechanischer Aporien oder mechanischer Probleme insbesondere im Hinblick auf Hebelwirkung und Schleuder führte zu einer Überlistung der Natur im Verständnis der Griechen (Klemm 1999, 24f). Schon im vorhellenistischen Griechenland gab es in den Städten eine fortgeschrittene Arbeitstechnik. Es fanden sich große Werkstätten mit ausgesprochener Arbeitszerlegung, wobei allerdings die einzelnen Arbeitsschritte handwerklicher Art waren, noch ohne Beteiligung der Maschine.

Eine Mechanisierung und Mathematisierung technischen Handelns und Umgangswissens setzt schon früh ein. Techne wird bereits bei den Griechen verstanden als Entdecken des Gesuchten oder als ausdrückliches Zubereiten. Kenntnisse im gebrauchenden Umgang mit Natur, Material und Werkzeugen setzen spezifische Grade von Genauigkeit von Kenntnissen voraus (Ulmer 1953, 166). Daher gilt Mechanik als Hilfskunst der Techné. Sie erschließt die Natur hinsichtlich von Werkzeugen. Die Mechanik liefert insbesondere Werkzeuge zur Herstellung von räumlichen Bewegungen. Räumliche Bewegungen aber sind Bedingungen jeder Herstellung. Dadurch erhält die Mechanik eine gewisse Auszeichnung. Faszinierend an der Mechanik ist für Aristoteles der Hebel, der allen Erfahrungen mit Bewegungen in der Natur widerspricht, weil er einen anderen Körper schneller bewegt als dieser sich selbst bewegt. Der Mensch kennt den Gebrauch und die Möglichkeiten dieses Werkzeuges aus der Erfahrung der Herstellung. Aus der Erfahrung über die Naturkörper und ihr mögliches Verhältnis zueinander kann er dieses Vermögen dieses Werkzeuges aber nicht klären (Ulmer 1953, 168).

Sklaven waren billiger als Maschinen, weshalb Maschinen nicht weiter optimiert wurden. Wie Xenophon in seinem Werk „Cyropaedie" Buch 8 Kap. 2, 5-7 und Plinius in seiner „Naturgeschichte" B 34, Kap 6 ausführten, waren die

Griechen beim Bau von Kriegsmaschinen erfinderisch. Sie benutzten bei der Verbesserung von Schleudern und Geschützen wissenschaftliche Erkenntnisse. Hier fanden die Griechen eine Formel, die Erfahrung und Theorie verband (Klemm 1999, 27). Insbesondere waren Zahlenverhältnisse wichtig. Schon bei den Griechen fanden sich eindeutige Fortschritte in der mechanischen Kunst, insbesondere bei Kriegsmaschinen. Dabei wurden in der Konstruktion der Maschinen die Bestimmungen der Maße aus der Erfahrung abgeleitet (Klemm 1999, 31).

Das griechische Substantiv „Mechané" bedeutete in der älteren Literatur sowohl List als auch allgemein Hilfsmittel und erscheint oft in der Schilderung von Notlagen; normalerweise gebraucht man Mechané, um sich aus einer Gefahr zu retten. Die einfachen mechanischen Instrumente – der Hebel, die Winde und der Keil – spielten eine wichtige Rolle in der Medizin des 5. Jahrhunderts v. Chr. (Hägermann/Schneider 1991, 181f). Die Geometrie hatte in der Mechanik zwei Funktionen: zum einen werden aus der geometrischen Analyse der Kreisbewegung allgemeine Regeln abgeleitet, zum anderen reduziert Aristoteles die mechanischen Instrumente auf ihre geometrischen Eigenschaften, so dass es möglich wird, die zuvor formulierten Regeln auf diese Instrumente zu beziehen. Beruhte das Können des Handwerkers noch weitgehend manueller Geschicklichkeit und mündlich tradiertem Wissen, so wurde im Zeitalter der klassischen griechischen Philosophie auch das technische Wissen - zumindest partiell – wissenschaftlich. Spezialisten formulierten es als ein theoretisches Regelwissen (Hägermann/Schneider 1991, 186).

In der Antike bilden Sklaven und Werkzeuge eine funktionale Einheit. Gerade im Bereich einer spielerischen Technik, die nicht anwendungsorientiert war, konnte sich die technische Phantasie antiker Mechaniker voll entfalten und zu Problemlösungen gelangen, die zwar keinen Bezug zur antiken Produktion aufweisen, aber dennoch als mechanische Erfindungen von hohem Rang anerkannt werden müssen (Schneider 1992, 201f). Dabei zeigt gerade die Pneumatik, welch enger Zusammenhang zwischen Naturerkenntnis und Technik der Antike bestand (Schneider 1992, 206). Das technologische Schrifttum sollte nicht nur das vorhandene technische Wissen zusammenfassen und vermitteln, sondern durch die mathematische Analyse mechanischer Instrumente ein Regelwissen formulieren, das weit über die manuelle Geschicklichkeit und das Erfahrungswissen von Handwerkern hinaus reicht. Die besondere Wirkung mechanischer Instrumente wurde zum ersten Mal in den chirurgischen Schriften des Corpus Hippocraticum thematisiert und beschrieben (Schneider 1992, 208f).

Heron entwickelte eine große Anzahl von Automaten, Maschinen, die mit Dampf oder heißer Luft arbeiteten. Es blieben Kuriositäten: eine Wasserorgel, Tempeltüren, die sich öffneten und schlossen, Puppen die sich bewegten und tanzten und eine Dampfturbine. Warum nutzte man das erworbene Wissen mit Dampf und Luftdruck nicht, um Maschinen und Apparate für die Betriebe zu mechanisieren? In Griechenland war die starre Trennung der gesellschaftlichen Klassen die Ursache dafür, dass es nicht zu einer industriellen Revolution kam. Die Oberschicht, die Bürger hätten die Zeit gehabt, sich mit Wissenschaft und Erfindungen zu beschäftigen. Mit der Unterschicht, den Handwerkern, Landarbeitern und Sklaven, hatten sie aber keinen Kontakt, ganz zu schweigen davon, dass sie Erneuerungen unterstützt hätten. Die griechischen Bürger sahen lediglich geringschätzig auf das Handwerk nieder. Die soziale Kluft war nicht zu überbrücken.

Die Wende zu einer experimentellen Weltanschauung in der Naturwissenschaft erforderte einen Wechsel in der Art und Weise, wie die Menschen die Natur betrachteten. Es war nicht eine neue Art und Weise des Denkens über die Bestandteile der Natur, noch war es eine neue Art und Weise der Erklärung, an die sie dachten, aber es war eine neue Art und Weise, in der sie den methodologischen Wert dessen, was ihre Augen wahrnahmen, bewerteten. Natur wurde zu einem Konzept, das verborgene Tiefen hatte, die nicht notwendigerweise durch die Techniken der Mikrobeobachtung, also durch Mikroskope usw., aufbereitet werden mussten, Tiefen eines nicht realisierten Potentials, die eine Manipulation der Phänomene erforderlich machte, eine Art der Veränderung der Perspektive bzw. der Art und Weise, natürliche Gegenstände an die Oberfläche der Betrachtungsweise zu bringen. Verbunden war damit ein Wandel im Begriff der Natur, der letztendlich auf einem Wechsel im Ziel der Wissenschaft beruhte und der eine Wende in der experimentellen Philosophie als solche möglich machte, im Sinne einer wissenschaftlichen Weltanschauung. Diese hatte zunächst nichts zu tun mit der Struktur der Natur oder der eigentümlichen Art und Weise, diese zu erklären, sondern sie betraf zunächst die Grenzlinie zwischen dem, was als natürlich galt, und dem, was als nicht natürlich galt, und von daher die Frage betraf, was relevant bzw. was nicht relevant für die Beobachtung ist (Tiles 1993, 468f).

Erst Galileis These von der Natürlichkeit der angeblich gewaltsamen künstlichen Bewegungen eröffnete auf der Basis eines neuen Naturverständnisses einen Weg dazu, dass mechanische Technik ein Mittel der Naturerforschung im Experiment wird. Voraussetzung dafür ist aber, dass Mensch und Natur quasi auf gleicher Stufe stehen, so dass die Nutzung von Naturvorgängen in technischen Zusammenhängen nicht mehr illegitim ist. Zugleich entstand in Europa ein neues technisches Berufsbild, der Ingenieur. Gewagte Konstruktionen, komplexe Maschinen, logistisch anspruchsvolle Bauprojekte – wer solche Aufgaben erfolgreich bewältigte, dem winkte nun Ruhm und Ehre. Diese Männer waren Teil einer neuen „technischen Intelligenz", deren Vertreter außerhalb des Zunftwesens der Handwerker anspruchsvolle technische Aufgaben realisierten. Den Anstoß zu dieser europäischen Entwicklung mit Zentren in Italien und den Niederlanden lieferten die Fürsten mit ihren politischen, wirtschaftlichen und kulturellen Ambitionen. Experten im Festungs-, Wasser-

und Maschinenbau verstanden sich nun als Gelehrte mit besonderen Fähigkeiten. Die Abgrenzung untereinander war ebenso fließend wie die zum Architekten. Anspruchsvolle technische Aufgaben stellten sich traditionell im Kirchenbau. Ein herausragendes Beispiel bietet die atemberaubende Kuppel, mit der Filippo Brunelleschi (1377-1446) den Dom von Santa Maria del Fiore in Florenz vollendete. Brunelleschis Grabstein im Dom würdigt ihn zudem als Erfinder effizienter Hebemaschinen, mit denen das Baumaterial in die wachsende Kuppel hinaufgezogen wurde. Leonardo da Vinci war mit seinen Studien zu Maschinenelementen und seinen Versuchen, grundsätzliche Probleme wie die Reibung oder die Kraftübertragung zu untersuchen und dafür allgemeine Regeln aufzustellen, ein wichtiger Bestandteil dieser gelehrten technischen Kultur (Popplow 2004, 2f).

Doch auch viele andere Zeitgenossen suchten die Leistungen von Mühlenwerken, Wasserhebeanlagen und Hebezeug zu verbessern und der Maschinentechnik neue Anwendungsgebiete zu erschließen. Das Ergebnis waren beispielsweise Mühlen, deren Wasserrad sich je nach Pegelstand verstellen ließ, neue Arten von Nassbaggern zum Säubern von Hafenbecken oder aber leistungsfähige Pumpwerke zur Grubenentwässerung im Bergbau. Neben komplexer mechanischer Technik waren insbesondere Großprojekte der Karriere eines Ingenieurs förderlich. Kanäle zur Be- und Entwässerung prägten in den Niederlanden und auch Italien ganze Landstriche, Wasserstraßen boten im Binnenland zudem den kostengünstigsten Transport für Massengüter. Lukrativ und anspruchsvoll war auch der Festungsbau. In ganz Europa entstanden im 16. Jh. völlig neue Festungsanlagen mit ausladenden Bastionen aufgrund der neuen Feuertechnik (Popplow 2004, 3).

Wie wichtig den Territorialherren solch technischer Fortschritt war, zeigen die sog. Erfinderprivilegien, die eine Grundlage des modernen Patentwesens darstellen. Seit dem 15. Jh. boten zahlreiche europäische Herrscher Schutz vor dem unbefugten Nachbau von Erfindungen. Ausgehend von Italien und den deutschen Bergbaugebieten wurden bis um 1600 europaweit mehrere tausend solcher Privilegien vergeben, die meisten für kleine Innovationen der Maschinentechnik. Dieses Rechtsinstrument sollte Ingenieure ermutigen, ihre technischen Geheimnisse zum Wohl der Allgemeinheit preiszugeben. Um den Erfinder zu schützen, erhält dieser das Privileg häufig schon, bevor er seine Erfindung vollständig offengelegt hatte – allerdings musste er die Funktionsfähigkeit seiner Anlage im Laufe eines halben Jahres nachweisen, ansonsten verfiel der Schutz vor unbefugtem Nachbau (Popplow 2004, 4).

Demgegenüber blieben die sozialen Auswirkungen der Maschinentechnik in der Renaissance im Vergleich der industriellen Revolution des 19. Jh. doch sehr begrenzt. Mobilität war ein zentrales Charakteristikum der Biografien dieser beginnenden Ingenieure. Technische Zeichnungen, deren Darstellungsmöglichkeiten sich nach der Erfindung der Perspektive im 15. Jh. rapide entwickelte, spielten nun eine zentrale Rolle in der Kommunikation mit Auftraggebern und Kollegen. Wie auch anderen gesellschaftlichen Gruppen bot der Buchdruck den Ingenieuren ganz neue Möglichkeiten der Selbstdarstellung in der Gelehrtenkultur. Im 16. Jh. erschienen, in Anlehnung an die mittelalterlichen Vorläufer prachtvoll gedruckte Schaubücher der Maschinentechnik, häufig mit dem Titel „Maschinentheater" (Popplow 2004, 4). Neu, nützlich und erfindungsreich – mit diesen Attributen charakterisierten die Ingenieure ein um das andere Mal ihre Projekte. Sie entstammen einer intensiven Theoriediskussion. Häufig wurden an kleinen Modellen von Maschinenelementen einzelne technische Probleme getestet. Dabei kam es bisweilen bei der Übertragung in den 1:1 Maßstab zu teuren Experimenten. Der Übergang von technischem Herumexperimentieren zum wissenschaftlichen Experiment war hier aus heutiger Perspektive durchaus fließend. War Galileo Galilei Wissenschaftler oder Ingenieur, Leonardo da Vinci Künstler oder Erfinder? Alle diese Etiketten versagen in einer Zeit, die für neue technische Herausforderungen noch keinen fest gefügten Karrierepfad bereithielten. Angespornt von ständig neuen Herausforderungen seitens der Auftraggeber eigneten sich Technikexperten Gelehrtenwissen und konfrontierte ihrerseits die Wissenschaft mit neuen Fragestellungen (Popplow 2004, 5).

Eine Reihe experimenteller Kontroversen haben dazu geführt, dass Regeln für wissenschaftliche Kontroversen eingeführt wurden. Dies führte zu einen neuen Weg für die Wissenschaft, in denen die Prozedur selbst die Wahrheit hervorbringt und zwar mit Rücksicht auf eine Realität, die diese entdeckt und erfindet und in der Realität garantiert ist durch die Produktion von Wahrheit und seiner Kennzeichen. Durch die Prozedur können Wissenschaftler sicherstellen, dass die Phänomene nicht nur zu einem einzigen Besitz des Wissens reduziert werden. Die Differenz zwischen scholastischer Praxis und der wissenschaftlichen Praxis ist nicht so radikal, wie wir gedacht haben mögen. Die große Differenz kommt von der Verknüpfung zwischen Autorität und Geschichte. In den erfolgversprechenden Wissenschaften geschieht ein Prozess, in dem Natur als Autorität fungiert und Geschichte zu ihren Synonymen erklärt. Zugleich muss dieser Prozess der Geschichte seine Bedeutung geben. Dies ist so ähnlich wie die aristotelische Trennung zwischen Poiesis und Praxis. Mikroben existieren, Pasteur laut Latour hat sie erfunden. Dies ist der konstruktivistische epistemologische Ansatz der Erfindung. Das Paradox der wissenschaftlichen Art und Weise der Existenz ist, dass die Natur den Laboratoriumswissenschaften eine Art von Konstruktion garantiert, die nicht der Forderung nach einer wahrhaftigen Wahrheit widerspricht. Boyles Luftpumpe als Produkt wissenschaftlicher Laboratorien macht dies klar. Die Macht der Definition von sozialen, kulturellen, administrativen oder produktiven Praktiken ist entscheidend. Die Machtfrage wird essentiell für Wissenschaft. Wissenschaftliche Autonomie ist eine Frage der Finanzen, eine Machtfrage im Sinne der Forschungs-Praxis.

Diese Praxis testet im Hinblick auf Wahrheit und auf die Fähigkeit zur Produktion einer Theorie (Stengers 2000, 91-106).

Technologie ist zumindest in der industrialisierten Welt das die Kultur leitende Element geworden. Früher diente sie religiösen, politischen, demonstrativen und auch anderen Zwecken. Dies tut sie auch heute noch in gewissem Maße. Aber sie scheint in höherem Maße als früher Selbstzweck, d.h. technokratisch geworden zu sein. Die Menschheit hat die moderne Technologie hervorgebracht, ohne genau zu wissen, was sie da geschaffen hat und worauf sie sich da eingelassen hat. Nun muss sie das Geschaffene bewältigen und vorsichtig bei der Schaffung von Neuem sein. Technische Interkulturalität scheint leichter herstellbar zu sein als kulturelle Interkulturalität. Dies liegt vermutlich nicht zuletzt an der vorsprachlichen Dimension des Technischen trotz aller sprachlichen Symbolisierungen in der Technik (Irrgang 2003b). Es bedarf also einer Hermeneutik technischer und technologischer Praxis.

Ein weiterer zentraler Ansatzpunkt für eine Hermeneutik technischen Handelns ist deren Fundierung in der Lebenswelt. Diese wird in der zweiten Hälfte des 19. Jahrhunderts in zunehmendem Maße technisiert. Und seit einigen Jahrzehnten erleben wir die beginnende Technologisierung und Digitalisierung unserer Alltagswelt. Die damit verbundenen Umbruchserlebnisse in unserer Alltagswelt führen zu Traditionsverlust und Wertewandel. Angesichts der Orientierungslosigkeit in der technisierten Alltagswelt erhält Philosophie neue Lebensbedeutsamkeit. Dabei geht es insbesondere um öffentliches Philosophieren außerhalb der akademischen Mauern. Die Unausweichlichkeit der Technisierung unserer Welt ist endlich von der Philosophie anzuerkennen und wird zu anderen Organisationsformen von Philosophie führen. Philosophie sollte moderne Technologisierung berücksichtigen, nicht eine Technikphilosophie im disziplinären Sinn entwickeln (Zimmerli 1997, 9). Insgesamt sollten Technik und Wissenschaft als Kultur verstanden werden. In der zweiten Modernisierung ist der Hybrid von Technik und Wissenschaft entstanden und hat eine zweite Aufklärungsdialektik hervorgerufen (Zimmerli 1997, 13). Wichtigstes Kennzeichen dieser zweiten Modernisierung ist die mikroelektronische Revolution, die vollständige Durchdringung unserer Welt mit dieser Technologie. Daran wird klar, dass Technikentwicklung nicht mehr allein als Entwicklungslogik der Technik beschrieben werden kann, sondern im Kontext gesehen werden muss.

Technische Kultur ist zuvorderst die kulturelle Signatur des Gebrauchs und Verbrauchs technischer Mittel und technisch erzeugter Produkte. Aber auch das Hervorbringen von Produkten und selbst die Konstruktion technischer Mittel stehen in einem kulturell geprägten Kontext, wenn auch hier die Pragmatik des technischen Hervorbringens stärker im Vordergrund steht. Bei der Strukturierung der technischen Entwicklung kommt es zu einer gewissen Synchronisierung der drei Bereiche Konstruktion, Produktion und Gebrauch bzw. Konsum, obwohl immer wieder gewisse Verzögerungen in den einzelnen Bereichen auftreten, insbesondere zwischen dem ersten und den beiden anderen. Technologie meint ein integriertes System unterschiedlicher Techniken, hohen Vernetzungs- und Informationsgehalt, ein Verfahrenswissen und eine ingenieurwissenschaftliche Methodik. Es werden unterschiedliche Typen technischen Handelns verknüpft mit wissenschaftlichem Forschungshandeln. Eine Definition von Technologie setzt voraus, dass wir wissen, was Technik bzw. technisches Handeln ist. Da Technologie technisches Handeln als ein Element enthält, ist technisches Umgangswissen auch ein Teil von Technologie. Es gibt jeweils graduelle Übergänge von Technik zu Technologie. Das traditionelle Modell technologischer Rationalität geht von einer hierarchisch geordneten Trennung von Forschung und Praxis aus. Als relevante Basis wird die angewandte Wissenschaft gesehen, dann kommen die Anforderungen der Anwendung auf die realen Probleme der Praxis. Dabei wurde uns in zunehmendem Maße in der letzten Zeit die Bedeutsamkeit wirklicher Praxis und deren Komplexität, von Phänomenen, von Unsicherheit, von Unstabilität, der Einzigartigkeit der Situation und der Wertekonflikte bewusst. So wurden die Grenzen des Professionalismus und der technologischen Rationalität formuliert.

Technologisches Handeln wird in umfassendere Dienstleistungsangebote z. B. in den Gesundheitsbereich eingebaut, aber auch im Bereich der Züchtungsforschung. Die Umwandlung in eine Dienstleistungsgesellschaft verändert das Konzept des technischen Handelns umfassend. In dieser Phase befinden wir uns zur Zeit. Dies führt zu der Aufgabe, die Gebrauchs- und Umgangsthese der Technik im Alltag neu zu formulieren. Lebensstilfragen und die Integration von bestimmten Technologien sind weitere Aufgaben bestimmter neuer Technologien. Damit aber werden Öffentlichkeitsarbeit und Akzeptanzprobleme zu Grundsatzfragen auch der Methodologie, da sie für moderne Wissenschaft und Technologie existentielle Bedeutung erhalten. Die neue Anwenderorientierung der Laborwissenschaften führt sowohl zu einer Ethisierung der Forschungspraxis wie zum Einbezug der Öffentlichkeit bei der Bewertung, ohne dass gesagt werden sollte, dass Akzeptanz an die Stelle von Akzeptabilität tritt, obwohl schwindende Akzeptanz zumindest als Indikator für die Problematisierung von Akzeptabilität gewertet werden sollte.

Es gibt eine Vielfalt rationaler Unternehmungen. Die wichtigste rationale Unternehmung neben der wissenschaftlichen ist die der Technik. Auch hier lässt sich in analoger Weise ein Wandel technischer Ideen feststellen. Sehr wichtig ist für diesen Zusammenhang der Begriff des Standes der Technik. Doch in einer wichtigen Beziehung unterscheidet sich die technische Neuerung und Auswahl deutlich von der in der Wissenschaft. In den Naturwissenschaften liegt der Schauplatz des Wettbewerbs und der Auswahl vorwiegend im Inneren der wissenschaftlichen Profession. In der Technik gilt das im wesentlich geringeren Grade. Zum Teil werden technische Neuerungen zweifellos im Hinblick auf Fachgesichtspunkte beurteilt, die z. B. mit der Durchführbarkeit, der Effizienz und der Einfachheit der Herstellung zu tun haben, was alles nur von den betreffenden Fachleuten beurteilt werden kann. Doch daneben werden an technische Neuerungen jedenfalls auch andere Anforderungen gestellt, insbesondere solche, die sich aus dem Patentwesen, dem Markt oder der öffentlichen Diskussion ergeben und nicht in Laboratorien oder auf dem Prüfstand. Eine brauchbare technische Neuerung muss nicht nur technisch durchführbar, effizient und für routinemäßige Produktion geeignet sein, sondern auch originell, konkurrenzfähig und frei von negativen Nebenwirkungen. Dabei lassen sich durchaus technische Nationaltraditionen unterscheiden. In einem Land sind die Techniker mehr wissenschaftlich orientiert, gehen an ihre Probleme in einem quasi-wissenschaftlichen Geist heran und sind ganz besonders an der Wertschätzung ihrer Fachkollegen interessiert; in einem anderen sind sie vielleicht kommerziell orientiert und gehen an ihre Probleme ebenso sehr mit dem Blick auf den Markt heran. So könnte man ein Spektrum von Professionsorientierungen definieren, von der rein akademischen bis zur rein kommerziellen (Toulmin 1983, 427f).

Das Paradigma Laborwissenschaften hat es erlaubt, die experimentellen Aktivitäten in einem umfangreicheren Kontext der sozialen und symbolischen Praktiken zu sehen. Dies hat deutlich gemacht, dass wir auf die wissenschaftliche Praxis sehen müssen, ohne dass wir allzu viel Wert auf wissenschaftliche Organisationen legen (Pickering 1992, 115). Das klassische Bild vom Experimentator war das desjenigen, der wie ein Instrument oder ein Objekt im Laboratorium funktioniert. Dabei sind konkrete Laboratoriumsszenarien relativ deutlich in der Beziehung zu der Art und Weise, in der ein Laboratorium arbeitet. Dies ist der Ort, an dem die Experimente verbildlicht und anschaulich gemacht werden. Durch die Art und Weise der Technologie, die benutzt wird, werden Experimente eingeordnet in eine natürliche oder soziale Ordnung (Pickering 1992, 121f). Das Laboratorium ist der Ort, an dem die einzelnen Ergebnisse zusammengefasst und interpretiert werden. Dabei geht das Laboratorium über die Experimentalfunktion hinaus und steht für eine umfassende Instrumentalisierung und Technisierung empirischer Forschung. Das Labor wird zum Ort der Forschung und der Entwicklung von Prototypen. Die verwissenschaftlichte Technik, Medizin und Naturforschung werden zu Laboratoriumswissenschaften und erleben einen Technisierungs-, später einen Technologisierungsschub. Allerdings werden in Laboratorien nicht mehr nur Phänomene generiert, sondern auch materielle Dinge wie Organismen oder ideelle Dinge wie Methoden oder Testverfahren.

Die technologische Praxis baut auf der Tradition des Laboratoriums auf, verändert dieses Paradigma aber durch die modernen Mittel der Informationstechnologie. Insofern wird das traditionelle Modell der Laboratoriumswissenschaften grundlegend transformiert. Die Laboratoriumspraxis aber, gleich welcher Art, hat durch sich allein keine validierende Kraft. Sie bedarf einer wissenschaftlichen oder doch zumindest technologischen Theorie. Die Laboratoriumspraxis ist eine institutionalisierte Form von Experimentalpraxis. Rechtfertigung und Validierung sind keine allein logisch-methodologischen Operationen, sondern institutionalisierte oder quasi institutionalisierte Festlegungen der Science Community mit Rücksicht auf methodologische Standards und entsprechende Fragen.

Die Experimentalwissenschaft ist technisch orientiert, instrumentell gezeichnet und von daher ohne eine begleitende hermeneutisch-interpretative Praxis nicht zu denken. Bei der Laborwissenschaft verstärken sich alle diese Züge. Diese ist Praxis geworden, als ganze gesehen, sie ist die technologische Variante der Experimentalwissenschaft. In der Laborpraxis erfolgt ein stärkerer Rückgriff auf implizites Wissen im Ineinander von Experimentieren, Testen und Konstruieren, wobei nicht irgendein Wissen zu rechtfertigen ist, sondern Praxis sich im Gelingen des Laborgeschehens zumindest pragmatisch selbst rechtfertigt, wozu es allerdings einiger interpretatorischer Glättung bedarf. Der Erprobungscharakter der Experimentalkonzeption wird verschoben auf das Gelingenskriterium der Laboratoriumspraxis, die an ihren Folgen abgelesen werden kann.

Naturwissenschaft beruht auf einer Ausdehnung der Beobachtung, Technologie auf einer Ausweitung des Verstehens. Insofern hat die Mathematik in beiden Bereichen jeweils unterschiedliche Funktionen. Mathematik kann genau so gut angewendet werden in der Naturwissenschaft wie in der Technik (Polanyi 1998, 184). Dabei entsteht im Hinblick auf die Axiomatisierung der Mathematik ein Problem. Das Element des Impliziten am Wissen beruht auf einem Akt des Vertrauens und jedes Vertrauen kann missbraucht werden (Polanyi 1998, 250). Implizites Wissen kann nicht kritisch sein (Polanyi 1998, 164). Das Gegenbild zum impliziten Wissen ist das Ideal einer vollständig formalisierten Intelligenz, das jede Form und jede Manifestation wie jede Spur personalen Wissens eliminiert hat (Polanyi 1998, 301). Personales Wissen besteht zwar auf einer subjektiven Basis, reklamiert jedoch universelle Geltung für ihre Inhalte. Falls wir jedoch nur über die Kompetenzseite nachdenken, so reduzieren wir personales Wissen auf Subjektivität (Polanyi 1998, 303).

Es gibt eine ganze Reihe von Methoden, um die Fabrikation wissenschaftlicher Fakten und technischer Artefakte zu studieren. Es ist nicht zu übersehen, wie viel einfacher es war, bevor wir in der Wissenschaft „Schachteln" brauchten und bevor diese „schwarz" wurden (Latour 1987, 21). Zur Beschreibung des Prozesses der Wissenschaft ist es wichtig, was geschieht, wenn jemand einer wissenschaftlichen Aussage nicht zustimmt und eine Kontroverse beginnt. Es ist das wissenschaftliche Kollektiv, das Fakten macht und Schicksale inszeniert. Der Status einer wissenschaftlichen Aussage hängt ab von späteren wissenschaftlichen Aussagen. Wenn wir uns den Plätzen nähern, an denen Fakten und Maschinen gemacht werden, gehen wir in die Mitte von Kontroversen. Je näher wir an diesen Plätzen sind, um so kontroverser werden die Diskussionen. Wissenschaft ist der Ort der Rhetorik, des Dissenses und des Argumentes der Autorität (Latour 1987, 26-31).

Das Laboratorium ist der Platz, an dem die Wissenschaftler arbeiten. Wissenschaftliche Aussagen werden an den Instrumenten abgelesen. Meistens wird damit ein visueller Beweis begründet. Es geht um die Interpretation von Diagrammen. So werden audiovisuelle und verbale Instrumente zugleich eingesetzt. Der Vortrag im Rahmen eines Kolloquiums ist der Ort von Kontroversen und von Dissensen. So wird versucht, bestimmte Interpretationen objektiver zu machen, und Gegenvorschläge aufzubauen. Dazu bedarf es der Einführung weiterer Arten einer Blackbox. Der Motor ist der Wettbewerb zwischen Wissenschaftlern, ausgetragen auf Meetings und im Bereich von Diskussionen. Wichtig ist es, neue Verbündete zu werben. So werden wissenschaftliche Präsentationen zu Werbeveranstaltungen, die Kompetenz unterstellen. Dieser Prozess der Routinisierung von wissenschaftlichen Aussagen ist gewöhnlich und verbreitet. Heute sind Laboratorien mächtig genug, um die Realität zu definieren sowie den Zugang zur Natur. Natur ist der letzte Alliierte bei der Etablierung einer Kontroverse. Da die Etablierung einer Kontroverse der Grund für die Repräsentation der Natur ist, können wir nicht die Repräsentation heranziehen, um zu erklären, wie eine Kontroverse entstanden ist (Latour 1987, 97-99). Da die Etablierung einer Kontroverse der Grund für die Stabilität einer Gesellschaft ist, können wir nicht die Gesellschaft heranziehen, um zu erklären, wie eine Kontroverse entstanden ist. Wir sollten systematisch die Anstrengungen betrachten um eine menschliche oder nichtmenschliche Ressource zu etablieren oder zu kontrollieren (Latour 1987, 144).

Die „Querelle des Anciens et des Moderni" war ein entscheidender Einschnitt in der Diskussion und ist geeignet, um technische und naturwissenschaftliche Modernisierung charakterisieren zu können. In ihr verlangten die Modernen einen systematischen Vergleich zwischen den Bestrebungen der alten und der modernen Zeiten auf verschiedenen Feldern menschlicher Unternehmungen und entwickelten somit ein Klassifikationsmodell von Wissen und Kultur, das in vielfältiger Form angepasster war als die antiken oder mittelalterlichen Modelle. Zweitens wurde deutlich gemacht, dass die Intentionen der Alten und der Modernen auf verschiedenen Feldern im Hinblick auf menschliche Einsicht lagen. Der Rückgriff auf die mathematischen und experimentellinstrumentellen Methoden implizierte einen Fortschritt der Modernen gegenüber den Antiken im Hinblick auf klare Demonstrationen, während in anderen Bereichen, z.B. im Hinblick auf die Ästhetik, die Verdienste der mathematischen Methode beschränkt blieben. Sie entwickelten damit ein Modell künstlerischer Subjektivität. So gab es in der „Querelle" zum ersten Mal eine klare Unterscheidung zwischen Künsten und Wissenschaften und eine Entscheidung, die die Antike und das Mittelalter oder die Renaissance keineswegs impliziert hatten. Perrault setzt dem Konzept der schönen Künste das traditionelle Konzept der freien Künste entgegen und er weist das Letztere zurück (Kristeller 1951, 527). Damit ist die Trennung vollzogen und der Weg in die „Zwei Kulturen" im Sinne der Neuzeit angefangen.

In dem Begriffspaar antiqui/moderni kommt es allgemein zur Entgegensetzung von Altem und Neuem, wodurch das Modell des Epochenwandels beschrieben wird. Diese Entgegensetzung geht bereits auf die antike Philosophie zurück, wobei zuerst bei Tacitus das darin implizierte Geschichtsbild reflektiert wird. Dabei kommt es in der Spätantike unter den Leithorizont des Christlichen zu einer Ablösung einer naturhaft-zyklischen Vorstellung vom Geschichtsverlauf durch ein Fortschritts/Dekadenz-Modell. Die Diskussion um die antiqui/moderni markiert die Epochenschwelle zwischen Klassik und Aufklärung in Frankreich und entzündet sich an der Diskussion um das relative Maß des Schönen, wie er im beginnenden Historismus der Aufklärungsphilosophie sich manifestiert (Jauss 1971, 410).

Die Ankläger der neuen, der „moderni", sprechen von einem Verfallsprozess. Dies ist eine Konstante in der Geschichtsphilosophie. Der Begriff der Modernitas wird ab 1075 neu geprägt und die Renaissance hat den Gegensatz von Modernen und Altertumsverehrern von einem Gegensatz zu einer großen welthistorischen Antithese erweitert. Sie prägte den Begriff der humanistischen Moderni, also der Neuerer gemäß dem Leitbild des Humanismus. Die humanistischen Moderni verstanden sich als Nachahmer, aber auch als Überbieter des antiken Vorbilds. Beteiligt waren an der „Querelle" Fontenelle 1688, der von einem Fortschritt durch die Zeit ausging. Sein Kontrahent war Perrault mit seinem Werk „Parallelen zwischen dem Älteren und den Neueren", 1688-1697 in fünf Dialogen herausgegeben. Die Konsequenz des Streites war die ungewollte fortschreitende Relativierung der Standpunkte. Dies führte im 18. Jh. zu einer Trennung der Künste und der Wissenschaften unter Verselbständigung des Systems der schönen Künste. In Deutschland plädiert für die Eigenständigkeit der Kunst insbesondere Gottsched und Winkelmann (Jauss 1971, 413).

Was in der „Querelle" beschrieben wurde, war die Entstehung neuzeitlicher Wissenschaft und Technik in Europa, verstanden als das ganz Andere. Wissenschaft und Lebenswelt geraten in einen Gegensatz, werden zur Antithese. Die „Moderni" gaben ihren Namen dafür im Sinne technisch oder wissenschaftlich motivierter Modernisierungsschübe:
(1) Die Entstehung experimenteller Naturwissenschaft;
(2) Industrielle Revolution (Automatisierung der Produktion; Entwicklung der Dampfmaschine);
(3) Laboratoriumswissenschaften;
(4) Angewandte Naturwissenschaften, große technische Systeme; Technisierung der Alltagswelt
(5) Wissenschaftlich-technische Revolution.

Verbunden mit Modernisierungsschüben waren jeweils Erhöhungen des technischen Niveaus über das handwerkliche Paradigma hinaus und eine Herausforderung des philosophisch-humanistischen Denkens, welches sich nicht einfach in der Interpretation traditioneller Texte und vorbildlicher Ideale sich erschöpfen durfte, da nun Wissenschaft und Alltagswelt sich im Gegensatz befanden genauso wie Technik und Alltagswelt. Erst mit der Technologisierung der Alltagswelt und der Konsumorientierung wird der Gegensatz aufgelöst, allerdings die Alltagswelt in einer Weise transformiert, dass sie mit der in sich entwickelnden Ländern kaum noch vergleichbar ist. In vielfacher Form nahm die europäische Philosophie die Herausforderung an und dachte über Technik, Wissenschaft und Mensch nach. Sie erhöhte damit den Komplexitätsgrad einer an Anthropologie orientierten Humanität. In der technokratischen Interpretation (technische Macht als Beherrschung und Unterdrückung) führt dies zu einer größeren Isolation des europäischen Menschentums. In der humanistischen Interpretation ist der Ausgleich unterschiedlicher technischer Niveaus eine Frage der Ethik. Beide Positionen sollten bedenken, dass Innovationen Folgelasten hervorrufen und dass häufig nichtintendierte und unerwünschte Folgen auftreten.

Inzwischen ist Technik in der technischen Modernisierung selbst zum Leitbild geworden. Technik, Technologie und Technoscience haben sich zur dominanten Leitkultur entwickelt. Der Umgang mit Technik und Wissenschaft wird mit jedem Modernisierungsschub technischer. Dies erleichtert den Technologietransfer, während falsche kulturelle Einbettungen – z.B. Technologietransfer als Neokolonialismus – ihn erschweren oder gar verhindern, nicht immer zum Nutzen der Empfängerländer. Wurde früher Technik eingebettet, so ist Technik heute selbst zum Einbettungsfaktor geworden. Damit hat durch Tradition gekennzeichnete Kultur an Bedeutung verloren. Technologische Modernisierung war in der Entwicklung der frühen Industriestaaten (England, Mitteleuropa, USA) eingebunden in einen Aufklärungskontext, später in den einer instrumentellen Rationalisierung. Der Erfolg des Internets und der Informationstechnologien in Indien, China und Lateinamerika zeigt, dass für den Transfer westlicher Technologie die Einbettung in einen Aufklärungshorizont heute übersprungen werden kann und dass instrumentelle Rationalität alleine nicht ausreicht, ihn zu erklären, sondern zumindest ergänzt wird durch eine globale Faszination durch modernste Technik, die sich unsere akademische Technikphilosophie und Technikkritik nicht mehr hatte träumen lassen. Sie sollte uns ermutigen, beherzt an die Aufgabe zu gehen, weltweit an regionalisierte Formen globaler Universalisierung und technologischer Modernisierung herauszuarbeiten, indem wir nach dem Sinn von Technik, dem Nützlichen wie dem Guten im jeweiligen kulturellen Kontext zu fragen und nicht nur Prestige-Projekte in Länder verpflanzen, die sich dieses leisten können. Da Technik und Technologie immer mehr zur Leitkultur werden, müssen wir uns nach ihrem Sinn fragen, insbesondere wenn es um ihren Transfer geht.

4. Wissenschaft und Technik in China und Indien: Einbettung statt Modernisierung

Wissenschaft und Technik insbesondere seit der industriellen Revolution gelten als zentrale Modernisierungsfaktoren und weltweit als Vorbilder für Fortschritt und Reichtum. In Indien und China ist dies anders. Modernisierung wurde jahrhundertelang als Fremdkörper empfunden und man versuchte, Innovationen, so sie denn stattfanden, durch Einbettung und Anpassung an die eigene Kultur. Andererseits führt die Heteronomie europäischer Modernisierung zur Verklärung der eigenen Vergangenheit in Indien und China, und zwar von Wissenschaft und Technik, aber auch Philosophie und Religiosität betreffend. Dies gilt insbesondere für Länder mit langer wissenschaftlicher, technischer und kultureller Tradition wie Indien und China. Bei der Betrachtung von Wissenschafts- und Technologietransfer ist zu berücksichtigen, dass moderne Naturwissenschaft und Technik weder wertneutral noch kulturinvariant sind. Man kann zwar versuchen, nur die Technologie, nur das Know how oder die reine technische Kompetenz kontextfrei zu übernehmen, aber in Europa ist Naturwissenschaft und Technologie eingebettet in eine gewisse Kultur der aufgeklärten Rationalität und hat selbst eine epistemische Kultur ausgeprägt, die instrumentell und technisch gekennzeichnet ist. Sie ist mit einer bestimmten Weltsicht verbunden und funktioniert in den Industrienationen nur in ihrer Einbettung in ein bestimmtes kulturelles und soziales Umfeld. Die Übernahme von westlicher Wissenschaft und Technologie stellt die asiatischen Schwellen- und Entwicklungsländer vor die Frage, ob sie mit dem Technologietransfer im Sinne einer Modernisierungsstrategie auch eine entsprechende kulturelle Modernisierung übernehmen sollen, die sie in der Regel als Überfremdung und Verwestlichung empfinden. Anderseits sind mit vielen modernen Technologien im Westen Sicherheitsaspekte im Sinne einer kulturellen Einbettung realisiert, deren Einhaltung auch in Schwellenländern wünschenswert wären (etwa Sicherheitsstandards im internationalen Flugverkehr, aber auch bei anderen Mobilitätstechniken).

Wissenschaft und Technik waren zentrale Faktoren kultureller Entwicklung in China und Indien, lange vor dem Kontakt mit den Europäern. Sie hatten allerdings eine andere Funktion als zumindest im neuzeitlichen Europa. Die Bedeutung der Philosophie der Technologie ist in der chinesischen Sprache und Schrift nicht exakt dasselbe wie im Englischen. Im Chinesischen wird Philosophie der Technologie als Jishu Luen bezeichnet. Jishu meint Technologie und Luen meint ein bestimmtes Objekt von Studien. Einige chinesische Studien zur Technikphilosophie zeigen eine ausgeprägte Neigung zur Praxis. Vor allem die Verknüpfung von Technologien untereinander genießt großes Interesse als Untersuchungsgegenstand. Die Beziehung zwischen der traditionellen chinesischen

Kultur und der technologischen Entwicklung hat die Aufmerksamkeit der Gelehrten seit 1982 immer wieder erregt (Durbin 1989, 136-141).

Der Stolz auf die eigenständige Erzeugung und die Entwicklung der neuzeitlichen Wissenschaften gehörte lange Zeit zu den ideologischen Stützpfeilern, auf denen die historische Selbsteinschätzung der europäischen Kulturen ruhte. Was immer die Völker jenseits der Grenzen Europas an Bemerkenswertem geschaffen haben mochten, das Monopol auf wissenschaftliches Denken, auf die Formulierung wahrer Sätze über den Aufbau der Natur behielten sich die Europäer vor. Das begünstigte eine Sichtweise, in der die Beiträge, die außereuropäische Zivilisationen am Zustandekommen des Unternehmens „neuzeitliche Wissenschaft" geleistet hatten, verkürzt und entstellt erschienen, bestenfalls als Versatzstücke, angefertigt von fremden Handwerkern, die unwissentlich der Schöpfung genialer Konstrukteure zulieferten. Dass diese Versatzstücke in einer eigenen Tradition stehen, dass sie gar funktionale Bestandteile eines anderen Systems von Naturerkenntnis darstellen könnten, wurde, wenn nicht bestritten, so doch als nicht besonders erkenntnisträchtiges Problem den Historikern der betroffenen Kulturen zur Entscheidung überlassen (Spengler 1993, 7).

Den ersten Beweis für die Überlegenheit der europäischen Zivilisation lieferte die europäische Waffentechnik. In China wurde der Ruf nach einer selektiven Übernahme westlicher Rüstungstechnologien bald von der Forderung nach dem Import von Wissenschaft - und damit war ausschließlich die Wissenschaft des Westens gemeint - in toto übertönt. Needham begann seine Arbeit über die Geschichte der chinesischen Wissenschaft und Technik zu einer Zeit, da China ökonomisch, politisch und in seinem Gefühl der nationalen Identität auf einer demütigend niedrigen Stufe stand. Die einheitliche Struktur der Gewinnung und Absicherung wissenschaftlicher Erkenntnisse, vermittelt durch die Techniken des kontrollierten Experiments, der Mathematisierung von Erfahrungen, der Formulierung von Gesetzmäßigkeiten usw. besagt allerdings noch wenig über die alternativen Formen des Umgangs mit der Natur. In der Umformulierung eines naturwissenschaftlichen Erkennens in ein Programm der sozialen Beherrschung der Natur können wir aus den geschichtlichen Erfahrungen der Chinesen mancherlei lernen. Es geht dabei um die systematische Beschäftigung mit bislang unvertrauten Ansätzen der Naturerklärung (Spengler 1993, 8-10).

Doch die Anwartschaft auf das Monopol exakten naturwissenschaftlichen Denkens stand zur Disposition. So betonten die Jesuiten in ihren Schriften über China, wie stark der Erfolg ihrer missionarischen Bemühungen mit dem Nachweis der Überlegenheit ihrer Mathematik und Astronomie zusammenhinge. Betrachtet man die Ausnahmestellung der Jesuiten als Überbringer und Interpreten der zu dieser Zeit nur spärlichen Informationen über das Reich der Mitte, so verwundert nicht länger, wie nachhaltig ihre Einschätzung oder zumindest Darstellung der Lage die Urteile nachfolgender Philosophen und Schriftsteller vorprägte. In seinem Hauptwerk, den „Ideen zur Philosophie der Geschichte der Menschheit" (1784-1791) erkannte Herder zwar an, dass den Chinesen die Erfindung von Porzellan, Seide, Kupfer, Blei, vielleicht Kompass, Buchdruckkunst zu verdanken sei, doch es fehle ihnen am geistigen Fortgang und am Triebe zur Verbesserung (Spengler 1993, 10-13). Für Hegel lag der Schlüssel zum Verständnis der weltgeschichtlichen Immobilität der chinesischen Zivilisation in dem dortigen Regierungssystem (Spengler 1993, 15).

Marx und Engels charakterisierten die chinesische Wirtschaft als ein vornehmlich auf Agrikultur, Manufaktur und begrenztem Binnenhandel beruhendes Unternehmen. Im ersten Band des Kapital fasste Marx die drei Grundbestimmungen für die Stagnation der chinesischen Gesellschaft noch einmal zusammen. Sie lauteten: Einheit von Handwerk und Ackerbau, gemeinschaftlicher Besitz an Grund und Boden und feste Arbeitsteilung (Spengler 1993, 19). Das Konzept der asiatischen Produktionsweise wurde im Grunde erst durch die empirischen Bereicherungen und Systematisierungen von Karl August Wittvogel theoretisch respektabel. Sein Werk „Wirtschaft und Gesellschaft Chinas" von 1931 stellt den ersten großangelegten Versuch dar, marxistische Kategorien fruchtbar bei der Analyse der chinesischen Produktionsweise einzusetzen. In den gesammelten Aufsätzen zur Religionssoziologie spricht Max Weber vom Fehlen aller naturwissenschaftlichen Kenntnis der Chinesen. So scheint hier ein Pfad in der Entwicklungsrichtung von universeller Bedeutung nicht betreten worden zu sein. Zur Erklärung führt Max Weber den Gedanken von der orientalischen Despotie an (Spengler 1993, 21-25).

Der Konfuzianismus ließ die Magie in ihrer positiven Bedeutung unangetastet, die magischen Traditionen waren zudem sozial institutionalisiert. Der schlichte Konventionalismus der chinesischen Ethik bedürfte keiner dem europäischen Gewissen äquivalenten Form. Die Notwendigkeit, soziales Handeln zu begründen und zu legitimieren, beschränkte sich auf den Raum der Familie oder Sippe (Spengler 1993, 26f.). Wenn dabei weitgehende Einigung über das vermeintliche Unvermögen der Chinesen zu wissenschaftlichem Denken erreicht wurde, so basierte dieses Urteil auf der genannten Voraussetzung der universellen Gültigkeit der Entwicklungsgesetze. Da niemand ernsthaft zweifeln konnte, dass die Entstehung der neuzeitlichen Naturwissenschaften einen objektiven Fortschritt markierte, in China aber davon nichts anzutreffen war, konnte dort ein bestimmtes Entwicklungsniveau noch nicht erreicht worden sein. Umgekehrt ersparte der Verweis auf das Fehlen neuzeitlichen naturwissenschaftlichen Denkens auch eine Beschäftigung mit anderen Erscheinungsformen der chinesischen Kultur, da ja die Entwicklung des gesellschaftlichen Ganzen kaum spektakulär vor der Entwicklung einzelner Teilbereiche liegen konnte (Spengler 1993, 30).

Gegen Ende der Ming- und dem Anfang der Th'ing-Periode hatten mehrere direkte Vergleiche zwischen Vertretern der westlichen und der chinesischen Astronomie stattgefunden. Bei diesen Vergleichen schnitten die Jesuiten und ihre chinesischen Schüler deutlich besser ab als ihre einheimischen Kollegen, denen z.b. 1643 die Panne unterlief, eine Mondfinsternis falsch vorauszusagen. Wie häufig dargestellt worden ist, hatte die traditionelle chinesische Philosophie stets zu einer Unterordnung der diversen erkenntnistheoretischen Ansätze unter die Moralphilosophie geneigt, zumindest aber auf einer Integration von Ethik und Hermeneutik bestanden. Der chinesische Historiker Ch'ün Han-Sheng nennt Mathematik, Chemie, Medizin, Astronomie und Mechanik als die Disziplinen, in denen viele konservative Chinesen damals noch glaubten, ein dem Westen vergleichbares, wenn nicht überlegenes Niveau erreicht zu haben. Es geht aber der chinesischen herrschenden Schicht nicht um wissenschaftliche Erkenntnis, sondern um verfügbare Technologien (Spengler 1993, 35-39). Dabei fällt auf, wie sehr die westliche Wissenschaft als eine Einheit interpretiert wurde, die durch eine durchgängige Methodik ausgezeichnet war (Spengler 1993, 43). In diesem Prozess der Modernisierung nach Maßgabe westlicher Vorbilder drängte ein rigider Fortschrittsbegriff die Beschäftigung mit traditionellen Formen der Naturerkenntnis zur Seite. Wenn der Durchbruch zur modernen Wissenschaft allein in Europa gelang, in anderen Kulturen dazu aber die kognitiven Voraussetzungen genauso vorhanden waren, dann müssen, folgert Needham, soziokulturelle Unterschiede die entscheidenden Hemm- bzw. Beschleunigungsfaktoren bezeichnen (Spengler 1993, 52f).

Needham betont im Hinblick auf die Entwicklung von Wissenschaften, dass in der Sung-Periode im 11. und 12. Jahrhundert n.Chr. die chinesische Wissenschaft ihren Höhepunkt erreichte. Dabei interessierte Needham nicht nur, was die Chinesen geleistet haben, sondern auch, warum es ihnen nicht – wie der europäischen Zivilisation – gelungen ist, moderne Wissenschaft und Technologie hervorzubringen. Dies stelle eines der größten Probleme der gesamten vergleichenden Sozialgeschichte dar. Needham ist zunächst einmal fest davon überzeugt, dass sowohl die alten wie die mittelalterlichen chinesischen Philosophen genauso gut über die Natur spekulieren konnten wie die Griechen. Man muss natürlich zugeben, dass die chinesische Zivilisation keinen Aristoteles hervorgebracht hat. Die Chinesen strebten nach einer Organisation der menschlichen Gesellschaft, die ein Maximum sozialer Gerechtigkeit erbrachte, so wie sie diese verstanden. Im Taoismus gab es eine Schule, die mehr über die Natur wissen wollte. Da die Chinesen nie eine auf Hypothesen beruhende experimentelle Methode entwickelten, kamen sie nie viel weiter als Demokrit oder Lucretius. Die Alchimie, die in China älter als in irgendeiner anderen Zivilisation ist, ist letztendlich in einem taoistischen Milieu entstanden. Man suchte nach einer Unsterblichkeitsdroge (Needham 1993, 108f). Andererseits scheint Europa niemals die Formen von Alchimie erreicht zu haben wie in Arabien, Indien und China. Ich denke, dass in Asien Technik und Wissenschaft stärker sozial, kulturell und religiös eingebettet war als im antiken Griechenland,

Mittelalter und Renaissance, wobei seit der zweiten Hälfte des 19. Jahrhunderts die Bedeutung der Einbettungsfaktoren in den Industrienationen zunimmt.

Ferner ist festzuhalten, dass sowohl für das klassische wie für das mittelalterliche China viele Beweise dafür vorliegen, dass manuelle Experimente durchgeführt wurden, aus denen stichhaltige Schlüsse gezogen wurden. Im Vorrang stand aber eine praktische Methode. Sie strebten nach materieller Langlebigkeit und Unsterblichkeit. Li Shau-Chün erwähnte im Jahre 133 v.Chr. zum ersten Mal die Alchimie in der Weltgeschichte. Im Jahre 142 n.Chr. findet man das ohne Zweifel erste Buch über Alchimie. Betrachtet man die anatomischen Bilder der Chinesen aus dem 7., 8. und 9. Jahrhundert, erkennt man, dass sie sehr fortschrittlich waren. Auch auf vielen anderen Gebieten sind die wissenschaftlichen Bemühungen der Chinesen in den frühen Perioden sehr eindrucksvoll. Zu der Zeit, in der die Normanen England eroberten, fanden in China systematische Messungen des Niederschlages statt, und gegen Ende der römischen Periode, um das Jahr 132 n.Chr., erfand der Mathematiker Chang Eng den ersten Seismographen. Die drei größten Erfindungen der Chinesen waren zweifelsohne Papier- und Druck-Kunst, der magnetische Kompass und das Schießpulver (Needham 1993, 112-114).

Die Notwendigkeit der Wasserwirtschaft bei den Chinesen hatte zwei Folgen: Es mussten Millionen von Arbeitern kontrolliert werden und dafür war ein umfassender Beamtenapparat erforderlich. Niemand, der die chinesische Zivilisation nicht kennt, kann sich die Bedeutung des Beamtentums und des Mandarinats im traditionellen China vorstellen. Der merkantile Stadtstaat war die typische politische Einheit Europas. Die Verteilung von Land und Wasser in Europa führte sehr früh zu einer Betonung maritimer Seefahrt und zu einer merkantilen Wirtschaft. Demgegenüber führte die territoriale Ausdehnung Chinas zu einem Netz von Städten, die durch einen Gouverneur oder Magistraten für den Kaiser verwaltet wurden. Daraus kann man schließen, dass die Kaufleute in China immer klein gehalten wurden und unfähig waren, im Staate zu einer Machtposition aufzusteigen. Zwar hatten sie ihre Gilden, doch diese waren nie so bedeutend wie die in Europa. Vielleicht ist dies die Hauptursache für das Unvermögen der chinesischen Zivilisation, eine moderne Technologie zu entwickeln. China stand als eine Zivilisation der bewässerten Landwirtschaft im Gegensatz zur weidewirtschaftlichen-maritimen Zivilisation Europas (Needham 1993, 118f).

Wenn die Entwicklung in China im Mittelalter technologisch so hochstehend war, dann muss an den konventionellen Vorstellungen von dem einzigartigen wissenschaftlichen Genius der westlichen Zivilisation etwas falsch sein. Trotzdem bleibt es wahr, dass moderne Wissenschaft, d.h. die Überprüfung mathematischer Hypothesen über natürliche Phänomene durch systematische Experimente, nur im Westen entstanden ist. Dort hatte man sich über die Natur magnetischer Deklination Gedanken gemacht, bevor die Menschen des Westens überhaupt von der Existenz magnetischer Polarität wussten. Doch seit den Zeiten Galileis (1600 n.Chr.) überholte die neue oder experimentelle Philosophie des Westens unaufhaltsam die Stufen, die von der Naturphilosophie Chinas erreicht worden waren und führte zum exponentiellen Wachstum der modernen Wissenschaften im 19. und 20. Jh. (Needham 1993, 120f). Die chinesische Mathematik war stets eher algebraisch als geometrisch gewesen. Genauso fundamental waren die Unterschiede zwischen den Zivilisationen in der Astronomie, denn während die griechische Astronomie immer ekliptisch, planetarisch, winkelförmig, exakt und nach Jahresabläufen ausgerichtet war, blieb die chinesische Astronomie stets polar, äquatorial, nach Mittelwerten, Stunden- und Tagesabläufen organisiert (Needham 1993, 122).

Dabei erfolgte die Gleichziehung der Niveaus auf unterschiedlichen Ebenen und zu unterschiedlichen Zeiten. In der Botanik fand die Gleichziehung bzw. Fusion nicht vor 1880 statt. In der Medizin wurde die Fusion sowohl in der Theorie wie in der Praxis zwischen dem Osten und Westen auch heute noch nicht vollzogen (Needham 1993, 126). Für indische genauso wie für die chinesische Medizin gilt, dass sie nachweislich in einem Maße auf moderner Wissenschaft aufbaut, wie es bei der Medizin der nichteuropäischen Zivilisationen nicht der Fall ist (Needham 1993, 130). In den Fällen der Mathematik, Astronomie und Physik kann man sagen, dass der Zeitpunkt der Gleichziehung fast genau mit dem Fusionspunkt zusammenfällt, vielleicht eine kurze Zeitspanne davor liegt (Needham 1993, 132). In der Medizin ist dies anders. Zudem weiss niemand wirklich über die Effektivität der Akupunktur oder die anderer spezieller chinesischer Behandlungsweisen Bescheid (Needham 1993, 137).

Je mehr man über die chinesische Zivilisation weiß, so Needham, desto verblüffender ist die Tatsache, dass sich dort moderne Wissenschaft und Technik nicht entwickelt haben. Die Flusstal-Zivilisationen von Mesopotamien und Ägypten haben bereits zu einem sehr frühen Zeitpunkt eng miteinander kooperiert. Außerdem hing die alte Zivilisation des Industales mit der babylonischen Zivilisation zusammen. Nur eine große Flusstalkultur stand außerhalb dieses Beziehungsgefüges: die Zivilisation des Gelben Flusses, des Huang-Ho, die Wiege des chinesischen Volkes. Im Verhältnis zu Asien spielte Europa bis zum 14. Jahrhundert n.Chr. fast ausschließlich die Rolle des Empfangenden, nicht die des Gebers, das gilt ganz besonders für das Gebiet der Technologie. In China aber entwickelte sich der Bronzezeit-Protofeudalismus nicht weiter aus. Das soziale System, das hier entstand, hat man als asiatischen Bürokratismus bezeichnet oder als bürokratischen Feudalismus (Needham 1993, 145-166). In ihm wurde die weitere Entwicklung von Flüssen, Kanälen und Schleusen der zentralen Autorität übertragen. Salz und Eisen waren die wichtigsten, vielleicht auch die einzigen Güter, die von Stadt zu Stadt wanderten. Es waren auch die einzigen Güter, bei denen sich staatliche Kontrolle lohnte. So haben wir wohl Grund zu der Annahme, dass insbesondere Fernhandel einer der wichtigsten

Einbettungsfaktoren für Wissenschaft und Technik und ihre dynamische Entwicklung darstellen. Dies war möglicherweise ein Grund dafür, warum sich in China nie eine vollentwickelte Geldwirtschaft entwickelte. Es kam vor allen Dingen zu einer Akkumulation von Reichtum durch Bürokratie (Needham 1993, 170).

Zweitausend Jahre waren Wissenschaft und Technik in China weltweit auf dem höchsten Niveau, bis vor zwei bis drei Jahrhunderten ein Rückschritt einsetzte. Die Auswirkungen der technischen und wissenschaftlichen Errungenschaften auch auf die übrige Welt waren stark. In der Frühzeit der Han-Dynastie seit 138 v.Chr. eröffnete Zhang Quian in seiner Eigenschaft als diplomatischer Gesandter den Weg zu den mittel- und westasiatischen Ländern, die Seidenstraße. Im 17. Jahrhundert begann der Einfluss der Wissenschaft und Technik des Westens in China. Gegen Ende des 19. Jahrhunderts führte dies zu einer kritiklosen Anbetung der Wissenschaft und Technik des Westens. Seit den Arbeiten von Needham erfolgt eine gewisse Rückbesinnung auf die chinesischen Traditionen in Wissenschaft und Technik. Ausgrabungen altchinesischer Stätten und Werke haben diese Bemühungen bestärkt. Sie zeigen ein Kunsthandwerk und ein außerordentliches handwerkliches Schaffen. Das Handwerk aber ist abhängig vom Material. In Astronomie, Mathematik, Physik, Chemie, Meteorologie, Seismologie und verwandten Wissenschaften war China dem Westen einstmals Jahrhunderte voraus. Durch die Nutzung ehemaliger Leistungen in der Wissenschaft als neue Triebkraft, so glauben chinesische Wissenschaftler und Techniker, kann und wird China in nicht allzu ferner Zukunft das Weltniveau in Wissenschaft und Technik wieder erreichen (Chinesische Akademie 1989, 7-9).

Schon zur Zeit der Han-Dynastie finden sich mehrere Berichte über Sonnenflecken. 613 v.Chr. wurde von einem Kometen berichtet. Über 2500 Jahre lang wurde der Halleysche Komet beschrieben. Berichte über eine Nova aus dem 16. Jahrhundert lassen sich heute bestätigen. Insgesamt 90 Novae wurden vom 15. Jahrhundert v.Chr. bis 1700 n.Chr. beschrieben. Die Beobachtungen sind so genau, dass sie häufig heute auf Grund der Reste identifiziert werden können (Chinesische Akademie 1989, 11-19). Der Sternenkatalog von Shi Shen aus dem 4. Jahrhundert v.Chr. ist sehr alt. Die ältesten griechischen Sternkataloge sind nicht vor dem 3. Jahrhundert anzutreffen. Sternkarten enthalten astronomische Beobachtungen. Eine umfassende Untersuchung des Meridians wurde im 8. Jahrhundert von chinesischen Astronomen unternommen, deren Tätigkeit auf Initiative von Yi Cing im Jahre 724 als Teil seiner Bemühungen um die Schaffung eines neuen Kalenders zurück zu führen ist. Nautische Astronomie lässt sich bereits im 2. Jahrhundert v.Chr. dokumentieren. Ein blühender Außenhandel, gestützt auf eine wachsende Produktion, förderte die Entwicklung nautischer Technik. Das populärste Gerät, mit dem der alte chinesische Astronom die Himmelskoordinaten bestimmte, war die Armillarsphäre. Die Entwicklung der entsprechenden Genauigkeit in der Navigation und der Sicherheit in der Überseeschifffahrt Chinas spielt eine entscheidende Rolle. Es ging dabei um die Modellierung der Distanz der Sterne und der Umlaufbahnen von Mond und Sonne. Nach 276 kam es zu einer Vereinfachung des Modells. Eine wasserangetriebene astronomische Turmuhr wurde 1088 von Han Gouglian entworfen und gebaut, gefördert von Sou Song. Die Anweisungen zum Bau dieser Uhr sind erhalten geblieben mit dem Titel Xin Yi Xiang Fao Jao. Dies alles beweist ein hohes Niveau der mechanischen Technik im alten China (Chinesische Akademie 1989, 20-36).

Die Zeit, wie sie in der Natur vorkam und gemäß den regelmäßigen Veränderungen in der Natur zu messen war, steht am Ursprung des Kalenders, der im 3. Jahrhundert v.Chr. zu suchen ist. Spätestens vom 2. Jahrhundert v. Chr. an wurde das Gnomon von acht Chi (1,84 m) zum Messen des Schattens am Tag der Wintersonnenwende benutzt. Dieses führte aber noch zu unbefriedigenden Ergebnissen. Die Verlängerung des Gnomon brachte mehr Erfolg. Ein neues, als Schattenbestimmer bezeichnetes Gerät wurde 1778/79 erbaut als Riesengnomon mit einer Höhe von 13,33 m. Nun waren genauere Beobachtungen möglich. Die Bestimmung der Wintersonnenwende war viel genauer möglich. Die Entstehung der ungleichförmigen Bewegung der Sonne aus der Sicht der Ekliptik wurde bemerkt. Es kam zu Forschungen über die Mondbewegung. Die Untersuchung über die Finsternisse und Solarperioden wie Schaltmonate und die Bestimmung der Mondmonate spielten in Chinas traditionellem Kalender eine wichtige Rolle (Chinesische Akademie 1989, 37-47). Die chinesische Kulturlandschaft begann sich vor ca. 6000 bis 7000 Jahren zu entwickeln. Für die Organisation der Landwirtschaft war die Lehre der jahreszeitlich und klimatologisch bedingten Erscheinungsformen von Pflanzen und Tieren von zentraler Wichtigkeit (Chinesische Akademie 1989, 215).

Die ersten klassischen Werke der chinesischen Mathematik sind etwa 2000 Jahre alt. Zumindest astronomische Berechnungsmethoden tauchten auf. Zehn mathematische Handbücher gab es im 1. Jahrtausend n.Chr. Sie gingen zwischen 960 und 1279 in Druck. Der Vorsprung der chinesischen Mathematik gegenüber dem Westen war enorm mit Ausnahme der in China nur schwach vertretenen Geometrie (Chinesische Akademie 1989, 52-57), die insbesondere für Baukunst und Navigation erforderlich waren. Das Dezimalsystem und die Stäbchen- bzw. Kugelrechnung waren ebenfalls ausgeprägt. Das chinesische Rechnen beruht seit dem Bestehen der Schriftsprache auf dem Dezimalsystem. 330 v.Chr. findet sich der erste Bericht über die Dezimalrechnung. In Griechenland wurde großer Wert auf Logik und Geometrie gelegt, nicht aber auf praktisches Rechnen. In China war das anders. Die Rechenstäbchen waren lange in Gebrauch. Im 13. Jahrhundert wurde der Abakus zu einem alltäglichen Gegenstand (Chinesische Akademie 1989, 65). In der Hang-Dynastie nahm man Pi einfach als 3. Zunächst wurden alle Werte für Pi empirisch gewonnen. Liu Huis

Methode aus dem Jahre 263 n.Chr. war die Ausschöpfungsmethode. Zu Chong Zhi ermittelte einen Überschusswert und einen Definitionswert, in deren Mitte der gesuchte Wert von Pi liegen musste. In China werden seit altersher viele mathematische Spiele in Form von volkstümlichen Reimen überliefert. Es kommt auch zur Untersuchung von Problemen linearer Kongruenzen (Chinesische Akademie 1989, 99-102). Wissenschaft und Technik waren im Unterschied zur Stellung bei den Griechen stärker kulturell eingebettet. Technische Erfindungen fanden Eingang in die gesellschaftlich-kulturelle Entwicklung, wurden aber nicht in dem gleichen Masse vervollkommnet wie beispielsweise die Mechanik und der Automatenbau im Hellenismus. Dieser wiederum hatte keine Auswirkungen auf Arbeitswelt und Produktion.

Seit alten Zeiten haben die Kenntnisse über den Schwerpunkt Mechanik in China praktische Anwendung gefunden. Die Vorstellung von Kraft und Drehmoment hat sich lange Zeit hindurch aus der praktischen Erfahrung der Menschen entwickelt. Die alten Chinesen verwendeten diese Vorstellung für den Gebrauch einfacher Geräte wie Schnellwaage, Flaschenzug, Radachse sowie beim Ziehbrunnen (mit Gegenzug und Schöpfeimer) sowie einer Winde. Der Zeitraum für diese Entdeckung war das 4. bis 5. vorchristliche Jahrhundert. Die mechanischen Anlagen eines Ziehbrunnen basierten auf dem Prinzip von Stütz- und Hebelpunkt. Auch die Spannungen und Verformungen von Körpern fanden Interesse. Ein Teil der Werkstoffmechanik findet sich in den Aufzeichnungen eines Handwerkers. Die Schwimmkraft und das spezifische Gewicht wurde benutzt, um einen Elefanten zu wiegen. Bewegung versus Trägheit waren die Untersuchungsgegenstände (Chinesische Akademie 1989, 121-132). In der Akustik ist die Beschreibung von Resonanz ein wichtiges Prinzip, auf dem auch die Funktion von Seismographen beruht. Die Chinesen bauten auch Gebäude mit guten akustischen Eigenschaften. Krüge wurden als Schallschlucker oder Echoautomaten eingebaut. Es kam zur Entwicklung von Tonleitern (Chinesische Akademie 1989, 139-144).

In den Umkreis der Alchimie gehört die Pyrotechnik wie die Porzellan Herstellung. Schießpulver und Schusswaffen haben in China eine lange Tradition. Es wurde „Huoyao" oder Feuerarznei genannte. Zu Holzkohle und Schwefel wurde Salpeter hinzugegossen und entzündet. Die Schießpulverwaffen beschleunigten die Produktion von Brandstoffen und Katapulten. Die Song-Herrschaft führte zahlreiche Kriege gegen äußere Eindringlinge und aufständische Bauern im Innern, wodurch die Produktion von Schießpulver und Brandwaffen sehr vorangetrieben wurde. Zunächst blieb dies auf Brandwaffen beschränkt. Diese aber wurden zu Splitterbomben weiterentwickelt. Das Kanonenrohr, das aus Bronze gegossen wurde, lässt sich auf das Jahr 1332 datieren, allerdings war es sehr kurz. Erfolgreicher war in diesem Zusammenhang der Schießpulverpfeil. Es gab auch Prototypen von Raketen. Schon in der Frühzeit der Tang-Dynastie hatte China den Überseehandel mit Indern, Persern und den

arabischen Ländern übernommen. Den Arabern und Persern war Salpeter zunächst aus China bekannt. Alchimistische und pharmazeutische Techniken lassen sich in China nachweisen (Chinesische Akademie 1989, 174-180).
Die Anfänge der Erfindung des Porzellans lässt sich bis in die Schang-Dynastie (16.-11. Jahrhundert v.Chr.) zurückverfolgen. Die Verarbeitungsverfahren und Brenntechniken wurden verbessert. Es entwickelte sich eine Industrie für gebrannte Tonwaren. Porzellan und Tonwaren waren dünn und glatt gepresst. Das Brennverfahren bei Ton und Porzellan war ähnlich. Porzellan und Tonerde wurde bei hohen Temperaturen gebrannt. Daraus entwickelte sich das einfache Porzellan. Glasierte Tonwaren entstanden vom 11. Jahrhundert v.Chr. bis 221 v.Chr.. Diese Tonwaren hatten eine zweifarbige Glasur. Vielfarbige Glasuren kennt man dann aus der Han-Dynastie (Chinesische Akademie 1989, 183-185). Lack und Lacktechnik haben ihren Ursprung im chinesischen Denken vor über 4000 Jahren. Verwendet wurde als Ausgangsmaterial der Lackbaum und dieser wurde in Lackbaumplantagen angebaut. Viele Lackgegenstände finden sich bereits zur Zeit der streitenden Reiche. In der Han-Zeit gab es eine staatlich überwachte Lackindustrie, Lackwerkstätten und Lackmanufakturen. Jia Sixie, ein Gelehrter der nördlichen Dynastien (386-581) widmete dem Lack ein ganzes Kapitel seines Werkes „Wichtige Fähigkeiten und die Wohlfahrt des Volkes". In der Tang-Dynastie (618-906) wurde der Tihuug (geschnitzter roter Lack) erfunden. Von nun an standen geschnitzte Lacke im Vordergrund (Chinesische Akademie 1989, 192-198).

Eine besondere Rolle spielte die Alchimie im alten China. Es ging um das Rätsel der Umwandlung von Materie und um die Erzeugung von künstlichen Stoffen. Auch Zaubertechniken wurden angewendet und erprobt bzw. gesucht, so Elixiere der Unsterblichkeit. Eine ganze Reihe von protochemischen Experimenten und Umwandlungsprozessen mit Metallen wurden durchgeführt. Daneben gab es aber auch eine physiologische Alchimie wie Atemtechnik und Ernährungstechnik, die ein langes Leben ermöglichen sollten. Gesucht wurde nach künstlichem Gold und Silber. Beschrieben wurden aber auch pharmazeutisch bedeutsame botanische Untersuchungen. Die Errungenschaften der altchinesischen Pharmakologie beruhten zunächst auf dem Ausprobieren von Kräutern. Im 2. Jahrhundert v.Chr. erschienen die ersten Werke. Im 16. Jh. erlebte Chinas Pharmakologie einen beispiellosen Aufschwung. Die chinesische Arzneimittellehre ist in ihrer Theorie ohne Beispiel. Es gibt eine heiße und eine flüssige Behandlung mit Medikamenten. Dazu kommen kombinierte Rezepte mit verschiedenen Kräuteranteilen (Chinesische Akademie 1989, 328-332).

Experimente wurden mit Zinnober und Quecksilber durchgeführt. Die Auflösung von anderen Metallen zur Bildung von Quecksilber war eines der Modelle. Einen wichtigen Platz nahm die Herherstellung von Gold, Silber und Quecksilber ein. Es handelte sich dann um pharmazeutisches Silber. Für lösungstechnische Methoden ist in der Regel ein Lösungsmittel erforderlich.

Dabei lassen sich Oxidations- und Reduktionsvorgänge unterscheiden. Die Elemente sind Quecksilber, Schwefel, Kohle, Zinn, Blei, Kupfer, Gold, Silber usw. Verwendet werden Oxide, Sulfide, Chloride, Nitrate, Sulfate, Karbonate, Borate, Silikate, Legierungen, Sand und Erde sowie organische Lösungsmittel. Die arabische Alchimie, die mit der chinesischen in Verbindung stand, trat im 8. Jahrhundert hervor. Viele Ähnlichkeiten bestehen zwischen den beiden. Salpeter wurde in Ägypten und anderen arabischen Ländern als „China-Schnee", in Persien als „China-Salz" bezeichnet. Die chinesische Alchimie hat einen wichtigen Beitrag zur Entwicklung der Chemie geleistet (Chinesische Akademie 1989, 201-214).

Im Jahre 250 v.Chr. wurde der Kanal am Minijang gebaut. Der Zheng-Guo-Kanal aus dem Jahre 246 v.Chr. stammt etwa aus derselben Zeit. Er war schiffbar. Hinzu kamen die großen Deiche des Gelben Flusses und der große Kanal, der allerdings etwas später errichtet wurde. Außerdem sind für Wasserbauprojekte und Wasserkunde der Chinesen frühe hydrologische Beobachtungen und Wassermarkierungstafeln von großer Bedeutung. Überhaupt sind die ältesten Karten und kartographischen Regeln in China über 2000 Jahre alt. So werden die Karten in der Quin-Dynastie (221-207 v.Chr.) erwähnenswert. Militärische und topographische Karten spielten schon früh eine Rolle genauso wie Bergbaukarten (Chinesische Akademie 1989, 222-239).

Bereits im 1. Jahrtausend v.Chr. waren die Chinesen Meister der Eisenverarbeitung. Mineralogie und Pharmakologie waren im alten China eng miteinander verbunden. China gehört zu den Ländern, die Erdöl gewannen und nutzten. Auch Theorien zur Erz- und Metallsuche wurden aufgestellt und Gesetzmäßigkeiten der Verteilung von Erzen in erzhaltigen Formationen aufgestellt. In diesen Theorien ging es um die Lehre, die Enden von Erzgängen zu finden und deren Anzeichen zu erkennen. Eisenerz trat oft in Verbindung mit Eisenoxid und Gold mit Kupfer auf. Eine neue Theorie der Mineraliensuche entstand in der ersten Hälfte des 6. Jahrhunderts aufgrund der Art des Pflanzenbewuchses außerhalb des Berges. Der Bergbau von Kupfererzen profitierte sehr stark davon. Vertikale Schächte, ein Schrägschacht und zehn horizontale Stollen entsprachen der Norm in der Theorie. Benutzte Stollen wurden auch aufgefüllt, um Verwerfungen und Spannungen in der Erde zu vermeiden. Löcher für Erdöl und Sohle konnten gebohrt werden (Chinesische Akademie 1989, 242-248).

Die Metallurgie beschäftigt sich mit der Verhüttung von verflüssigtem Eisen und zwar um 500 v.Chr. Die Umstellung auf den Temperguss erfolgt in der Han-Zeit. Zur Reduktion des Kohlenstoffgehaltes wurden Stahlschneiden bis zu hundert Mal geschmiedet. Dies findet sich bei einem Degen aus einem Grab. So kommt es zu bestimmten Abwandlungen des sogenannten Stahlfrischverfahrens. Die Stahlproduktion durch Entkohlung von Gusseisen erfolgte schon sehr früh, nämlich zur Zeit der streitenden Reiche. Man beschäftigte sich mit Messing, Zink, Kupfer, Bronze. Wasserkraftblasebälge unterstützten die

Bemühungen der Verhüttung (Chinesische Akademie 1989, 364-375). Im Metallgießen gab es den Tonformenguss schon sehr früh. Man kannte auch das Stapelgießen und Metallgießformen. So finden sich Pflugschar-Gießformen aus der Han-Zeit. Ein Gießen von erfolgreichen Kanonen findet allerdings erst im 19. Jahrhundert statt. Auch das Schmelzkerngießen (verlorene Wachs-Methode) wird bei kleineren Figuren, z. B. bei Siegeln angewandt (Chinesische Akademie 1989, 379-386).

Auch im Bereich der Landwirtschaft wurden einzelne wissenschaftliche Verfahren zur Verbesserung der Technik angewandt. Es gab eine Forschung über Erblichkeit und über Zuchtmethoden. Dabei wurde die Anpassung an die Umstände in der Landwirtschaft angestrebt. Erblichkeit wurde schon früh erkannt. Sie ist jedoch nicht unveränderlich. Die Chinesen erkannten die ungeheure Bedeutung von Umweltfaktoren, indem sie viele Getreidearten entwickelten. Die wertvolle Erfahrung von Pflanzenzüchtern war der Ausgangspunkt. Die Auslesemethoden sind zahlreich und vielfältig. Auch die Goldfischzucht ist in China berühmt. Für die Obstbaumzucht wurde die gemischte Auslese sowie die Einzelpflanzenauslese propagiert. Kreuzungszüchtung und Resistenzsteigerung durch Hybridzüchtung waren bekannt wie die Pfropfmethode (Chinesische Akademie 1989, 263-272). Der große Reichtum von Kenntnissen und Theorien über den Ackerbau und landwirtschaftliche Techniken dokumentiert bereits die älteste landwirtschaftliche Abhandlung in der Zeit der streitenden Reiche (475-221 v.Chr.). Die Tiefe des Pflügens war Gegenstand theoretischer wie wissenschaftlicher Untersuchungen, um in genügendem Maße die Unkräuter vernichten zu können (Chinesische Akademie 1989, 273-278). Intensiver und sorgfältiger Gemüseanbau mit zahlreichen und vielfältigen Gemüsesorten charakterisiert die chinesische Landwirtschaft. Ihre alten Methoden wie Windschutzgürtel, Wärmegruben, Kältegraben, Mistbeete und Treibhäuser werden bis auf den heutigen Tag verwendet. Auch der Obstanbau war im alten China weit verbreitet, die Wunderwirkung des Pfropfens bekannt. Tee war das traditionelle Getränk des chinesischen Volkes (Chinesische Akademie 1989, 295-313).

Landwirtschaftliche Maschinen gibt es bereits zur Zeit der streitenden Reiche, nämlich eiserne Pflüge. Ein gewisser Fortschritt war der Säepflug, der pflügen und säen miteinander verband. Wichtig für die Landwirtschaft sind zudem Bewässerungsmaschinen und Schöpfwerke. Diese wurden nach Art eines Paternosterwerkes konstruiert. Eine Getreidebearbeitungsmaschine war ein hydraulischer Schlaghammer auf der Basis einer Wassermühle. Immer wichtiger wurden Drehmühlen, denn mit der Zeit konnten immer komplexere Mechanismen auf der Basis von Zahnrädern und Wellen realisiert werden (Chinesische Akademie 1989, 389-395). Seit 4600 Jahren kannte das chinesische Volk Wagen. Während der Shang-Dynastie (ca. 16.-11. Jahrhundert v. Chr.) fertigten chinesische Wagenbauer schon ziemlich hoch entwickelte zweirädrige Wagen an, die mit zwei oder vier Pferden gezogen wurden. Schubkarren waren ebenfalls eine sehr wichtige Erfindung. Der große Hochwagen wird von 12 Ochsen gezogen. Achträdrige Wagen zum Transport von Baumaterial sind bekannt. Dabei gibt es zweirädrige Wagen mit fester Deichsel mit und ohne Dach (Chinesische Akademie 1989, 398-402).

Die Seidenkultur entstand in China vor ungefähr 4000 Jahren oder früher. Die Qualität der Maulbeerblätter wirkt sich direkt auf die Gesundheit der Seidenraupen und die Seidenqualität aus. Seidenraupenauswahl und Zucht sind eine hohe Kunst. Die Verbreitung des Umgangswissens mit der Seidenkultur geschah auch in andere Länder: Japan, Korea, später Arabien und Ägypten im 7. Jahrhundert und nach Spanien im 10. und Italien im 11. Jahrhundert (Chinesische Akademie 1989, 285-293). Das Einzelspinnrad wurde bereits um ca. 200 v.Chr. dargestellt, das Tretspinnrad um 400 entwickelt. Es gab verschiedene Typen von Spinnrädern bis hin zum mechanischen Spinnen. Webstühle wurde um 300 v.Chr. entwickelt. Es gab deutliche Verbesserungen im 13. Jahrhundert. Webstühle fanden sich in vielen Bauernhaushalten, eine Erweiterung brachte das Seiden-Textilhandwerk. Damast- und Brokatwebstuhl sind zu unterscheiden; letztendlich wurden auch Seidentapeten gefertigt (Chinesische Akademie 1989, 466-478).

Der Seidenanbau wird seit etwa vier- bis fünftausend Jahren in China betrieben. Es gibt besondere Eigenschaften der chinesischen Seide. Hohe Geschicklichkeit ist bei dem komplizierten Verfahren der chinesischen Seidenherstellung erforderlich. Es geht um das Ernten, Haspeln und Abkochen der Seidenstränge, dann um die Webvorbereitung und Musteranlage. Zu unterscheiden sind Jin (Brokat), Sha (Seidenflor) und Luo (Leno) sowie Ling (Seidendamast), Duan (Atlas) und Rong (Samt). Kesi (Seidenstoff mit großen hervorstehenden Mustern) ist ebenfalls eine eigene sehr kunstvolle Gattung. Schon früh wurde Seide ins Ausland exportiert.

Inschriften auf Schildkrötenpanzern und Knochen gab es bereits im 13. Jahrhundert v. Chr. Das Nei Jing (Kanon der inneren Medizin) aus dem 3. Jahrhundert v. Chr. ist eine fragmentarische Sammelschrift. Sie enthält die Theorien von Yin und Yang. Das uralte medizinische Werk behandelt insgesamt 311 Krankheiten in 44 Kategorien. Es geht auch um Vorbeugung. Das Shang Han Zabing Lun („Abhandlung über die fiebrigen und anderen Erkrankungen", verfasst von Zhang Zhongjing im frühen 3. Jahrhundert) enthält mehr als 300 Rezepte für fiebrige und andere Erkrankungen. Akupunktur und Moxibustion waren Methoden der chinesischen Medizin. Es geht dabei um punktieren oder Wärmeeinwirkung. Diese Methoden sind belegt ab dem 3. Jahrhundert v. Chr. Zwischen dem 4. und dem 10. Jahrhundert nahmen Werke über diese therapeutischen Techniken nicht nur zahlenmäßig zu, auch die Zahl der behandelten Themen stieg an. Es finden sich Bronzefiguren mit den Akupunkturpunkten. Diese Theorie wurde verwendet im Zusammenhang mit der Theorie der Kanäle und der Querverbindungen (Chinesische Akademie 1989, 321-325). Diagnose durch Pulsfühlen ist ein wesentliches Element in der traditionellen chinesischen Medizin. Erwähnt wird sie in einem Medizinbuch des ersten vorchristlichen Jahrhunderts. Auch im Kanon der inneren Medizin aus der Zeit der streitenden Reiche wird sie erwähnt. Unterschieden werden zwei Dutzend Pulsarten. Diese Methode ist auch in Japan und in China sowie in Persien heimisch geworden (Chinesische Akademie 1989, 333-340).

Die Chirurgie wird im alten China schon sehr lang praktiziert. Im 3. Jahrhundert gibt es bereits erfolgreiche Anästhesie. Hua Tuo wird mit dieser Methode in Verbindung gebracht. Er operierte Magen-, Darm- und Unterleibsprobleme. Hinzu kam die Behandlung von Brüchen und Verrenkungen durch die chinesische Medizin. Chinesische Chirurgen betonen die Untersuchung des Patienten als Ganzheit, nicht nur eine Beschränkung auf die pathologische Seite. Medikamente zur Stabilisierung des Blutkreislaufes werden verabreicht (Chinesische Akademie 1989, 341-349). Die ältesten gerichtsmedizinischen Werke der Welt stammen aus dem 3. Jahrhundert v. Chr. Dort wird von einer Leichenschau an einem Mordopfer berichtet. Eine wichtige Aufgabe ist die Enttarnung inszenierter und gestellter Selbstmorde. Diese Sparte der Medizin beschäftigt sich auch mit Gegenmitteln gegen Vergiftungen (Chinesische Akademie 1989, 350-353).

Die Erfindung und Entwicklung der Druckkunst und ihre Verbreitung im Ausland ist ebenfalls ganz charakteristisch für die Art und Weise, wie Wissenschaft und Technik sich in China entwickeln. Gravuren in Stein finden sich bereits in der Zeit der streitenden Reiche. Die Holzblockdrucktechnik (Xylographie) wird um 600 erfunden. Das älteste erhalten Druckstück stammt aus dem Jahr 868. Es ist ein erheblicher Teil aus dem sogenannten Diamantsutra, ein buddhistischer Text, der exakt datiert ist. Die ersten Versuche eines Drucks mit beweglichen Lettern finden im 11. Jahrhundert statt. Chinas Druckkunst gab vielen Ländern der Welt die Anregung, einen eigenen Buchdruck zu entwickeln. Zu den ersten gehören Japan und Ägypten (Chinesische Akademie 1989, 355-362). Die Erfindung des Papiers war im Jahre 105 n. Chr. auf jeden Fall abgeschlossen. Zunächst wurden Papiersorten aus Maulbeerbaumrinde und Rattan gewonnen, später aus Tan-Baumrinde, Daphne-Rinde, Reis- und Weizenstrohhalmen, gefertigt. So entwickelte sich eine neue Art von Bambusrinde (Chinesische Akademie 1989, 167).

Die ältesten Mauern im Zusammenhang mit der großen Mauer als Schutzmauer gegen den Norden wurden von den Feudalherrschern der streitenden Staaten entlang der nördlichen Grenze zur Verteidigung gegen Überraschungsangriffe errichtet. Diese Mauern wurden später zu Grenzen zwischen den Staaten und zu Verteidigungslinien ausgeweitet. Die große Mauer stammt eigentlich im Kern aus der Han-Dynastie. Einige der Wachtürme sind aus gestampfter Erde, andere aus Tonziegeln, wieder andere sind aus einer Kombination dieser beiden Materialien angefertigt. Hinzu kamen Festungen und Versorgungseinrichtungen (Chinesische Akademie 1989, 405-412). Der Brückenbau war in der technischen Zivilisation des alten Chinas eine sehr wichtige Komponente. Ansatzpunkt waren Schiffs- oder Pontonbrücken, später folgten Fachwerk- und Steinbogenbrücken sowie Steinbalken- und Hängebrücken. Chinesische Brükken tragen insbesondere ästhetischen Belangen Rechnung (Chinesische Akademie 1989, 413-427).

Heute gibt es in China mehr als eintausend Schiffstypen. Wir finden aber bereits in alter Zeit Skizzen und Entwürfe von Schiffen, wobei besonders herausstechendes Merkmal die hohe Sicherheit ist. Es findet eine wirksame Ausnutzung der Windkraft statt. Mit chinesischen Schiffen konnte man auch gegen den Wind kreuzen. Eine gesteigerte Anzahl von Segeln führte zu einer besseren Ausnutzung der vollen Windkraft. Riemen und Ruder waren im Prinzip einsetzbar, dann nämlich, wenn Flauten die Weiterfahrt verzögerten. Das Schaufelradschiff war eine technische Neuerung. Ausprobiert wurden bestimmte Schiffstypen auch an Tonmodellen (Chinesische Akademie 1989, 436-456). Die Technik der Hochseenavigation geht von Leitsternen aus. Aufgrund der Erfahrung wurden Zeittabellen für den Auf- und Untergang von Gestirnen getätigt. Der Kompass, die Verwendung des Logs und von Seekarten ergänzten sich gegenseitig in der Technik der Hochseenavigation (Chinesische Akademie 1989, 457-464).

Der erste primitive Kompass war wohl durch Sisan etwa in der Zeit der streitenden Reiche (475-221 v.Chr.) in Gebrauch. Magnetlöffel wurden im alten China aus Magneteisenstein geschnitzt. Der eigentliche Magnetkompass (mit Nadel) wurde 1044 von Zeng Gongliaun kompiliert. Es handelt sich dabei um künstliche magnetisierte Nadeln, für die mehrere Aufhängungsmethoden entwickelt wurden. Der Magnetkompass spielt im alten und mittelalterlichen China im Militärwesen und in der Astronomie, in der Produktion und Bankvermessung eine wichtige Rolle. Seine wichtigste Anwendung fand er jedoch in der Seefahrt. Er diente dort der Schiffssteuerung, wenn die Sterne nicht zu sehen waren. Um 1300 herum wurden bereits alle wichtigen Seewege kartographiert. Vor ca. 3000 Jahren wurden die ersten Bronzespiegel entdeckt und der Regenbogen untersucht. China hatte auch hinreichend Erfahrung mit der Mechanik von Uhren, baute erfolgreich selbst derartige Geräte, interessierte sich für europäische Uhren. Alle diese Bemühungen führten aber anders als im mittelalterlichen Europa nicht zu einer neuen Art der Zeitmessung und zu einem neuen Zeitregime, sondern blieb wie im Hellenismus eine kunstvolle mechanisch-astronomische Spielerei.

Wissenschaft und Technik sind in China in spezifischer Weise kulturell eingebettet. Dies verhindert nicht technische Erfindungen und wissenschaftliche Entdeckungen, führt aber dazu, dass sie nicht systematisch vervollkommnet, sondern nur bis zu einem gewissen Grad pragmatischer Verwendbarkeit weiterentwickelt wurden. Die implizite Technikphilosophie des Feng Shui macht deutlich: die Natur wird erst durch den Menschen vollendet. Diese Tradition ist anthropozentrischer als die in Indien. Eine große Bedeutung erhielt die Geomantik in China unter dem Namen Feng Shui. Der Grundgedanke dieser Lehre ist, ein Fließgleichgewicht von Energiequellen in der Natur herzustellen. Feng-Shui ist die praktische Denkweise eines traditionell in China verbreiteten Naturverständnisses. Diese Lehre ist nicht mit wissenschaftlichen Denkweisen in Europa vergleichbar. Sie wird heute sowohl in China wie in Korea überwiegend als Aberglaube eingestuft, erfuhr aber auch in den Industrienationen im Rahmen des "New Age" eine neue Rezeption. Feng Shui entwickelt eine Lehre bzw. eine Art Weisheit, wie man in der Natur wohnen sollte, z.B. normative Vorgaben dafür, wie ein Haus in die Natur zu stellen ist. Das Naturverständnis der Geomantie berücksichtigt die Beziehungen zwischen Fluss, Berg, Sonnenumlauf im Sinne von Abläufen in der Natur und meint ein Verhältnis zur Natur im nichtwissenschaftlichen Sinn gemäß europäischen Vorstellungen. Sehr wichtig für diese Haltung ist zum Beispiel auch, einen Friedhof als letzte Wohnstätte der Toten in die Natur einzupassen. Die geomantische Lehre ist in drei hauptsächliche Anwendungsgebieten zu unterteilen, nämlich als Stadt-, Haus- Grabgeomantie. Unterschiedlich ist bei den Dreien nicht nur der praktische Anwendungsbereich, sondern auch die Gestalt des erhofften Glücks. Die Stadtgeomantie erwirkt Gedeihen für die ganze an einem bestimmten Ort angesiedelte Gemeinschaft. In ihr ist wohl die ursprünglichsten Form der Hauptstadtgeomantie zu sehen, beeinflusst sie doch das Schicksal des ganzen Staatswesens.

Dies wurde natürlich die politisch einflussreichste Form der Geomantie. Das Feng-Shui eines Grabes beeinflusst die Nachkommen des Toten über viele Generationen hinweg. Die meisten erhofften Glücksgüter sind dabei reiche Nachkommenschaft, Ehrenämter und Reichtum. In der Hausgeomantie wird Glück im realistischen Maßstab für die unmittelbare Zukunft erhofft. Auch hier beziehen sich die Erwartungen auf Nachkommenschaft und Erwerb, in Randfällen auch auf die Vermeidung von Unglück. Der ideale geomantische Lageplan definiert sich durch "Drachen". Mit Drachen bezeichnet man die bestimmenden Strukturelemente einer Landschaft; für gewöhnlich sind das Erderhebungen, es können aber auch - falls Berge fehlen - Wasserläufe, Waldzüge usw. zum Drachen werden. Insbesondere wird als Drache eine linear verlaufende Landschaftsform bezeichnet, die von Erdkraft durchronnen ist.

Die wissenschaftliche Neugierde bei den Chinesen war groß, aber sie hatten ein Problem nicht unähnlich den alten Griechen, die Trennung des Handwerklich-Technischen vom eigentlich Wissenschaftlichen und der Bildung. Die Gebildeten der konfuzianischen Tradition waren eher Theoretiker und in gewisser Weise Moralisten, aber sie verachteten die Handarbeit. Wie den griechischen Philosophen galt die mechanische Kunst als Überlistung. Wer Maschinen benutzt, denkt maschinenmäßig und so kam es ähnlich wie bei den

Griechen nicht zu jener fruchtbaren Verbindung, die sich im europäischen Mittelalter anbahnte und in der Renaissance ansatzweise zum Durchbruch kam. Die Chinesen hatten eine fortgeschritten entwickelte Schießpulvertechnologie und ansatzweise sogar Kanonen, entwickelten aber nicht die europäische Waffentechnik, die in der Kolonialisierung mündete. Sie hatten eine hochseetaugliche Schifffahrt mit den entsprechenden technologischen Möglichkeiten inklusive wichtigen Fernhandelsrouten, aber dennoch kam es nicht zur Kolonialisierung der restlichen Welt wie schließlich in Europa, weil der Fernhandel wohl nicht die adäquate Förderung erfuhr. Die Trennung in die Arbeitswelt mit einfachen handwerklichen Mitteln bei den Griechen und im Hellenismus wurde mit gewissen Akzentverschiebungen auch bei den Römern und im Mittelalter beibehalten. Dann begann der Aufstieg der mittelalterlichen Stadt als ökonomisches Zentrum und eine gewisse Distanzierung von der christlichen Religion. Mit dem Büchsenmeister und Kanonengießer entwickelte sich der Ingenieur in Europa, der sich immer weiter vom Architekten und Künstler entfernte. Es entstand eine technisch-ökonomische Entwicklungsdynamik und gewann im Europa an der Schwelle zur Neuzeit an Bedeutsamkeit.

Seit dem Eintreffen der Jesuiten fand neben einem gewissen Technologietransfer auch ein Kulturtransfer statt. Er betraf zunächst wissenschaftliches und technisches Wissen. Seit dem Opium-Krieg drangen verstärkt westliche Wissenschaft und Technik in das Land. Nun begannen auch ohne Kolonialisierung massive Formen des Kulturtransfers. Zu den wichtigsten Leistungen in dieser Hinsicht gehörte die Übernahme des Sozialismus und des Kommunismus, eine wichtige Voraussetzung für die Revolution und die Lehre von Mao selbst. Zwar wirkte sich die Kulturevolution äußerst negativ auf Wissenschaft un d Technik aus, demonstriert aber doch die Fähigkeit Chinas, sich neuem Gedankengut zu öffnen. Maos Konzeption ist nur möglich auf der Basis eines umfangreichen Kulturtransfers. Technik wird in China oft mit traditionellen Vorstellungen verknüpft, so den Vorstellungen des Konfuzius von der Widernatürlichkeit und der Überlistungsfunktion der Technik. Neben der taoistischen Tradition einer nützlichen Handwerkstechnik spielt insbesondere der Marxismus eine Rolle, für den Wissenschaft und Technik die entscheidenden Produktivkräfte sind. Aber auch ohne seinen Einfluss beschränken sich die Zukunftsvorstellungen der Chinesen eher auf die Zukunft der eigenen Familie oder Sippe und nicht auf die Realisierung von Langzeitverantwortung. Die chinesische Religion stand und steht also der Technik sehr offen gegenüber, als vorbereitendes Mittel zu gutem Leben, als Mittel der Selbstverwirklichung und Beförderer von Gemeinwohlvorstellungen wurde sie lange nicht gesehen. Eine Verselbständigung der Technik wie im Westen erfolgte nicht. Dies ändert sich nur langsam unter dem Einfluss des Westens, verstärkt seit dem Einfluss des Marxismus und seinem technisch-ökonomischen Utopismus.

„Technik übernimmt das Kommando", das war eine der Parolen der Kulturrevolution. Attackiert wurden damit die Kräfte, die der Technik eine bescheidene aktive Funktion in der sozio-ökonomischen Entwicklung in China zubilligen wollten. Zu Beginn der Reformära übernahm dann tatsächlich die Technik das Kommando (Schnell 2000, IX). Jishu (Technik) und Kiyi (wissenschaftliche Technik) sind die beiden Begriffe, die gegen Ende der 70er Jahre und dem Beginn des Reformkurses in ihrem Wert stiegen. Am Anfang stand in China ein steigendes Verkehrsaufkommen. In gewisser Weise kann man von einem Rollentausch sprechen. Europa sucht nach der Weisheit des Ostens, China möchte in westlicher Technisierung Spitzenleistungen erreichen. Dabei ist Chinas ausgeprägtes Traditionsbewusstsein zu berücksichtigen (Schnell 2000, 1).

Die Wiederbelebung von Wissenschaft und Technik in China geschah immer wieder durch den Kontakt mit Europäern. Jesuitenmissionare kamen gegen Ende des 16. und Beginn des 17. Jh. nach China. Sie erreichten keinen Durchbruch westlicher Wissenschaft und Technik. Zwar war Interesse vorhanden, aber aus dem Gefühl kultureller Überlegenheit heraus sahen die hohen Beamten Chinas keine Notwendigkeit der Übernahme. Außerdem wurde der Alleinvertretungsanspruch des Christentums vom Konfuzianismus abgelehnt. Auch die Autozentriertheit des chinesischen Denkens spielt hierbei eine Rolle. Nur wenige Übersetzungen westlicher Werke geschahen bis zum Opiumkrieg. Dann gab es eine Reihe von Reformbewegungen, die als Stationen auf dem Weg zur modernen Wissenschaft und Technik gelten können. Auch die eigenen Leistungen technischer Art Chinas sollten berücksichtigt werden. Die Konfrontation Chinas mit den Industrienationen ist jedoch nicht allein als Begegnung unterschiedlicher Kulturen zu deuten. Seit dem Opiumkrieg ist diese Auseinandersetzung eng mit dem Kampf Chinas um politische und ökonomische Souveränität verbunden. Westliche Wissenschaften und Technologien sind gleichsam als Kulturgüter feindlicher Mächte zu verstehen (Schnell 2000, 2-6).

Mit dem Eindringen der Westmächte im 19. Jh. zeigten sich erste Industrialisierungstendenzen. Die Industriekultur des Westens fand zunächst keine Akzeptanz. Die Niederschlagung des Taiping-Aufstandes (1850-1864) durch chinesische Truppen, die mit modernen westlichen Waffen ausgestattet waren, darf als gewisser Umschwung gelten. Der Aufbau einer Waffenindustrie machte jedoch sehr schnell die Notwendigkeit einer Industrialisierung im zivilen Bereich deutlich. Dies bewirkte einen Aufschwung im Kohlebergbau und in der Dampfschifffahrt. Ausländische Berater für die Modernisierung der Streitkräfte wurden herangezogen. Die ersten chinesischen Industrieunternehmen wurden staatlicher Kontrolle unterstellt, die Geschäftsführung dagegen in der Hand von Kaufleuten belassen. Auch nach 1911 und der Zurückdrängung des staatlichen Einflusses auf die Industrieunternehmen war die industrielle Basis zu schwach ausgeprägt, um der wirtschaftlichen Entwicklung neue Impulse verleihen zu können. Versucht wurde hierbei eine Kombination moderner westlicher Technik und chinesischer Tradition (Schnell 2000, 7-10).

1949 war die agrarische Wirtschaftsstruktur dominant, es gab kaum entwickelte Industrie und die Infrastruktur fehlte. Ergänzt wurde das Szenarium durch hohes Illiteratentum und unzureichende medizinische Versorgung. Die Folge des acht Jahre dauernden Krieges gegen Japan und des vierjährigen Bürgerkrieges war umfangreiche Zerstörung und Demontage von Produktionsanlagen in hohem Ausmaß. Hinzu kam ein desolater Zustand des Bildungswesens. Die Erwachsenenbildung konnte noch am ehesten von den Modernisierungsbestrebungen profitieren. Erneuerungen geschahen vor allem im Hochschulbereich. Das Hochschulstudium war die traditionelle Eingangsvoraussetzung für den Eintritt ins Beamtentum. Das erforderliche Fachpersonal konnte aber nicht ausgebildet werden (Schnell 2000, 11-14).

Die Phase des Wiederaufbaus (1949-1952) brachte eine Bodenreform in der Landwirtschaft auf Grund der Vorstellungen vom Sozialismus chinesischer Prägung. Die neu entstandenen Betriebsgrößen und ihre projektierten wirtschaftlichen Leistungsfähigkeiten korrespondierten den Ideen der Verstaatlichung in der Schwer- und Transportindustrie. Dabei konnten beachtliche Resultate der chinesischen Industrieentwicklung konstatiert werden. China beharrte auch in der Kooperation mit Russland immer auf der vollen Souveränität des eigenen Landes. Es war eine positive Entwicklung auch im Bildungssektor zu verzeichnen. Es kam zu einer Umstrukturierung und Neuorientierung des Hochschulwesens. Die höchsten Zuwachsraten erzielten die von der Industrie nachgefragten Ingenieurwissenschaftler. Geisteswissenschaften und Kunst waren rückläufig. Die geistige Befreiung von den Fesseln der Tradition führten zu einer neuen Fesselung der Wissenschaftler. 1949 waren nur etwa 500 Wissenschaftler in speziellen Forschungseinrichtungen tätig. 1950 wurden insgesamt 13 neue Forschungsinstitute eingerichtet (Schnell 2000, 15-22).

In den Jahren 1953-1957 wurde das sowjetische Modell eingeführt. Die Folge war ein geringes Wachstum im Agrarbereich und ein beschleunigter Ausbau der Industrie. Parallel dazu ging das Scheitern des Versuchs, die Zahl der Mittelschüler dramatisch zu erhöhen. Die sowjetische Konzeption des wirtschaftlichen Aufbaus mit ihrer einseitigen Betonung technologisch anspruchsvoller Großvorhaben und ehrgeiziger Entwicklungsziele förderten eine Stärkung des ideologischen Einflusses der Partei auf die Wissenschaftler und Techniker des Landes. Die Freiheit der wissenschaftlichen Diskussion war nicht immer gewährleistet. Dabei spielten die Anwendbarkeit und der praktische Nutzen der jeweiligen Technik eine zentrale Rolle (Schnell 2000, 24-34).

In der Phase der Neuorientierung (1958-1965) erwies sich die Übernahme des sowjetischen Planungsmodells sich schon im Verlauf der ersten Planungsperiode als ungeeignet. Der chinesischen arbeitsintensiven Landwirtschaft fehlte die technische Basis für großindustrielle Umwandlung. Die Berücksichtigung moderner und traditioneller bzw. importierter und einheimischer Technologien war sehr zentral für den chinesischen Weg. Für den Maoismus geht es nicht um eine ökonomische, sondern um eine politische Steuerung der technischen Entwicklung. Charakteristisch für das maoistische Entwicklungsmodell war die Kampagne zur Einrichtung von Volkskommunen auf dem Lande und die Schaffung von genossenschaftlichem Volkseigentum. Die wichtigsten Gegner von Mao waren die Pragmatiker um Liu Shauqi. Diese strebten eine Korrektur der Sprungpolitik an (Schnell 2000, 36-40). In den Jahren 1959 bis 1961 gab es schwere Naturkatastrophen und Probleme für die Landwirtschaft. Am 16. 7. 1960 wurde die Zusammenarbeit mit Russland aufgekündigt, und es kam zum Abzug aller Fachkräfte und Berater. Die chinesischer Seite antwortete mit der Gründung unzähliger Fabriken und Werkstätten an Universitäten und der Forderung nach stärkerem Praxisbezug bei der universitären Ausbildung. Ziel war die Anhebung des Ausbildungsniveaus der Massen. Von Mao wurde die Einheit von Theorie und Praxis gefordert, aber es kam zu einem Scheitern des großen Sprungs, der mit einem Desaster endete (Schnell 2000, 41-48).

In der großen proletarischen Kulturrevolution (1966-1972) kam es zur Durchsetzung des Leistungsprinzips und zu einem vermehrten Einsatz von Spitzentechnologien. Die Landwirtschaft galt nach wie vor als Grundlage, die Industrie aber anderer wurde zum führenden Faktor erklärt. Mechanisierungsbemühungen auch im Agrarsektor sind kennzeichnend. Der konfuzianische Beamtenstaat war mit den Idealen einer kommunistischen Gesellschaft nicht zu vereinbaren. Insgesamt wurde auf Erfahrung statt auf Bücherwissen gesetzt und das Hochschulwesen zunächst außer Kraft gesetzt. Aber naturwissenschaftliche und technische Hochschulen waren immer noch erforderlich. So wurden Konzeptionen für die Umgestaltung der Hochschulen erarbeitet. Als Folge dieser Maßnahmen sank das Ausbildungsniveau der Universitäten dramatisch. Es kam zu erheblichen Störungen auch im Forschungssektor. Die Intellektuellen wurden mit den Kapitalisten gleichgesetzt. Und eine Kritikbewegung gegen Konfuzius angeregt (Schnell 2000, 49-63).

Die entscheidende Auseinandersetzung fand im Anschluss an den vierten Fünfjahresplan (1971-1975) statt, als ein neuer Sprung in der Volkswirtschaft angekündigt wurde und unverkennbar maoistische Züge trug. Der Staat versuchte, durch eine Geld- und Steuerpolitik das Wachstumstempo in der Landwirtschaft zu fördern. Es kam zu einer Industrialisierung mit Schwerpunkt auf der Erzeugung exportfähiger Produkte. Materielle Anreize für Leistung wurden eingeführt, wobei auf Grund von zahlreichen Arbeitsniederlegungen und Sabotagen Schwierigkeiten entstanden. Die Gefahr einer Restauration des Kapitalismus wurde angezeigt. Ab 1974 gab es erstmals keine ausgeglichene Handelbilanz. Der Tod Maos 1976 führte zu einer Reformperiode ab 1977. Die Zerschlagung der Viererbande und das Anpacken der Revolution forderten eine Art von proletarischer Politik und es kam zu einer Änderung im Technikverständnis durch die Reform. Technik wird nun als erste Produktivkraft gesehen (Schnell 2000, 66-98).

In der gegenwärtigen chinesischen Technikphilosophie wird Technik als Produkt menschlichen Handelns bestimmt. Sie wird verbunden mit der Diskussion über die Ideale gesellschaftlicher Ordnung. Die Übernahme der westlichen Lehre die westliche Herausforderung wurde von den Chinesen angenommen. Technik als Artefakt verbirgt sich unter dem Produktionsmittel, wobei die Mehrwerttheorie den Charakter der Technik nicht richtig erfasst. In der chinesischen Technikphilosophie wird Technik als Mittel zur Erleichterung der Arbeit angesehen nicht zur Minimierung der Kosten. Der Hauptgesichtspunkt der Technik im Kapitalismus wird die Technik als Ware begriffen, im Sozialismus zählt der Gebrauchswert. Fortschrittliche Technik löst veraltete ab und vernichtet sie so. China war kein Industrieland und konnte so nicht einfach dem Marx'schen Schema folgen. Die Naturverhältnisse spielen in der Landwirtschaft eine besondere Rolle und müssen daher in besonderer Weise in diesem Bereich berücksichtigt werden. In der Landwirtschaft setzen die natürlichen Bedingungen dem Wachstum enge Grenzen. Von daher setzt die Technikphilosophie in China insgesamt ein wenig anders an sowohl als in Russland als auch in Europa (Schnell 2000, 109-146).

Kriege werden hauptsächlich durch die materiellen Dinge entschieden und dazu gehört die Technik. China unternahm so Anstrengungen zum Aufbau einer modernen Armee. Auf der anderen Seite spielte bei Mao die ideologische Motivierung der Massen immer eine größere Rolle und ist nach seiner Meinung für die Kriegsführung kriegsentscheidend. So wurde auch der Ideologiestreit mit der Sowjetunion bewertet. Nach Mao ist Technik Voraussetzung und Bedingung der Erkenntnis. Es gibt eine Höherstufigkeit der Praxis und bei Mao eine Geringschätzung der Theorie. Dies artikuliert sich in der Intellektuellenfrage. Wissenschaft und Technik geraten in den Verdacht der Klassenzugehörigkeit. Aber die Methoden der Technik haben keinen Klassencharakter, sondern sind abhängig von den Naturgesetzen. Die Technikentwicklung folgt einem wellenförmigen Auf und Ab. Insgesamt soll Technik Ungleichheiten beseitigen. Insofern manifestiert sich in der chinesischen Technikphilosophie auch Maos disparates Technikverständnis (Schnell 2000, 150-163).

Die technikphilosophische Debatte begann Ende der 60er Jahre. Es galt theoretische Antworten zu finden auf eine bereits praxisgewordene Politik. Dazu wurden eine ganze Reihe ausländischer Schriften ins Chinesische übersetzt. Eine enge Bedeutung zur Landschaft zwischen dem japanischen Gijutsu und Ars bzw. Techné als künstlerische bzw. handwerkliche Geschicklichkeit ist zu konstatieren. 1870 wurde erstmals Technik im Sinne von moderner Technik als industrielle Technik bezeichnet und mit Entfremdung in Zusammenhang gebracht. Technik gilt als objektives Element am Arbeitsprozess. Insofern ist in der chinesischen Technikphilosophie eine gewisse Einschränkung der Technik auf den

Arbeitsbegriff zu konstatieren. Die zunehmende Öffnung Chinas zum westlichen Ausland wurde gefördert durch eine Reformpolitik. Der Ausgangspunkt der Frage nach dem Erkenntnisinteresse des Technikbetrachters ist zu berücksichtigen. Die chinesische Technikphilosophie strebt eine Gesamtkonstruktion des Technikbegriffes an (Schnell 2000, 164-176).

Jineng meint technische Fähigkeit und Geschicklichkeit. Technik ist darüber hinaus Wissen und Artefakt. Die stofflichen Mittel bzw. die stoffliche Form der Technik im Sinne von Artefakten sind die grundlegendste Form der Technik. Die geistige Form der Technik schlägt sich in wissenschaftlichen Theorien nieder. So lassen sich Beziehungen zwischen Wissenschaft und Technik aufzeigen. Der Anteil des Wissens hat ständig zugenommen. Es gibt aber auch Unterschiede zwischen Wissenschaft und Technik in Gegenstand und in der Methodologie. Eine wesentliche Rolle der Technik besteht darin, die Entwicklung der Gesellschaft voranzutreiben. Letztendlich geht es um Umgestaltung der Natur durch praktisches Handeln. Materielle und geistige Produktion sind zu unterscheiden. Die westliche Technik untermauerte den politischen Machtanspruch des Westens. Dagegen setzte die chinesische Politik die Massenmobilisierung. Dahinter stand die marxistische Vision von Ausbeutung und Unterdrückung. Aber trotz des gesamten Reformwillens in China ist eine gewisse Traditionsverhaftetheit charakteristisch. Insgesamt neigt die chinesische Technikphilosophie dazu, Technik als Erscheinung der Kultur zu betrachten (Schnell 2000, 177-207). Modernisierung gibt es also in China erst seit Mitte des 20. Jahrhunderts und stellt sich dar als Folge der Übernahme einer westlichen Ideologie, des Marxismus-Leninismus. Technik und Technologie haben einen zentralen Stellenwert in dieser Geschichtsphilosophie, die zum Motor umfassender Modernisierungsprozesse im 21. Jahrhundert werden können.

In Indien sieht die Lage ganz anders aus. In der klassischen Tradition der indischen Philosophie meint das Wort Shastra zu manchen Zeiten in gewisser Weise ein Synonym des Wortes Vidya. Vidya bezeichnet die instrumentelle Seite des Lernens, das Anleitungsbuch oder ein Kompendium von Regeln oder einen religiösen wie wissenschaftlichen Traktat. Das Wort Shastra ist gewöhnlich bezogen auf das Wort bzw. den Gegenstandsbereich, welches der Gegenstand des Buches ist. Dabei wird in Indien viel Wert auf das Anwendungswissen gelegt (Rahman 2000, XVIIf). Das brahmanische Schrifttum sowohl im Hinblick auf Wissenschaft wie Technologie beschäftigt sich mit den abstrakten Prinzipien ihres Gegenstandsbereiches und erweckt so den Eindruck, als ob es sich um zeitlos gültiges Wissen handelt. Die Autoren dieser Werke beschäftigen sich nicht mit Geschichte oder mit Realität. Dies ist ein Grund dafür, dass die indische Philosophie zunächst keine Idee der Geschichte entwickelt. Wenn Wissenschaft auf Beobachtung beruht und darauf, dass die beobachteten Daten zusammen gelesen werden, um aus diesen Daten eine Bedeutung bzw. ein Bild zu gewinnen, meint Sprache die Mittel, durch die dieses Bild konstruiert und Bedeutung generiert und ausgedrückt wird (Rahman 2000, 13).

Es ist nicht zu übersehen, dass es eine Beziehung gibt zwischen der Entwicklung der Mathematik und den Bedürfnissen des Staates im Hinblick auf Systeme staatlicher Abgaben und Steuern, und der Probleme, die daraus entstanden, dass es eine gewisse Teilung des Eigentums im Hinblick auf Erbschaft gab, dass Städte geplant werden mussten genauso wie andere Formen der Architektur. Wenn diese Bedürfnisse möglicherweise auch den anfänglichen Impetus für die Entwicklung der Mathematik geliefert haben mögen, die weitere Entwicklung der Mathematik war aber möglicherweise eine Sache eigenständig mathematischer Entwicklungen. In den frühen Formen der staatlichen Entwicklung war das Land um die Agrikultur und ihre Bedürfnisse herum zentriert und konstruiert.

Dies führte zur Entwicklung der Astronomie und später der Astrologie, als die Meinung entstand, dass Planeten Einfluss haben auf menschliches Leben und deren Positionen möglicherweise herangezogen werden konnten, um Voraussagen über das Schicksal des Betreffenden machen zu können. Die planetarischen Positionen wurden bestimmt für Geburten, Heirat, Todesfälle und andere wichtige Ereignisse. Unabhängig davon und von solchen Bedürfnissen wollten die Reichen und die Könige sicher sein, dass ihre Handlungen Erfolg haben würden, um diesen Handlungen das nötige Vertrauen schenken zu können. Daher suchten sie Hilfe in der Wahrsagerei. Die religiöse Einfärbung wissenschaftlicher und philosophischer Literatur in Indien wurde daher häufig als Indikator für den Misserfolg der Rationalität angesehen. Allerdings wurde häufig die vermittelnde Position wissenschaftlichen Denkens und einer religiösen Philosophie mit sowohl der sozialen wie kulturellen Dimensionen der Wissenschaft in Indien von Außenstehenden nicht ausreichend erfasst, nämlich in der Art und Weise, dass Wissenschaft, Religion und andere kulturelle Dimensionen in Indien sehr stark eingebettet waren und die Sozialstruktur aufrecht erhielten. Bei den Griechen war Wissenschaft sehr viel stärker durch ein logisches und philosophisches Rahmenwerk gekennzeichnet, welches Mythen und andere Alltagsmeinungen ausgeschlossen hat. Sie basierte auf einer konsistenten Rationalität eigener Art (Rahman 2000, 15f).
Wissenschaftler in der vedischen Periode waren zugleich Astronomen und Astrologen genauso wie Mathematiker, und sie nutzten ihr Wissen sowohl für religiöse wie für säkulare Zwecke. Es gab zwei große Systeme der Medizin. Dies waren der Ayurveda und der Siddha. Das Siddha-System war mehr in Südindien verbreitet und beschäftigt sich bevorzugt sowohl mit Medizin wie mit chemischen Experimenten. Der Ayurveda wie das Siddha-System basierten auf philosophischen Systemen, unabhängig davon, dass sie Patienten behandelten. Das grundlegende System der Siddha war die Entwicklung von Drogen, die den Verfall des Körpers verhindern sollten. Gemäß diesem Ansatz wurden Kräuter

und mineralische Quellen verwendet für die Zubereitung von Medikamenten. In diesem System spielten Quecksilber und Schwefel eine zentrale Rolle, getrennt genauso wie in verschiedenen Kombinationen (Rahman 2000, 17f).

In der altindische Literatur findet sich ein umfassendes Warenhaus von wissenschaftlichem Wissen in seiner rudimentären Form. Bezüglich der Astronomie enthält schon der Rigveda eine ganze Reihe von Versen, die klar zwischen dem solaren und dem lunaren Jahr unterscheiden. Verschiedene medizinische Pflanzen und ihr Gebrauch in der Heilung von Krankheiten werden z.B. in Rigveda 10,97 erwähnt (Banerjee/Goswami 1994, 1-4). Insbesondere das Arthashastra, welches ungefähr im 4. Jahrhundert v.Chr. kompiliert wurde, enthält eine Philosophie der Praxis und der Technologie. Im Arthashastra finden sich sehr viele Beweise genauester Bobachtungen und hervorragender Klassifikationen, die beide zu den fundamentalsten Attributen von Naturkunde und Naturwissenschaft zählen (Banerjee/Goswami 1994, 12).

Für den altindischen Denker ist Wissenschaft (die Shastras) das Verständnis der Wechselwirkungen, die die niedrigeren Manifestationen der Natur in Beziehung zu ihren nicht-manifestierten höheren Formen herstellt (De Santis 1995, 269). Die altindische Idee der Wissenschaft der Astrologie basiert auf der Idee, dass alles in der Natur miteinander verbunden ist. Götter handelten als Wächter der natürlichen Kraft der Rita in der Natur, über die sie die Macht hatten (De Santis 1995, 275). Der Mensch hatte die natürliche Regulation des Universums zu respektieren, in dem die übergeordneten Kräfte der Natur, personifiziert in den Göttern zu respektieren waren (De Santis 1995, 176). Die göttlichen Gesetze spannten die menschliche Umwelt auf und entwickelten strukturelle Regeln einer kosmischen Ordnung (De Santis 1995, 283). Die Lebensregeln des Menschen entstammen dieser Naturordnung.

Vastu Shastra ist die altindische Wissenschaft von der Architektur, vom Entwerfen und Erbauen von Städten, Tempeln, Palästen und Häusern. Vastu Shastra geht davon aus, dass Ärzte und Architekten etwas gemeinsam haben, so wie Vastu Shastra aus dem medizinischen altindischen Wissen heraus erwächst. Der Ayurveda ist die medizinische Lehre und Lebenskunst in einem. Aufgrund des gemeinsamen Ursprungs von Mensch, Tier und Natur steht nach vedischer Auffassung alles Beseelte und Unbeseelte in der Natur in einer immerwährenden Wechselbeziehung. Daher misst der Ayurveda der Umwelt und damit auch dem Wohnraum einen äußerst bedeutenden Stellenwert zu (Frohn/Rhyner 1999, 11-18). Bis ins 13. Jahrhundert hinein trieb Vastu auf dem gesamten indischen Subkontinent ungestört seine Blüten. Dann jedoch ließen sich moslemische Völker, zunächst nur in Nordindien nieder und gründeten mehrere Sultanate. Mit den Feldzügen der Eroberer gelangten deren architektonische Ideen schließlich immer weiter auch in den indischen Süden und bereiteten der Vastu-Ära im 14. Jahrhundert ein jähes Ende. Mit der Eroberung Indiens durch die Engländer und Portugiesen im 18. Jahrhundert wurde die islamische Bauperiode abgelöst. Seit etwa 1995 jedoch lässt sich auf dem indischen Subkontinent ein regelrechter Vastu-Boom verzeichnen (Frohn/Rhyner 1999, 39).

Vastu Shastra beruht auf schachbrettartiger Planung, welche die Stadt in nahezu quadratische Abschnitte unterteilt, das der vedischen Ritualistik entlehnt ist. Für das Abbild kosmischer Ordnung auf der Erde ist die Form der Formen das Quadrat (Symbolisierung des Opferplatzes). Es stellt die absolute Form, den besten Grundriss für jedes Bauwerk dar – es gilt als Symbol für die absolute Vollkommenheit (Frohn/Rhyner 1999, 47-49). Das Opfer ging von der Konzeption aus, dass im Ritual der Lauf der Welt beeinflusst werden kann. Das Opfer war eine magische Technik, dessen Funktionieren von dem garantiert lückenlosen Ablauf der Opferhandlungen und der dabei vollzogenen Gesänge und Opferhandlungen abhängig war. Diese magische Technik ist die Grundlage für die ingenieurmäßige Technik von Vastu Shastra, die sich in den folgenden Jahrhunderten auf dieser Opferritualistik aufbaut. Zumindest für Indien liegt der Ursprung der Technikkonzeption in magischen Praktiken. Zu den Prinzipien des Städtebaus gehören die großzügige Bemessung der Wohnhäuser, ein komplexes Be- und Entwässerungssystem mit weitreichenden Kanälen, unterirdischen Wassertanks, Badehäusern und geschlossenen Stadtmauern. Nicht zu vergessen ist das ausgeklügelte städtebauliche Prinzip, das natürliche Kräfte wie Windrichtung und Sonneneinstrahlung berücksichtigt und das Stadtgebiet in einzelne Bezirke aufteilte, die jeweils ganz bestimmten Zwecken dienten (Frohn/Rhyner 1999, 30).

Vastu ist das indische Pendant von Feng Shui und der Geomantie. Diese geht von dem Grundsatz aus, dass in Einklang bzw. Harmonie mit den Kräften der Natur zu leben und zu wohnen ist. Die Grundaussage dieser Konzeption ist die Einbettung des menschlichen Wohnens in die natürliche Umgebung im Sinne des Behaustseins: von dem Bedürfnis des Wohnens und des Schutzes aus werden das Bauen und die technische Leistung her definiert. Im Bereich von Vastu sind der Raum bzw. die Himmelsrichtungen konstitutiv für die Planung. Die Sonneneinstrahlung in Abhängigkeit vom Tagesablauf wird ebenso berücksichtigt wie der Magnetismus der Erde und potentielle Schlafstörungen als Folge. Zwischen Mikro- und Makrokosmos besteht eine Entsprechung, die auf eine kosmische Einbettung hinausläuft.

Das medizinische Wissen der Veden ist bemerkenswert. Die Sammlungen erwähnen eine ganze Reihe von Heilmethoden einschließlich der Therapie von Krankheiten, die mehrere zusammenhängende Faktoren aufweisen. Einflüsse des Klimas und der Umwelt auf den Organismus und das menschliche Leiden werden berücksichtigt. Allerdings gibt es keine Versuche, diese Krankheiten auf der Basis von einzelnen Prinzipien zu klassifizieren. Ohne Zweifel spielen magische Verfahren und der Gesang von Mantras wie andere Rituale eine erhebliche Rolle. Auch eine große Anzahl von pflanzlichen Heilmitteln ist bekannt genauso wie einige mineralische und tierische Produkte, die als Heilmittel eingesetzt werden. Die vedische Physiologie basiert auf dem Konzept des Prana (Atem, Hauch), welcher als das Lebensprinzip angesehen wird (Bose 1971, 576f). In den nachvedischen Perioden spielt insbesondere der Ayurveda eine zentrale Rolle. Er gilt als eine rationale Sammlung methodischer Konzepte und systematischer therapeutischer Praktiken, die eine anerkannte Position einnehmen. Das erste Objekt des Ayurveda ist die Erhaltung menschlichen Lebens wie dem von Tieren und selbst von Pflanzen. Beim Menschen ist das Leben eine Manifestation seines Leibes, der Sinne und des Geistes gemäß dem Ayurveda (Bose 1971, 578f).

Während Europa zwischen dem 5. und 11. Jahrhundert n.Chr. seine dunkle Zeit durchlebte, war es in Indien gerade umgekehrt. Hier fand die Periode des Ruhmes und grandioser Leistungen im klassischen Zeitalter statt. Bemerkenswerte Fortschritte in Feldern wie Mathematik, Astronomie, Pharmazie und Metallurgie gab es etwa bis zum 12. Jahrhundert. Das klassische Zeitalter stellt eine berühmte Periode in der Geschichte von Indien dar. In ihr kulminiert die Geschichte der indischen Wissenschaft und Technologie. Etwa von Beginn des 4. Jahrhunderts bis zum 8. oder 9. Jahrhundert n.Chr. bzw. inklusive einiger Jahrhunderte später machen verschiedene Zweige der Wissenschaft große Fortschritte und werden selbst unter wissenschaftlichen und technischen Gesichtspunkten kodifiziert und in Texten tradiert. Die astronomischen und mathematischen Texte haben dabei eine spezielle Bedeutung. Es gab führende Mathematiker, die genauso versiert in Astronomie waren wie die Europäer. Davon zeugen eine Reihe wichtiger Werke. Der Wert von Pi wird auf vier Dezimalen hinter dem Komma korrekt angegeben, eine erstaunliche Leistung (Bose 1971, 584). Die buddhistischen Doktoren erreichten Großes in der medizinischen Therapie, wobei Kranke und Verwundete zu heilen, als Teil ihrer religiösen Praxis und sozialen Verpflichtung galt.

Die Araber hatten eine genaue Kenntnis der indischen Drogen und Heilmittel, wenn sie Handelszentren an der Malabarküste im 7. Jahrhundert n. Chr. entwickelten. Es ist nicht unwahr-scheinlich, dass die indische Alchimie die prinzipiellen Anstöße und Ideen aus den südlichen Regionen von China erhalten hatten, in denen ähnliche Typen von alchimistischem Denken basierend auf Ying und Yang ins indische Denken integriert wurden. Nichtsdestoweniger adaptierten die indischen Denker die chinesische Alchimie in einer Art und Weise, dass innerhalb eines Jahrhunderts oder zwei das alchimistische Wissen formalisiert wurde in der Art und Weise, die typisch ist für indisches Denken. Die Alchimie (Rasavidya) entwickelte sich allmählich ein methodisches Wissen und in einer Anzahl von Texten, die eine große Bandbreite von alchimistischem Wissen aufbereiteten für über zehn Jahrhunderte. Es gibt auch eine andere alchimistische Praxis, die speziell für Indien und seine Verwandten ist und die ebenfalls große Bedeutsamkeit erhalten im Bereich der Tamil-Alchimie Südindiens (Bose 1971, 587-589).

Im klassischen Zeitalter waren ebenfalls technologische Praktiken wie Metallarbeiten in einem blühenden Zustand. Historische Zeugen dieses Könnens sind z.b. die eiserne Säule in Delhi und die Kupferstatue von Buddha in Sultangani in Bihar, die ein eloquentes Zeugnis des Könnens der Metallbearbeitung dieser Zeit abgeben (Bose 1971, 591). Die Kompetenz im Umgang mit Eisen hatten die Inder schon früher. In der Schlacht bei den Thermophylen (480 v.Chr.) haben Inder auf der Seite der persischen Armee mitgekämpft und eine Reihe von Bogen mit eisernen Pfeilen benutzt. Später gibt es einen Bericht über die Gabe von König Porus von hundert Talenten von Stahl an Alexander den Großen nach der historischen Schlacht von 326 v.Chr. Diese Erwähnungen bestätigen, dass bereits 500-400 v.Chr. die Kunst des Eisengusses wie der Stahlherstellung in Indien perfekt beherrscht wurde, wobei die technologischen Details selbst wie die Herstellung des Metalls aus seinen Vorstufen nicht genau beschrieben werden können (Anantharaman 1996, 4). Die berühmte eiserne Säule, die im Dorf Mehrauli am Stadtrand von Dehli platziert ist und nicht weit von der Moschee Qutab Minar liegt, ist ein sehr wichtiges und bekanntes Monument und eine Touristenattraktion. Seit mehr als 1500 Jahren steht sie dort. Sie wurde während der Gupta-Periode (320-495 n.Chr.) errichtet, als die indische Zivilisation einen ihrer Höhepunkte erreicht hatte. Eine große Zahl außergewöhnlicher Literatur, Produkte des Kunsthandwerkes und technologische Neuerungen konvergierten, um eine relative Höhe kultureller und technischer Zivilisation zu erreichen (Anantharaman 1996, 11).

Es ist wahrscheinlich, dass diese Eisensäule im Original von einer Vishnustatue oder einem Vishnubild gekrönt wurde, einem Bild desjenigen Gottes, dem diese Säule geweiht ist. Die Abwesenheit jedes Bildes ist leicht zu erklären aus der Tatsache, dass das Monument heute in einer Moschee steht (Anantharaman 1996, 19). Dabei hat immer schon der exzellente Zustand der Erhaltung dieses massiven Eisenschaftes der Säule in Dehli Verwunderung erregt, denn mehr als 15 Jahrhunderte hat sie Sonne, Regen, Wind und Staub und andere natürliche Beeinträchtigungen genauso wie die Aufmerksamkeit der modernen Metallforscher, Materialwissenschaftler und Spezialisten im Hinblick auf Korrosion standgehalten. Der entscheidende Faktor ist vermutlich jedoch in dem relativ trockenen Klima und der relativ sauberen Umgebung, insbesondere der Luft, an diesem Standort in Delhi zu sehen, zumindest über 15 Jahrhunderte hinweg bis zum Beginn des letzten Jahrhunderts (Anantharaman 1996, 109).

In der klassischen Periode der indischen Wissenschaft hatten chemische Prozesse und Berechnungen wie andere chemische oder alchimistische Verfahren einen hohen Stellenwert. Quecksilber wurde benutzt als spezifisches Heilmittel für gewisse Krankheiten. Auch eine Art von Schießpulver ist bekannt. Die Alchimie suchte nach einem Lebenselixier, für das sich auch verschiedene genaue Angaben und Mischungsverhältnisse finden. Das alte wie das mittelalterliche Indien kennen verschiedene mechanische Anweisungen und Anleitungen, die Yantras genannt wurden. Auch im Mahabharata und in einigen anderen Werken finden sich eine ganze Reihe von tödlichen Waffen beschrieben, die als Geschosse dargestellt werden, die durch irgendeine Art von Feuerwerk oder Rakete angetrieben werden (Banerjee/Goswami 1994, 39-41).

Nach dem 12. Jahrhundert tauchten Anzeichen für das Nachlassen der kreativen Kräfte auf Grund traditioneller politischer Verwicklungen und Intrigen auf. Sehr hinderlich hat sich auf die Entwicklung der Wissenschaft und der Technik die Aufteilung in bestimmte Kasten, also in verschiedene produktive Klassen der indischen Gesellschaft ausgewirkt. Die professionellen Künstler wie Handwerker erreichten respektable produktive Kompetenzen praktisch ohne Kommunikation untereinander. Auf diese Art und Weise ging das Training des Geistes nicht Hand in Hand mit dem Training der Hände. Das Training der Hände wurde von Generation zu Generation nur innerhalb der Strukturen eines im rigiden Kastengeist regierten Professionalismus weitergegeben, der sich letztendlich schädlich auswirkte auf die Vermehrung von Mobilität, welche technische Innovationen vorantreibt (Bose 1971, 484).

Gold und Silber kamen nach Indien von Amerika, England, Portugal, Frankreich, Holland, der Türkei, dem Jemen und dem Iran als Austausch für indische Waren. Die Begehrtheit indischer Waren und der rege Handel führten zu einer umfangreichen technisch und produktionsorientierten Mittelklasse. Das soziale Milieu war technischen Innovationen aufgeschlossen und offen. Indien hatte zudem eine ganze Reihe der chinesischen praktischen Künste übernommen wie Alchimie, Papierproduktion und Pyrotechnik. Allerdings war die kulturelle Einbettung für Technologieentwicklung in China geeigneter und bot mehr Anreize für Innovationen und so gelangten die chinesischen Erfindungen nach Indien und nicht umgekehrt. Die politischen und sozialen Faktoren scheinen die Wissenssuche und Innovatoren in Indien überfordert zu haben (Bose 1971, 485f). Für eine umfassende praktische Umsetzung technischer Erfindung in das, was wir heute Innovationen nennen, war aber die kulturelle Umgebung in beiden Fällen nicht anregend genug. Es blieb bei einem handwerklichen System mit allerdings teilweise höchster Kompetenz.

Eine genaue Untersuchung der Diffusion westlicher Wissenschaft und Technik aus den europäischen Ländern enthüllt gewisse bedeutsame Trends, die im Rahmen eines Dreiphasenmodells studiert und begrifflich erfasst werden können. Zunächst kamen die Europäer wegen des Handels oder aus politischen Interessen in direkten Kontakt mit den neuen Ländern und initiierten Forschungen über die Flora und Fauna bzw. die Rohstoffe und Mineralien des betreffenden Landes. Verwendet wurden Methoden und systematische Beobachtungen aufgrund eines wissenschaftlichen Trainings, das sie früher in ihrem eigenen kulturellen Feld zu Hause gemacht hatten. Dies galt insbesondere für botanische, zoologische und geologische Forschungen mehr als für alle anderen Zweige der modernen Wissenschaft. In der zweiten Phase entstanden eine ganze

Reihe von Institutionen und wissenschaftlichen Einrichtungen in Indien, die zur Ausweitung der Forschung führte. In der dritten Phase wirkten die neuen wissenschaftlichen Unternehmen als Stimulus und Anziehungspunkte für die Intellektuellen unter den Indern, die so die Grundlage legten für die Ausbreitung der modernen Wissenschaften in dem neuen Land (Bose 1971, 488f).

Im 17. und 18. Jahrhundert kamen eine ganze Reihe von Jesuiten als Missionare nach Indien. In Europa waren die botanischen Forschungen im frühen 17. Jahrhundert in der Hauptsache darauf ausgerichtet, Pflanzen zu sammeln und zu identifizieren sowohl im Hinblick auf ihre Klassifikation wie auf ihre Morphologie. Die europäischen Naturwissenschaftler, die in dieser Periode nach Indien kamen, waren in den meisten Fällen entweder Ärzte oder Beamte bzw. Missionare, die sich in vielen Fällen als effiziente Sammler und Klassifikatoren der indischen Flora erwiesen. Deren Bemühungen gipfelten zunächst im Royal Botanic Garden (jetzt Indian Botanic Garden). Die East India Company war in vielfacher Form verantwortlich für die Organisation eines beträchtlichen Überblickswerks im Hinblick auf geographisches Wissen des Subkontinentes, sicher nicht ohne eigene Interessen (Bose 1971, 490-493).

In Madras wurde ein neues westlich orientiertes Observatorium im Jahre 1792 eingerichtet. Der damalige Gouverneur besaß ein umfangreiches Wissen der Astronomie, der Geographie und der Navigation (Bose 1971, 494). Aber erst die Einführung und das Wachstum des englischen Erziehungssystems und als Folge davon der wissenschaftlichen und technischen Erziehung im 19. Jh. konnten die Wurzeln dafür legen, dass Indien sehr viel stärker an der wissenschaftlichen und technischen Entwicklung partizipierte als China (Bose 1971, 497). Auf breiter Front setzte sich die englische Bildung im Hinblick auf Wissenschaft und Technik in Indien erst im 19. Jahrhundert durch. Bestimmte Typen der Forschung im Ingenieurwesen waren im Anwachsen begriffen insbesondere in der zweiten Hälfte des 19. Jahrhunderts. Die Eisenbahnen, die Konstruktion von Brücken, von Kanälen und Dämmen einschließlich eines Systems von Regulatoren und des Ausgleichs von Wasserniveaus, die Verbesserung von Flüssen zum Zwecke der Schifffahrt, die Konstruktion von Leuchttürmen und Schifffahrtszeichen und dergleichen, Drainage und Bewässerungsprogramme forderten ingenieurmäßige Kenntnisse im Zusammenhang mit völlig neuen technischen Hilfsmitteln. Dieser Techniktransfer musste unter den natürlichen wie kulturellen Bedingungen der indischen Umwelt durchgeführt werden, so war eine ganze Reihe von Innovationen erforderlich (Bose 1971, 538). In der ersten Hälfte des 19. Jahrhunderts war Erziehung im westlichen Sinn in Indien nicht eben weit verbreitet oder geeignet, Wissenschaft und Technik im Hinblick auf Handwerk und Kunsthandwerk zu verbreiten (Bose 1971, 541). Dies änderte sich erst mit der Neueinführung des Bildungssystems nach englischem Vorbild (Bose 1971, 548f).

Die fortgesetzte und anhaltende Arbeit der wissenschaftlichen Organisationen auf der einen Seite und die anwachsende wissenschaftliche Erziehung auf der anderen Seite führten trotz innerer Differenzen und einer relativen Begrenzung ihrer Aktivitäten dazu, die indischen Intellektuellen dazu zu stimulieren, weiter zu forschen, die ihr wissenschaftliches Training empfangen hatten, um sie zu wissenschaftlichen Forschungen eigener Art anzuregen. Als eines der Resultate lässt sich im letzten Viertel des 19. Jahrhunderts feststellen, dass eine ganze Reihe von Indern nun Stellen im Rahmen wissenschaftlicher Institutionen erreicht hatten oder wissenschaftliche Forschung mit großem Erfolg selbst durchführen konnten. Selbst die Regierung erkannte, dass im Hinblick auf das wissenschaftliche Etablissement immer mehr Inder in der Lage waren, wissenschaftliche Fähigkeiten zu realisieren (Bose 1971, 556).

Während die indischen Wissenschaftler an den modernen wissenschaftlichen Forschungen partizipierten, stand die Partizipation der Inder im 19. Jahrhundert in Industrie und Produktion dazu im scharfen Kontrast. In Indien gab es praktisch keine industrielle Basis im modernen Sinn selbst nicht in der ersten Hälfte des 19. Jahrhunderts. Dabei ist zu berücksichtigen, dass bereits im frühen 17. Jahrhundert Indien eine führende Position im Hinblick auf Manufakturen und derartig produzierte Waren hatte unter Einschluss höchst qualitätsvoller Textilfabriken sowie einer Farben- und Salpeterindustrie. Im Hinblick auf Eisen und Stahl war die Industrie allerdings in erheblichem Nachteil. Diese bedeutende Industrie war nicht von Erfolg gekrönt durch das ganze 19. Jahrhundert hindurch, obwohl eine Reihe von Anstrengungen in dieser Richtung unternommen wurden (Bose 1971, 561-563). Es war nicht Großbritannien, sondern Frankreich und später Deutschland, die die Inder auf den Weg führten, wissenschaftliche und technologische Aktivitäten erfolgreich voranzutreiben. Ein Grund dafür könnte darin gelegen haben, dass die wissenschaftliche und technische Ausbildung in Großbritannien selbst im 19. Jahrhundert im argen lag (Bose 1971, 564f).

Wissenschaft und Technologie wird seit der Unabhängigkeit eine wesentliche Rolle bei der Demokratisierung und Entwicklung des jungen Staates zu einer Großmacht zugeschrieben. Nehru propagierte Forschungsförderung, betrieb sie aber selbst kaum. Insbesondere sind die Beiträge der Agrarwissenschaftler zur Grünen Revolution hervorzuheben. Darüber verfügt Indien über eine ausgebaute Luft- und Raumfahrt, eine Nuklearforschung und indische Exportkapazitäten bei Software. Mangelnde Industrieforschung führt aber zur Auswanderung der technischen Intelligenz. Indien ist der Aufbau einer starken wissenschaftlichen Infrastruktur gelungen. Schlüsselsektoren wie Energiegewinnung, Elektronik und Maschinenbau sind aber nach wie vor weitgehend in staatlicher Hand. Die koloniale Hinterlassenschaft in Aufbau und Struktur der Forschungsbürokratie ist heute noch zu merken. Die Förderung der industriellen Forschung und Entwicklung war seit der Staatsgründung ein vorrangiges Ziel der Wissenschafts- und Forschungspolitik. Die Zahl der qualifizierten Akademiker geht in Indien über den Bedarf hinaus. Die Politik der Importbeschränkung verhinderte ein dichtes Netz in der internationalen Wissenschaftskooperation nicht. Eine gewisse internationale Isolierung ereignete sich aufgrund der Weigerung, dem Atomwaffensperrvertrag beizutreten (Rothermund 1995, 368-384).

Eine gewisse Trennung von Theorie und Praxis wie in China oder bei den alten Griechen ist auch in Indien zu beobachten. In der altindischen Philosophie sind Kultur und Natur nicht wechselseitig aufeinander bezogene Begriffe, noch handelt es sich um Entitäten, die einander entgegengesetzt sind. Die alte indische Philosophie begreift den Menschen als eine der Modalitäten der Natur. Phänomene sind ungeordnete Manifestationen einer Natur, die ihrem umfassenden Wesen nicht begreifbar ist. Die geistige Grundlage des Universums ist nicht anthropozentrisch begriffen. Diese geistige Grundlage liegt auch hinter aller Geschichte. Kultur ist nicht eine menschliche Schöpfung. Sie besteht aus Werten, die durch dieselbe kosmische Wirkkraft begründet sind, die die Natur und den Menschen als einen Teil der Natur hervorgebracht hat. Der Hinduismus selbst stellt sich nicht als eine historische Kultur dar, sondern hält sich für eine göttliche Manifestation. Auch wenn wir aus unserer heutigen historischen Sicht dies anders sehen (De Santis 1995, 142f).

Wissenschaft und Technik sind damit in Indien anders als in Europa eingebettet. In Indien steht die traditionell-religiöse Einbettung gesamtgesellschaftlich auch heute noch im Vordergrund und hat möglicherweise die ökonomische Einbettung und Dimensionierung von Technik und Wissenschaft begrenzt, die die Grundausrichtung auf Innovation wie das Wachstumsdenken ermöglichte, welche das Aufklärungskonzept der nützlichen Wissenschaften in Europa begünstigt hat. Die indische Kultur ist daher offen für Technik und Wissenschaft, auch finden religiöse Elemente Eingang in Wissenschaft und Technik, beide bleiben aber eingebettet in einen kulturell-religiösen Gesamtzusammenhang, so dass sie nicht selbstständig zu werden vermögen. Eine Autonomie wie im Westen erreicht Wissenschaft und Technik nicht, wenn auch in den letzten Jahrzehnten immer mehr Modernisierungsinseln auftreten, wodurch gewisse Spannungen zwischen Wissenschaft und Tradition auftreten. Vielleicht hängt der Erfolg von Vastu-Shastra damit zusammen, dass hier scheinbar eine Überbrückung angeboten wird.

Der fundamentale Unterschied im Hinblick auf die Technikentwicklung im neuzeitlichen Europa und in Indien besteht darin, dass es Europa seit der Neuzeit in zunehmendem Maße gelungen ist, technische Entwicklungen und technische Nützlichkeiten für Arbeitsprozesse zu mobilisieren und dazu relevante technische Fähigkeiten auszubilden, die Innovationen hervorbringen. Diese Fähigkeiten, Innovationen hervorzubringen, hängen in verschiedener Hinsicht von der Effektivität des Handels, industrieller bzw. arbeitsmäßiger und

Regierungsinstitutionen ab. Berücksichtigen wir dies, so lässt sich feststellen, dass Indien wohl in der vorkolonialen Periode all die notwendigen Institutionen hatte, um solche Strukturen auszubilden. Allerdings gelang es nicht, diesen innovativen Prozess in seiner voll entwickelten Form zu entfalten. Der Fortschritt beschränkte sich in der Regel auf agrikulture und handwerkliche Fertigkeiten, die allerdings mit hoher Perfektion ausgeübt wurden.

Ein wesentlicher Punkt in dieser Hinsicht scheint mir zu sein, dass indische Wissenschaft und Technologie nicht wie im neuzeitlichen Europa auf einem „entweder oder" basiert, sondern auf einer Logik des „sowohl als auch". Insofern gelang es nicht, „Tradition" von „Innovation" abzugrenzen und abzusetzen, wie dies in Europa im Streit der „antiqui" und der „moderni" ihren bezeichnenden Ausdruck gefunden hat, sondern Tradition und Innovation blieben aufeinander bezogen, genauer gesagt, die Tradition deckelte in gewisser Weise innovative Prozesse, so dass die Entwicklung im Hinblick auf Wissenschaft und Technologie vermutlich kontinuierlicher verlief als in Europa. Institutionen in Indien waren somit beständiger, zumindest bevor die Kolonialisierung begann, als in Europa. Tradition ist das vorherrschende Element in der kulturellen Überlieferung Indiens. Damit legt Indien ein alternatives Modell zur kulturellen wie technischen wissenschaftlichen Entwicklung vor, in der Einbettungsfunktionen in kulturelle wie religiöse Traditionen von größerer Bedeutsamkeit sind als in Europa, wodurch allerdings Innovationen in ihrem Durchsetzungsvermögen stärker eingeschränkt wurden.

Innovationskulturen lassen sich somit vermutlich sehr viel eher im Hinblick auf einen durch den Westen induzierten Kulturtransfer erreichen, als mit Hinblick auf die religiöse Tradition. Dies impliziert, dass die Berücksichtigung der naturfreundlichen religiösen Tradition in Indien eine gewisse Bedeutung hat im Hinblick auf die Formulierung von Zukunftsverantwortung und Nachhaltigkeitsmodellen, aber letztendlich doch ein von außen kommender Input erforderlich sein dürfte, damit sich die Nachhaltigkeitsidee und das Konzept der Langzeitverantwortung in Indien einer stärkeren Bedeutung erfreut. Technik und Wissenschaft im alten Indien und China waren wohl inventiv, aber nicht innovativ, d.h. nicht im gleichen Maße wie im neuzeitlichen Europa an die Ökonomie zurückgebunden. Sie war überwiegend phänomenologisch-beobachtend, nicht aber experimentell, nicht einmal in der Alchimie. Wissenschaft und Technik wurden so aber weder in China noch in Indien zu Modernisierungsfaktoren, im Unterschied zum Europa der Neuzeit. Einer der wichtigsten Mängel in diesem Zusammenhang war vielleicht das Fehlen eines geschichtsphilosophischen Konzeptes.

Eine weitere Folge, die für die Frage des Kulturtransfers von großer Bedeutung ist, denn die Kultur in Indien und China scheint sie nicht mitgemacht zu haben: Die Trennung von Kunst (und Religion) und Technik bahnt sich im ausgehenden 16. und frühen 17. Jahrhundert an. Sie steht im Zusammenhang mit der Geistesarbeit, die ein Galilei, ein Newton, ein Keppler geleistet haben. Nicht die Kunst, sondern die Technik war es, die die Trennung vollzog, und zwar, weil sie eine neue Ehe eingehen wollte. Es ist die Ehe mit den Naturwissenschaften. Gleichzeitig verändert sich das Bild der bewohnten Erde selbst. Die Zivilisation tritt vor die Kultur. Die Technik nahm der Kunst einen Bereich nach dem anderen ab (Braunfels 1964, 230f).

In Indien und China fand dieser Aufbruch der neuzeitlichen Wissenschaft und die Trennung von Wissenschaft und Technik einerseits, Kunst und Religion andererseits nicht statt. Es erfolgte keine Trennung in zwei oder sogar mehrere autonome Kulturbereiche wie in Europa, sondern die wechselseitige Einbettungsfunktion blieb erhalten, so dass eine kulturelle Modernisierung wie in Europa nicht zustande kam. Vor der Kolonialisierung bestand auch keineswegs das Bedürfnis nach Technologie- oder gar Kulturtransfer, abgesehen vielleicht im Bereich der Militärtechnologie, weil beide Kulturen stärker auf das Theoretische und Spekulative ausgerichtet waren als die europäische Gesellschaft, die sich stärker für das Instrumentelle und Praktische zu interessieren begann. Für Modernisierung insbesondere im kulturellen Sinn gibt es im südlichen und östlichen Asien also kaum kulturelle Ansatzpunkte.

Insbesondere für Indien greift die Theorie von zwei Kulturen mit zwei unterschiedlichen Entwicklungsgeschwindigkeiten nicht, sondern eher die These, dass es sich hier um zwei Kulturbereiche handelt, die wenig miteinander gemeinsam haben und daher auch nicht in der Lage sind, einen kulturellen Einfluss auf die Entwicklung von Naturwissenschaft und Technik oder umgekehrt geltend zu machen. Die Tradition, sowohl die religiöse wie die kulturelle, wird in Indien nicht die Kraft entwickeln, die Entwicklung von Naturwissenschaft und Technik in die geistige Kompetenz ihres Landes einzubringen. Dies ist möglicherweise auch ein Grund dafür, warum viele Modelle von Kulturtransfer und Ethiktransfer scheitern, während Techniktransfer als solcher wohl in gewisser Weise bisher bereits Erfolg hatte und zumindest einige Modernisierungsinseln zu bilden vermochte.

5. Technik, Natur und Religion: Dominanz der Tradition in Indien und China

Alle Völker, von denen man durch die geographische Entdeckung der Welt und durch die umfassende Erforschung der Weltgeschichte näheres erfahren hat, verfertigen und gebrauchen Werkzeuge, sprechen eine Lautsprache und praktizieren Kulte. Man kann Ähnlichkeiten zwischen diesen Techniken, Sprachen, religiösen Vorstellungen und Kult feststellen – d. h. man darf sich erlauben, Allgemeinbegriffe wie Technik oder Religion zu verwenden. Dabei haben über längere Zeit die Völker in isolierten Kulturkreisen gelebt. Daher müsste man eigentlich von Techniken und Religionen sprechen. Obwohl die Weltreligionen sich besser kennen und mehr austauschen als früher, gehen sie nicht ineinander über. Ihre Vielfalt bleibt für unser Zeitalter und seine zerklüftete, sich schnell verändernde Zivilisation bedeutsam (Stöcklein/Rassem 1990, 39f).

Um die Konstitutionsbedingungen von transkulturellem Technikgebrauch und Techniktransfer überhaupt untersuchen zu können, gilt es die wesentlichen Differenzen in der Kultur Europas und der im südlichen und östlichen Asien zu untersuchen. Es bietet sich zunächst der Ansatz des Aufzeigens kultureller Differenzen des Natur- und Technikverständnisses an. Im Gegensatz zu der hier vertretenen These, dass Modernisierung und Kolonialisierung auf einer Reihe technischer Innovationen in Verknüpfung mit ökonomischen Entwicklungstendenzen (also auf technisch-ökonomische Entwicklungspfade in ihrer kulturellen Einbettung) zurückzuführen sind, hält sich hartnäckig die These vom christlichen Ursprung der Anthropozentrik und damit der Moderne aufgrund des durch das Christentum entwickelten Naturverständnis. Es war aber eher das mittelalterliche Arbeitsethos, das – durchaus christlich beeinflusst – die Trennung von Theorie (Wissenschaft) und Arbeit (Technik) der altgriechischen Weltanschauung (übrigens auch der indischen und chinesischen) überwand und ein neuer technisch-experimenteller Geist, der in die Wissenschaften einzog, dessen Ursprung wohl nicht so eindeutig dem Christentum zuzuschreiben ist. Wissenschaft und Technik waren seit dem späten Mittelalter, verstärkt seit der Renaissance und der Aufklärungsepoche anders kulturell eingebettet als in China und Indien. Und diese andere Einbettung scheint maßgeblich daran mitgewirkt zu haben, dass in manchen Regionen Europas andere technisch-ökonomische Entwicklungspfade eingeschlagen wurden als auf anderen Kontinenten dieser Erde.

Die technologische Führerschaft des Westens ist sehr viel älter als die sogenannte wissenschaftliche Revolution des 17. Jahrhunderts oder die sog. industrielle Revolution des 18. Jahrhunderts. Sie beginnt für Lynn White – und in dieser Hinsicht ist ihm zweifellos zuzustimmen – im späten 12. Jahrhundert, als der europäische Westen umfassende Fortschritte in der Entwicklung von Kraftmaschinen, arbeitssparenden Maschinen und in der Automatisierung machte. Am Ende des 15. Jahrhunderts war die technologische Superiorität Europas so stark, dass selbst kleine sich wechselseitig bekriegende Nationen wie Portugal und Spanien sich über die ganze Welt ausbreiten und einen Eroberungskrieg mit Kolonialisierung führen konnten. Die eigentümliche westliche Tradition von Wissenschaft und Technologie beginnt tatsächlich im späten 11. Jahrhundert mit Übersetzungen arabischer und griechischer wissenschaftlicher Werke ins Lateinische. Im späten 13. Jahrhundert hat Europa die anwachsende globale wissenschaftliche Führerschaft aus den Händen des Islams übernommen (Spring 1974, 19-21).

Nicht ganz so plausibel ist Whites zweite These von der Bedeutung des Sieges des Christentums über das Heidentum, welches die größte psychische Revolution in der Geschichte der westlichen Kultur ausmachte. Es war zugleich ein Sieg über den Animismus. Durch die Zerstörung des heidnischen Animismus schaffte das Christentum die Voraussetzungen dafür, die Natur in einer großen Gleichgültigkeit gegenüber den natürlichen Objekten auszubeuten (Spring 1974, 23-27). Die westliche Wissenschaft und Technologie ist aus christlichen Grundhaltungen der Beziehung des Menschen zur Natur erwachsen. Allerdings ist es nicht erlaubt, die religiöse Tradition als ein kulturelles Element zu isolieren und ihr die ganze historische Schuld unserer ökologischen Krise zuzurechnen (Spring 1974, 85-88).

Die Begegnung mit fremden Kulturen seit dem Zeitalter der Entdeckungen, verstärkt im Zeitalter der Reisen im 18. Jahrhundert, führte zu einem Aufschwung der Ethnographie, der Anthropologie und der Geografie. Heute sind wir im Zeitalter der weltweiten Begegnung mit fremden Kulturen angelangt, zumindest ein gewisser Teil von uns. Die Krieger, die Missionare, die Ausbeuter und die Händler kamen zuerst, dann die Wissenschaftler, die Menschenfreunde und die Erzieher. Die gewaltsame und kulturelle Kolonialisierung fremder Länder ist wohl zu unterscheiden, sie lassen sich aber nicht sauber trennen, zumindest nicht in der Praxis. Kolonialisierung ist daher ein ambivalentes Phänomen, insbesondere für die Betroffenen. Die Religion als ein Kultursachverhalt ist nicht in der Lage, Naturkunde zu dominieren und die ökologische Krise zu überwinden, genauso wenig wie diese hervorzurufen. Da die moderne Naturwissenschaft im christlichen Abendland entstanden ist, erscheint es auf dem ersten Blick gar nicht unplausibel, einen Zusammenhang zwischen jüdisch-christlicher Tradition und ökologischer Krise anzunehmen (Kessler 1996, 33). Die These Lynn Whites beruht zu einem großen Teil auf der Annahme, die vorher schon von anderen Wissenschaftshistorikern vertreten worden war, dass die Christianisierung Europas einen Wandel im Naturverhältnis des Menschen mit sich gebracht hat (Kessler 1996, 43). Hier allerdings sind erhebliche Zweifel anzubringen.

Die meisten asiatischen Religionen sperren sich gegen eine Modernisierung im kulturellen Sinn als Verwestlichung und Neokolonialisierung. Dies sagt aber noch nichts über die Empfänglichkeit für Technologietransfer. Ein falscher eurozentrischer Blick unterstellt den asiatischen Religionen, dass sie naturfreundlich und damit technikfeindlich oder zumindest technischkritisch sein müssten. Sie werden für Verbündete im Kampf gegen Konzepte wie nachholende Industrialisierung und Modernisierung gesehen. Dieses Kapitel hat die Aufgabe aufzuzeigen, dass Religionen in Indien – im allgemeinen (also in hohem Maße abstrahiert) – natur- und technikfreundlich zugleich sind, zumindest die eingeführte agrarische und handwerkliche Technik betreffend. Gegenüber westlicher Technik als einem von außen kommenden sozialen und kulturellen Faktor verhalten sich diese Religionen indifferent, abgesehen von einer generell sozialen konservativen Grundausrichtung, die sich skeptisch und abweisend gegenüber jeder Neuerung verhält. Die Tiefenökologie mit ihrem untergründigen Dualismus von Natur und technischer Kultur kann sich daher keineswegs auf asiatische Religiosität berufen.

Wohl nur in Europa und den USA hat sich Modernisierung als Aufklärung weltanschaulicher Art mit Industrialisierung bzw. Technologisierung verbunden, so dass sie bisweilen identifiziert werden. Zwar hat sich auch die katholische Religion eher als Modernisierungsgegner im weltanschaulichen Sinne denn als Technikfeind erwiesen, im südostasiatischen Bereich scheint dies aber noch ausgeprägter zu sein. Speziellere Untersuchungen zum Verhältnis technischer und weltanschaulicher Modernisierung stehen zwar noch aus, aber einige Hypothesen lassen sich zumindest formulieren. Technik und Religion haben etwas Gemeinsames, sind näher beieinander als oft unterstellt, denn bei beiden geht es um den Umgang mit Schicksal. Medizin und Astrologie sind einzubeziehen, denn auch sie dienen der manchmal magisch eingefärbten Praktiken der Daseinsbewältigung. Insofern erscheint in östlichen Religionen Technik nicht als Hybris wie etwa die mechanische Technik im alten Griechenland. Auch die romantisch aufgewärmten archaischen Ängste vor der Technik vor dem Hintergrund eines Dualismus bzw. sogar einer Entgegensetzung von Natur und Technik scheinen zutiefst eurozentrisch. Auf jeden Fall fehlt die aufklärerische Glücksorientierung der modernen Geschichtsphilosophie außer im Konfuzianismus, sodass Vorstellungen wie Langzeitverantwortung, sozialer Fortschritt und Zukunftshoffnung schwer zu vermitteln sind.

Transkulturelle Vergleiche sind immer gewagt, daher ist bei allen folgenden, zumal auch kurzen Ausführungen über asiatische Religionen und kulturelle Traditionen Vorsicht geboten. Die Darstellung muss sich auf Grundzüge beschränken, oft äußerst skizzenhaft. Zudem sind europäische Begriffe für das dort Gemeinte in der Regel nicht sehr aussagekräftig, weil das Begriffsfeld von dem europäischen differiert. Wenn z.B. der Ausdruck „Seele" benutzt wird, dann mag das zwar richtig übersetzt sein, aber unter „Seele" verstehen asiatische religiöse und philosophische Traditionen etwas ganz anderes als die europäische Philosophie. Dies kann soweit gehen wie im Buddhismus, wo von einer Seelenwanderung gesprochen wird, obwohl Buddha selbst das Vorhandensein einer Seele ausdrücklich verneint hat. Vorsicht ist also geboten bei der Lektüre des folgenden Kapitels und den vorgestellten Schlussfolgerungen.

Clifford Geertz beschreibt den anthropologischen Zugang zum Thema Religion als im Prinzip veraltet. Er befindet sich in einer allgemeinen Stagnation. Geertz zweifelt daran, dass es ausreichend sein könnte, auf der Basis der klassischen Behandlung religiöser Themen eine neue Sozialanthropologie der Religion zu entwerfen. Dabei möchte er nicht die etablierten Traditionen der Sozialanthropologie verlassen, sondern diesen Ansatz ausweiten. Themen der Religion sollen anthropologisch behandelt werden, wobei die kulturelle Dimension der Religionsanalyse im Vordergrund stehen sollte. Geertz definiert Religion als ein System von Symbolen, das zu mächtigen, überzeugenden und langandauernden Grundhaltungen und Motivationen von Menschen führt, die Begriffe einer allgemeinen Ordnung der Existenz enthält und diese Begriffe mit einer Aura des Faktischen umgibt, damit die Grundhaltungen und Motivationen in gewisser Weise realistisch erscheinen (Geertz 1969, 1-4). Symbole sind erfahrbare und berührbare Ausformulierungen von Begriffen, Abstraktionen, Erfahrungen, die in wahrnehmbare Form überführt worden sind, konkrete Verwirklichungen und Einbettungen von Ideen, Grundhaltungen, Urteilen und andauernden Meinungen. Kulturelle Muster sind Systeme oder Komplexe von Symbole. Religion gestaltet in dem verehrenden Menschen ein Set von Dispositionen, die einen Charakter zu bestimmten Aktivitäten und einer bestimmten Qualität seiner Erfahrung führt (Geertz 1969, 7-13).

Anthropologische Reflexionen über das Verhältnis Technik-Natur-Religion vor dem Hintergrund transkultureller Fragen thematisieren die kulturelle Dimension dieser Fragestellung. Das religiös weltanschauliche Element und das moralische Element in der Kultur enthalten diese im Sinne eines ritualistischen Moral Sense und Common Sense. Traditionell wurde die Sozialanthropologie der Technik überhaupt und das Verhältnis Technik-Religion im speziellen zu unrecht kaum reflektiert. Religion ist in grober Näherung – insbesondere in Südostasien - Inbegriff der weltanschaulich-religiösen Dimension des kulturellen Systems, eine Lebensform, eine Form der Praxis, kein doktrinales System mit einer ausgeprägten Theologie. Dabei interessiert in dieser Studie insbesondere die Frage, inwiefern die Religionen Südostasiens ein traditionsgeleitetes Bollwerk gegen westliche Technologie darstellen könnten.

Die älteste uns heute noch greifbare Schicht des Religiösen lässt sich auch in Asien ganz allgemein mit „Naturreligion" oder „Stammesreligion" umschreiben. In den Naturreligionen ist Natur in der Regel noch übermächtig und schwer zu beeinflussen. In der Sichtweise einer Religionsphilosophie aus phänomenologischer Sicht manifestiert sich in der Religion ein Gefühl der Macht und der vollständigen Abhängigkeit. Das Magische und das Wirksame wird nicht reinlich getrennt und die Macht wird rein empirisch konstatiert (Leeuw 1970,

4f). Religion ist nicht aus Naturverehrung hervorgegangen (Leeuw 1970, 37f). Allerdings manifestiert sich in der Natur jene Macht, die Ursprung der Religion ist. Dies zeigt sich z.B. in der Steinverehrung, in der Verehrung heiliger Berge, heiliger Bäume, des heiligen Feuers und des heiligen Wassers, wobei auch Metalle Träger von Macht werden können. Allerdings ist mit diesem heiligen Raum in der Natur nicht die konkrete Umwelt des Menschen gemeint. Zur heiligen Mitwelt gehören insbesondere Tiere, genauer gesagt, wilde Tiere. Sie sind Ausdruck dieser Macht (Leeuw 1970, 66). Das Zähmen gilt als Befriedung, als religiöse Handlung, als Aufnahme von Tieren in die menschliche Sippe. In der Vegetation und in der Ernte manifestiert sich ebenfalls die religiöse Macht (Leeuw 1970, 76). Technik und Religion greifen ineinander.

Im Animismus wird Unbelebtes als beseelt angesehen; es kommt zu einer Personifikation von Natur. In diesem Zusammenhang ist insbesondere die Gestalt der Mutter Erde hervorzuheben. Geburt und Sterben von Korn und Mensch gehören eng zusammen (Leeuw 1970, 91). Natur als Ausdruck von Kraft und Macht ist Heilbringer im Sinne der Religion. Der sog. Animismus, der als Konzeption im Zusammenhang mit der problematischen These von der sog. „primitiven Religion" eingeführt wurde, ist Ausdruck eines amorphen Seelen- und Geisterkultes, der keineswegs durch die Brille europäisch-romantischer Naturseligkeit gesehen werden sollte (Leeuw 1970, 103). Der Homo faber hilft mit seinen Werkzeugen dem schwachen Leben auf und manifestiert hierin ebenfalls Macht. Die Jagd ist Raub und beruht auf Überlistung des Gejagten. Für diese Überlistung der Natur in der Jagd, die später auch der Technik zugeschrieben wird, muss der Mensch im Animismus Abbitte leisten und opfern. Überlistung als Arbeit oder aber auch Kultur helfen zwar dem schwachen Menschen, aber sie bringen kein Heil. Insofern gehört die Sphäre des frühen technischen Handelns nicht der eigentlichen Sphäre des Menschen an.

Im Opfer als Gabe und Gegengabe soll der Lauf der Natur beherrscht werden. Nicht theoretische Erkenntnis, sondern Teilhabe an der Welt ist das Ziel der Religion. Magisches Verhalten zielt auf ein Einwirken auf die Welt und manifestiert sich in einem mythisch gestaltenden Verhalten. Hier gibt es Überschneidungen mit dem frühen technischen Handeln, insbesondere bei der sozial organisierten Jagd unter Verwendung bestimmter Werkzeuge. Bei magischen und mythischen Praktiken geht es nie bloß natürlich zu (Leeuw 1970, 620). In ganz Südostasien ist der Ahnenkult verbreitet, wenn auch die Hochreligionen wie Hinduismus, Konfuzianismus, Buddhismus, Taoismus und der Islam die indigenen Religionen zumindest teilweise aufgesaugt haben, nicht ohne wesentliche Elemente des Ahnenkultes zu integrieren. Unter Ahnenkult wird die Beziehung verstanden, die nach dem Tode, insbesondere nach der Bestattung, d.h. also nach der Beendigung der Behandlung des Körpers des Toten, zwischen den lebenden und gestorbenen Verwandten bestehen bleiben (Camerling 1928, 11).

Der Umgang mit Technik im Kontext animistischer Grundeinstellungen ist nicht weltanschaulich, religiös oder moralisch codiert, sondern pragmatisch traditionsgebunden. Ein gelungener vergangener Umgang mit Technik ist leitend für gegenwärtige Technikbedeutung und Techniknutzung und so für die Übernahme auch von neuer Technik. Diese wird aber nicht oder kaum durch die eigentlich religiösen Vorstellungen beeinflusst, da sich diese auf die Welt nach dem Tode richten, die Technik aber die diesseitige Welt betrifft. Die Basis des Umgangs mit Technik wie mit Kultur bzw. Religion bzw. den diesen Bereichen zugeordneten Phänomenen ist (technische) Kompetenz wie implizites Wissen. Dabei dienen magische Techniken zur Überwindung der der Seele drohenden Gefahren. Auf den ersten Blick nehmen sich Stammes- und Hochkulturen grundverschieden aus. Es gibt aber Verbindungen zwischen den Stammes- und Hochkulturen. Die kolonialistische Politik, andauernde Bürgerkriege, wirtschaftliche Erschließung und demographische Umschichtung (Migration) werden dazu führen, dass viele Stammesreligionen nicht einmal mehr als Aberglauben werden weiter leben können (Höfer u.a. 1975, 115-120). In vielfacher Form wurden diese Stammesreligionen und der Ahnenkult von asiatischen Hochreligionen überlagert und meistens in gewissen Formen integriert (Höfer u.a. 1975, 387-538).

Die Stammesreligionen sind keine Primitivreligionen im Sinne ursprünglicher oder originaler Religionen. Der Ausgangspunkt aller Überlegungen zur Animismustheorie ist eine recht fragwürdige Definition von Religion: Religion sei der Glaube an geistige Wesen. Die Völker der Stammesreligionen sind aber vermutlich über Traumerlebnisse zur Annahme einer Seele gekommen. Während die Animismusthese mit dem positivistisch-evolutionistischen Zeitgeist des späten 19. und anfangenden 20. Jahrhundert behaftet ist, muss man davon ausgehen, dass die Stammesreligionen von einem amorphen Seelen- und Geisterkult ausgehen. Mit der Animismustheorie wurde auch der Begriff der primitiven Religion geboren. Stammesreligionen wurden als teuflischer Götzendienst von den Missionaren und von den Europäern abgelehnt und als verdorbenes Heidentum angesehen. Dies hat den Blick auf die Stammesreligionen bereits bei der Erstuntersuchung verstellt. Die Stammesreligionen galten als abstruser Zauberglaube und als widersinnige Riten. Mana-Tabu-Vorstellungen verbanden sich als Machtvorstellungen mit Verbots- und Verhaltensvorschriften. Dabei wurde zum Teil auf präanimistische Zauberriten zurückgegriffen (Stöhr/Zoetmulder 1965, 5-17).

Diese Gesellschaften sind ausgezeichnet durch eine extrem konservative Tradition, die wenig Wandel enthält. Dabei war die Missionierung zunächst nicht leicht, denn es herrschte Verständnislosigkeit gegenüber Religionen, die keine Ahnen kannten. Bei der Christianisierung blieb die Stammeszugehörigkeit oft erhalten, während bei der Islamisierung ein Aufgehen im malaiisch-islamischen Volkstum erfolgte (Stöhr/Zoetmulder 1965, 194-232).

Asiatische Religionen sind zwar theoretisch „naturfreundlich", eigentlich aber bloß „naturnäher", jedoch keineswegs praktisch. Technik ist ein Teil dieser Kultur, eingebettet in religiöse und soziokulturelle Praktiken. Eine Ausdifferenzierung in verschiedene Kulturen hat noch nicht stattgefunden. Europäischer Maschinentechnik stehen sie eher verständnislos gegenüber, aber diese religiösen Vorstellungen stellen kein naturverbundenes Gegengewicht gegen Globalisierung oder Technologietransfer dar. Naturnahes Leben und Nachhaltigkeit sind daher durchaus etwas anderes. Indigene Religion und moderne Technik haben praktisch keine Berührungspunkte. Man kann Reservate für diese Bevölkerungsgruppen einrichten, aber ihre Vorstellungen nicht zum Modell für Nachhaltigkeit machen. Die Naturreligionen Südostasiens sind zwar naturfreundlich, damit aber keineswegs als technikfeindlich.

Indien umfasst sehr unterschiedliche Ethnien und Sprachen. Der Hinduismus hat sich hauptsächlich unter brahmanischer Führung über den gesamten Subkontinent verbreitet. Er weist regionale Eigentümlichkeiten auf. Dem Hinduismus gelang die Assimilation bei allem - außer beim Islam. Dieser begann, sich im 8. Jahrhundert an der Malabarküste auszubreiten. 1050 hat er Madora erreicht. Eine gewaltsame Eroberung setzte etwa ab 1000 ein. Es gab viele innerindische Konflikte und Machtkämpfe. Diese wirkten sich auch auf die Ausbreitung des Islam aus. Es gibt kaum vereinbare Grundhaltungen zwischen Islam und Hinduismus. Der Islam führt in Indien zur Fremdherrschaft. Es kam zu einer Entzweiung zwischen den Konvertiten und den Glaubenstreuen. Ein direkter Einfluss des Islams auf den Hinduismus lässt sich kaum nachweisen. Es gibt auch Unterschiede zwischen der Bhaktifrömmigkeit der Inder und dem Sufismus. Die meisten Moslems in Indien sind Bekehrte. So gibt es auch Mischformen in der Ausübung der Religiosität, viele Formen des Synkretismus oder des Eklektizismus (Gouda 1963, 97-107).

Der Einfluss des Islam blieb nicht nur auf Indien beschränkt, denn es erfolgte eine Eroberung von ganz Asien. Demzufolge war ein mohammedanischer Einfluss auf den Handel und die Beziehungen der einzelnen Staaten unvermeidlich. Typisch für die islamische Religion waren gewaltsame Bekehrungen Andersgläubiger. Die afghanische Eroberung löste in Indien und im Hinduismus einander widersprechende Entwicklungen aus. Die unmittelbare Reaktion war eine Abwanderung vieler Hindus nach dem Süden. Die Zurückbleibenden wurden Strenggläubige und schlossen sich noch mehr ab; sie zogen sich zurück und versuchten, sich vor fremden Sitten und Einflüssen durch Stärkung des Kastensystems zu schützen. Andererseits erfolgte eine allmähliche und kaum bewusste Annäherung an die fremden Denk- und Lebensgewohnheiten. In Kaschmir hatte der langanhaltende Bekehrungsprozess zum Islam dazu geführt, dass 95 % der Bevölkerung Mohammedaner wurden, von denen allerdings viele ihre alten Hindubräuche beibehielten (Becker 1990, 90-92).

Im Mahabharata, der großen Erzähltradition Indiens, spielt die Technik eine beigeordnete Rolle. Im Zentrum steht der Grundgedanke des Hinduismus, nämlich des Dharma. Die Früchte, die der Mensch durch sein Tun erntet, sind das Ergebnis seiner persönlichen Fähigkeit, seiner Kompetenz, darunter selbstverständlich auch technische Kompetenzen. Es wird eine Lehre des Handelns geboten, nicht des Müßiggangs, eingebunden in ein Ideal der Männlichkeit. Es gibt keine eskapistische Weltflucht und keine Zurückgezogenheit in die Einsamkeit der Meditation, wie sie sich in manchen nachvedischen Traditionen findet. Arjuna, der Held der Bhagavad Gita gewinnt dabei göttliche Waffen. Auch das Wissen um den Gebrauch der Waffen des Himmels, die er von Gott Shiva persönlich überreicht bekommt, erhält er durch die Götter. Damit wird Technik, auch zerstörerische Militärtechnik, quasi religiös gerechtfertigt und legitimiert. Eine dieser zentralen Neuerungen und gefährlichen Waffen sind der Streitwagen, der eigens erwähnt wird. Selbst die Götter haben also nichts gegen die Technik, nicht einmal gegen die Waffentechnik, wenn diese dazu dient, das Schicksal zu bestehen. Technik bleibt aber eindeutig Werkzeug und Hilfsmittel, welches eingeordnet wird in einen persönlichen Lebensvollzug.

Kampfaufstellung, Rüstung, Bogenkampf sowie das Heer mit Waffenschmiede, Tross und begleitende Wundärzte werden als selbstverständlich auch im religiösen Kontext dargestellt und akzeptiert. Allerdings werden Kampfesregeln zum Schutze der Kämpfenden vor dem Beginn des Kampfes von den streitenden Parteien ausgemacht. Krieg und Kampf mit nahen Verwandten werden in der Bhagavad Gita als vom Schicksal vorgegeben betrachtet. Das Töten von nahen Verwandten wird durch den Gedanken der Seelenwanderung relativ bedeutungslos. Das Schicksal des Kriegers ist der Kampf, dem er nicht feige ausweichen darf, selbst wenn es um den eigenen Großvater und die nahe Familie geht. Militärtechnik ist nicht als Militärtechnik oder als Technik dominant, sondern das zentrale Ziel des Menschen ist Ehre und die Bestimmung des Kriegers, sofern es sich um ein Mitglied eben der Kriegerkaste handelt. Technik wird eingebunden in einen Kontext der Tatkraft und der Klugheit, der Weisheit und Erlösung.

In der Bhagavad Gita wird der kantisch anmutende Gedanke ausgeführt, dass Pflicht um ihrer selbst willen erfüllt werden muss, ohne Streben nach ihren Früchten, also nicht orientiert an Erfolg oder Misserfolg. Tätigkeiten und Wissen gehören zusammen und werden erläutert durch die Pflichten, die durch Kastenzugehörigkeit definiert werden. Die schlimmsten Feinde für einen Hindu sind Gier und Zorn. Die einzelnen Menschen sind Werkzeuge des göttlichen Willens, eingeteilt in Kasten. Damit wird auch ein Teil der Verantwortung jedes einzelnen Menschen auf den göttlichen Hintergrund übertragen. Jede Kaste hat ihre eigenen Aufgaben und ihre eigenen Pflichten, die zu erfüllen sind. Dies hat selbstverständlich deutlich entlastende Funktion wie bei jeder guten Institution. Die Technik spielt keine besondere Rolle, sie ist eingebettet in einen gesellschaftlichen und religiösen Rahmen, der sich ebenfalls in einer Standesethik manifestiert. Die Technik löst also in diesem Weltbild die Probleme nicht, sondern die Menschen müssen die Probleme lösen, gegebenenfalls unter Zuhilfenahme der Technik.

Der Hinduismus der Massen veränderte sich trotz vielfältiger äußerer Einflüsse nur langsam. Nur eine relativ kleine Minderheit ist modernisiert und säkularisiert. Die Furcht vor feindlichen oder ambivalenten Mächten prägt nach wie vor das Verhalten der Hindus. Zeichen, Sühne und Abwehrriten spielen eine zentrale Rolle genauso wie Tiere, die im Volksglauben äußerst wichtig sind. Der zentrale Ansatzpunkt ist der Gedanke des Dharma, der eigene Lebensweg auf religiöser Grundlage, der gegenseitige Pflichten und Verhaltensmaßregeln formuliert, Riten und Zeremonien, wobei der Tempelbesuch nicht obligatorisch ist, Heiratsbräuche und Feste gliedern das Leben des Hindu. Die Mehrzahl der Hindus empfindet kein Bedürfnis nach einer systematischen Reinigung der Riten. Echte Einflüsse auf Indien gibt es erst seit dem Ende des 18. Jh.. In diesem Zusammenhang traten Reformer im Kampf mit der Orthodoxie auf. Die indische Nationalbewegung ist eine Vermischung politischer und religiöser Ideen, die Kritik am westlichen Materialismus ist allen gemeinsam (Gouda 1963, 253-318). In Indien ist zentral der Gedanke der Verehrung Gottes oder aber des Geistigen, nicht aber der Verehrung der Natur. Die liebende Hingabe, Bhakti ist Grundzug der Volksfrömmigkeit. Technik ist ein Hilfsmittel, wobei Technik den Alltag in Indien noch nicht in gleichem Maße durchdrungen hat wie in den Industrieländer. Es gibt keine Antihaltung gegenüber Technik, keine Technikphobie, aber insgesamt auch wenig Technikreflexion im Zusammenhang mit dieser Religion.

In Indien bleiben oft altes und neues nahezu konfliktlos nebeneinander bestehen. Der Hinduismus versuchte nicht, fremde Lebensstile zu assimilieren, sondern er ließ sie neben sich bestehen. Es fand keine Missionierung statt (Bareau u.a. 1964, 245-268). Es ist aufschlussreich festzustellen, dass die Frage der Technik im Zusammenhang mit Gottes Schöpfung gar nicht auftaucht, während sie doch für das Schaffen des Menschen von zentraler Bedeutung ist. Dies lässt vermuten, das Gott so mächtig, vollkommen und allwissend ist, dass er auch ohne die Hilfe der Technik erschaffen kann, was immer er will. Im Unterschied dazu bedarf der Mensch als endliches und fehlbares Wesen für die meisten Dinge, die er schafft, äußere Hilfsmittel. Was nun den Menschen betrifft, so kann man sagen, dass er die meisten Werkzeuge, technischen Hilfsmittel und handwerklichen Techniken, die er braucht, selbst herstellt bzw. von der Natur aus mit ihnen begabt ist. Positivismus und Marxismus haben eine gewisse Anziehungskraft für viele, die spüren, dass die heutige Welt im Gegensatz zur Vergangenheit steht, und die ein naturwissenschaftlich bestimmtes Weltbild suchen. Besondere Überzeugungskraft hat das geschlossene Geschichtsbild des Marxismus, das die Entwicklung der

Vergangenheit in ihren notwendigen Zusammenhängen darstellt, und von diesem Bild mit prophetischer Dynamik die Gestalt der Zukunft ableitet. Heute wird eher ein pragmatischer Materialismus vertreten, der geistige Werte nicht aus Überzeugung leugnet, sondern sie einfach als bedeutungslos für das konkrete Leben liegen lässt.

Auf der anderen Seite aber stehen die vielen, für die die traditionelle Religion noch irgendwie gültig ist. Da gibt es zunächst auch den populären Hinduismus, die religiösen Zeremonien der Familien, die Feste, die Pilgerfahrten zu heiligen Flüssen und Tempeln und die großen Massenversammlungen bei besonderen Anlässen wie Sonnen- oder Mondfinsternissen. Sie sind tief mit dem Volksleben verbunden, und sie dauern an trotz rauchender Fabrikschlote und der modernen Bildungszentren. In diesem Brauchtum lebt viel religiöser Gehalt weiter und findet darin seinen natürlichen, periodisch wiederkehrenden Ausdruck. Außerdem wird man sagen müssen, dass diese ganze Welt des populären Hinduismus wenig Beziehungen zur neuen Welt der Technik hat. Er ist ein Stück Überlieferung, er gehört in das traditionelle Indien und steht ohne Verknüpfung neben der modernen Welt der Technik. Dieser populäre Hinduismus hat also die Welt des traditionellen Indien durchdrungen und durchdringt sie immer noch, aber man kann sich kaum vorstellen, dass er je die Welt der modernen Technik innerlich beseelen wird (Neuner 1964, 160f). Ein gewisser Kulturtransfer aus dem Westen als Hintergrund für Technologietransfer erscheint daher als unumgänglich.

Neben dem populären Hinduismus gibt es den geistigen Hinduismus, der sich aus den Upanishaden ableitet und sich in den großen Systemen der Philosophie ausdrückt. Auch dieser Hinduismus ist keineswegs tot, er ist auch nicht ein bloßes Museumsstück aus alter Zeit; er ist vielmehr eine Macht, die sich im letzten Jahrhundert in der Auseinandersetzung mit dem verwestlichten Denken und namentlich mit dem Christentum gekräftigt hat, neue Orientierungen in sich aufgenommen hat und heute über die Grenzen Indiens hinauswirkt. Der Neuhinduismus steht also im Gegensatz zur Orthodoxie, die sich an die traditionellen Formen und sozialen Strukturen der Vergangenheit klammert (Neuner 1964, 162). Auch ein neues Verständnis der Gemeinschaft ist notwendig, die Entwicklung eines Zusammengehörigkeitsgefühls, das nicht mehr durch Familie und Kaste, sondern durch den Betrieb und das Arbeitsteam bestimmt ist. Der Sinn der gemeinsamen Verantwortung, des gegenseitigen Sichhelfens ist unerlässlich (Neuner 1964, 167).

Im Hinduismus gibt es – wenn man so gewagt generalisieren darf - keine Ersetzung der alten traditionellen und religiösen Kultur durch eine neue technologische Kultur. Insbesondere auf dem Lande ist in Indien eine gewaltige Frömmigkeit und ein Leben in den Religionen genauso zu beobachten wie die Nutzung modernster Technologie (Internet), um seine religiösen Traditionen zu präsentieren. Die Neon-Beleuchtung, verbunden mit einem unbeschreiblichen

„Kabelsalat" zu ihrer Speisung mit elektrischem Strom, zeigt ein Nebeneinander unterschiedlichster kultureller Traditionen. CD's werden benutzt, um religiöse Lieder und Gesänge zu präsentieren, teilweise sogar im Techno-Sound, um auch die Heranwachsenden für die Tradition zu begeistern. Videos zeigen religiöse und weltlich-traditionelle Tänze - und das alles gibt es im Tempelshop. Die verschiedenen Kulturbereiche erscheinen hier als so autonom, dass sie sich nicht einmal zu berühren scheinen.

Zu konstatieren ist eine weitgehende (vielleicht in gewissem Maße auch fatalistisch eingefärbte) Akzeptanz der Technologie westlicher Prägung, solange sie die traditionelle Kultur darzustellen und zu propagieren hilft. In Indien ist z.B. das Angebot an religiösen Texten und an Tempelliedern in allen Formen textlicher und audiovisueller frappierend. Möglicherweise liegt dies nicht zuletzt mit daran, dass es in Indien eine langandauernde und ausgeprägte technische Kultur gibt (siehe Vastu-Shastra), verbunden mit hoher handwerklicher Könnerschaft, die sich nicht nur in einer ungeheueren Vielzahl von Tempeln niederschlägt (in Tamil Nadu/Südindien auf einem Gebiet kleiner als Süddeutschland ca. 3.300 Tempel, darunter hunderte mit gigantischen Ausmaßen). Insbesondere Indien und China sind alte technische Zivilisationen mit langen handwerklichen Traditionen und einer Reihe weiterer technischer Fertigkeiten. Technik ist in diesen Zivilisationen ein eigener Kulturbereich seit tausenden von Jahren und nicht erst seit der Kolonialisierung oder der industriellen Revolution.

Die wilde, menschenfeindliche und dämonische Natur, die von Göttern erst als Kulturheroen besiegt werden musste, um einen für den Menschen bewohnbaren Raum zu schaffen, ist eine der zentralen Grundlagen für die hinduistische Mythologie, sowohl in der vedischen wie in der epischen Tradition. Die Kulturfunktion der Technik zu vermitteln, ist damit nicht grundsätzlich schwierig, denn sie ist in der hinduistischen Mythologie verankert. Schwieriger zu vermitteln ist allerdings die Ambivalenz der Technik. Es ist damit auch nicht so ganz einfach, abstrakt den Boden zu bereiten für ein konkret ökologisches Bewusstsein, denn die hinduistische Religion ist im Prinzip technikfreundlich und naturfreundlich. Die Natur, die realisiert werden soll, ist der Garten. Tempel werden konstruiert als kulturelle und soziale Zentren. Im Dharma manifestieren sich die karmatisch festgelegten Qualitäten und Eigenschaften eines Menschen. Es ist letztendlich die Lehre von der Erlösung des Menschen, die zu einer Veränderung der Menschen Hoffnung gibt. Dharma als Grundlage einer Kastenordnung stellt das je eigene Gesetz eines Menschen in den Mittelpunkt. Dies meint allerdings keine individualistische Art der Lebensführung, sondern eine nicht individualistische Heiligung und Mythendurchdrungenheit des Alltags zu erreichen. Langzeitverantwortung muss daher für die hinduistische Religion in die Lebensordnung und das Kastenwesen übersetzt werden, wobei sich durchaus eine gewisse Auflockerung gleich mit umsetzten ließe. Die Kastenordnung garantiert Verhaltensregulierung und geordnete Tagesabläufe. Die

Mythen als Erzählungen vom Wandel der Götter auf der Erde, die Ursprungslegenden von Tempeln, das Spiel der Götter und ihr Genießen umschreiben auf dieser narrativen Basis den Kern indisch-weltanschaulicher Kultur, nicht die Selbstverwirklichung als atomisiertes westliches Individuum (Subramanian 2003, 12).

Trotz aller Modernisierungsprozesse in einzeln abgegrenzten Zonen und Modernisierungsinseln wie Universitäten, Unternehmen usw. ist der Grundzug hinduistischer Religiosität Tradition, die narrativ und visuell vermittelt wird. Ahimsha, das Tötungsverbot bzw. das Schädigungsverbot gegenüber allem Lebenden, gilt im Prinzip universal und generell. Die Weltüberwindung bezieht sich auf die Überwindung einer Welt voller Übel und Leiden, also einer unheilen Welt. Fatalismus gegenüber der technischen Entwicklung ist auf jeden Fall das falsche Wort. Es geht aber auch möglicherweise nicht um Gelassenheit oder Ähnliches. Der Grundzug in der indischen Religiosität verbietet besitzergreifende Aneignung, die erzählerische Weltsicht fixiert nicht. In der Astrologie werden Abläufe durch die Gestirne nicht festgelegt. Vielmehr machen Gestirne geneigt, aber determinieren nicht. Auch die Harmonie zwischen Mensch und Natur ist differenzierter zu fassen. Sie manifestiert sich z.B. in der Astrologie. Hier entspricht der Mensch als Mikrokosmos dem Makrokosmos, d.h. der kosmischen Ordnung schlechthin vor allem in dem Punkt, dass alles wiederkehrt. Aus dieser Grundeinstellung heraus lässt sich allerdings kein ökologisches Bewusstsein entwickeln. Die Formulierung ökologisch orientierter Leitbilder sollte diese hinduistischen Grundeinstellungen berücksichtigen. Es bedarf der kulturellen Innovationen, nicht nur der Einführung umweltfreundlicher Technologien in diese traditionelle und von Traditionen geprägte Gesellschaft.

Indien unternimmt gewaltige Anstrengungen hinsichtlich der Ausbildung seiner Jugendlichen und jungen Erwachsenen in Universitäten, Highshools, Ingenieurschulen, Schwesternschulen, Computerschulen usw.. Daneben hat sich in Indien eine Buchkultur und Buchproduktion mit beachtlichen Ausmaßen entwickelt. Zur Zeit ist Indien dabei, eine Internetkultur und Interesse an der Globalisierung zu formulieren. Diese sehr bewusst ausgeprägte kulturelle Grundhaltung ist ein beachtlicher Grundstock dafür, auch technische Kompetenzen auszubilden. Der Boden ist bereitet sowohl für einen gewissen Kultur- wie Techniktransfer. Technik muss für sich entwickelnde Länder vor allem billig und einfach handhabbar sein. Die Anweisung des Energiesparens ist kompatibel mit der Hindumoral und lässt sich so effektvoll auch in Indien propagieren. Einfach handhabbare, billige und umweltfreundliche Technologien haben darum kaum Inkulturationsprobleme. Der Nutzen ist aus diesem Grunde auch intuitiv eingängig und braucht nicht lange über kulturelle Prozesse zur Akzeptanzbeschaffung vermittelt zu werden.

Die indische Bevölkerung lebt – insbesondere auf dem Land – viel stärker eingebettet in religiös eingefärbte Traditionen. Astrologie, Kastenordnung, Götterverehrung und Tempelbesuch begründen eine nichtmaterialistische Sichtweise, in der der Mythos (in Indien die breitere Erzähltradition der Puranas und des Mahabharata) viel präsenter ist als in Europa. Es handelt sich um eine narrative Tradition, die sich in der Tempelkultur visuell ausdrückt. Die Daseinsbewältigung in diesem Kontext erfolgt traditionell religiös-existentiell, nicht technisch-ökonomisch wie in Technologiezivilisationen. Das Verhältnis der einzelnen Kulturbereiche zueinander ist in Indien anders als in Europa. Weitere Untersuchungen sind hierzu erforderlich – meine Vermutung läuft aber darauf hinaus, dass in Indien Kulturbereiche weniger autonom sind als in modernen Technologiezivilisationen. Konservative Konzepte wollen auch für Europa von einer stärkeren Integration der einzelnen Kulturbereiche ausgehen und plädieren für die Dominanz eines Kulturbereiches.

Buddhismus und Jinismus entstanden in Indien vor mehr als 2.500 Jahren. Während der Hinduismus zur vedischen Tradition gehört, rechnet man diese beiden Religionen zur nichtvedischen Tradition. Ihr Ziel, die Befreiung wird Nirvana oder Moksha (Erlösung) genannt. Trotz religiöser Unterschiede in ihren Grundlehren und religiösen Praktiken sprechen Buddhismus und Jinismus gleichsam mit einer Stimme, haben ein und dieselbe Einstellung, wenn es um die Natur und die Rolle der Technik in der Entwicklung der Menschen geht. Buddhismus und Jinismus leugnen, dass dem Menschen irgend ein besonderer Status innerhalb der Welt zukommt. Sie leugnen, dass alle anderen Lebewesen und die Natur ihm zum Verzehr dienen und dass der Mensch die natürlichen Ressourcen zu seinem eigenen Fortschritt und für seine Entwicklung ausbeuten darf und soll. Daher ist das erste Gebot Gewaltlosigkeit (Koslowski 2001, 137-139).

Die erste Vorschrift der buddhistischen Ethik ist, Leben nicht zu beeinträchtigen. Mönche und Nonnen haben noch strengere Maßstäbe: ihnen ist auch die unbeabsichtigte Tötung von Lebewesen zu vermeiden aufgetragen. Die Kultivierung von Mitleid und Sympathie mit allem Leben ist die Intention der buddhistischen Ethik. Im Materialismus der Industriegesellschaft haben sich in neueren Zeiten die Menschen von der Natur und von sich selbst entfremdet. Um dem moralischen Niedergang zu entgehen, empfiehlt der Buddhismus einen mittleren Weg, einen einfachen und bescheidenen Lebensstil für alle Menschen auf der Erde (Batchelor/Brown 1994, 27-29). Der Mahayana-Buddhismus kennt viele einfache Methoden, schlechtes Karma zu kompensieren. Dies macht das Tötungsverbot in manchen Situationen praktisch unwirksam. Der Reichtum wird vom Buddhismus nicht verdammt, aber Reichtum ist nicht das eigentliche Ziel des Lebensweges (Schmithausen 1991a, 15).

Die so häufig beschworene Harmonie mit der Natur als Grundzug asiatischer Religionen erwächst eher einer eurozentrischen Sichtweise. Der genauere Blick erkennt als gemeinsame Grundhaltung eher eine gewisse Indifferenz der Kulturbereiche Technik und Religion untereinander, denn letztlich gilt es doch vor allem in den Religionen Indiens, insofern sie von Priestern oder Mönchen radikal gelebt werden können, der Natur zu entkommen und Erlösung zu finden. Aber weder Brahmanen noch buddhistische Mönche sind generell technikfeindlich. Auch wenn viele Elemente dieser Technik an den westlichen kulturellen Hintergrund gebunden sind (wie z.B. das Internet), ist diese kulturelle Prägung nicht so stark, dass sie nicht andere Gebrauchs- und Nutzungsformen ermöglichen würde. Westliche Technik wird nicht in das kulturelle Gesamtsystem integriert, sondern als einzelne technische Praxis in den technisch geprägten Kulturbereich übernommen. Von dort kann er versuchen, in andere Kulturbereiche einzudringen, was nicht immer gelingt. Dies könnte erklären, warum die Übernahme westlicher Technologie nicht immer mit dem Bekenntnis zum westlichen Menschenrechtsethos und zur Demokratie verbunden ist.

Das Ideal der Mensch-Natur-Beziehung ist wie in der jüdisch-christlichen Tradition der Garten (Eden), kulturell transformierte und technisch bearbeitete Natur. Sicher ist man z.B. fatalistischer oder toleranter gegenüber wilder Natur (aber keineswegs grenzenlos, wenn der Tiger sich Vieh oder Menschen holt), aber die Hochschätzung der wilden Natur ist wie die Erfindung des edlen Willden eine eurozentrisch-romantische Idee. Kulturell bearbeitete Natur als menschlicher Lebensraum ist Menschenwelt auch in den asiatischen Religionen. Und so richtet sich wohl auch der größte Teil des religiös eingefärbten Fundamentalismus nicht gegen westliche Technik, sondern gegen westliche Lebensformen, den „American way of life", der leider (aus ökologischer Perspektive) bei Jugendlichen kaum an Attraktivität eingebüßt hat, gegen westlichen Individualismus und Rationalismus, der als nicht kompatibel mit den eigenen moralischen Traditionen und Lebensgewohnheiten empfunden wird. Es gibt keinen Kulturkampf – jedenfalls nicht im technischen Kulturbereich. Wenn wir also auf ökologisch und sozial angepasste technologische Modernisierung weltweit hoffen, müssen wir eigene ökosoziale Erziehungsprogramme konzipieren und initiieren. Allein auf die Karte einheimischer und traditioneller Religionen zu setzten, nur weil sie aus europäischer Sicht als Realisierung einer Harmonie mit der Natur erscheinen, wird zu nichts führen. Es bedarf neuer Institutionen gemäß dem Konzept einer Technologie-Reflexions-Kultur auch in anderen Kulturkreisen (Irrgang 2002c).

Asiatische Religionen gehen davon aus, dass Mensch und Natur wechselseitig miteinander verknüpft sind. Ein Wechsel in einem Bereich führt einen Wechsel im anderen Bereich mit sich. Diese Erfahrung der wechselseitigen Verknüpfung macht einen grundsätzlichen Egoismus sittlich obsolet (Samartha/de Silva 1979, 8-14). Christentum und Buddhismus haben gemeinsam, dass sie hinter der Natur eine spirituelle Transformation aller Ebenen des Lebens erblicken. Insofern gibt es auch im Christentum keine unsterbliche menschliche Seele, sondern die Verheißung auf eine von Gott gewirkte Auferstehung des menschlichen Leibes (Samartha/de Silva 1979, 28). Die Einführung von Gleichgewichtszuständen ist keine religiöse Aussage, sondern eine fragwürdige Interpretation naturwissenschaftlicher Modelle. Hier überschreiten religiöse Interpretationen ihren eigenen potentiellen Anwendungsbereich. Eine solche Vorgehensweise ist nicht hilfreich für die Entwicklung nachhaltiger Dimensionen. In den asiatischen Religionen ist dabei eine potentielle Dichotomie zwischen Mensch und Natur immer aufgehoben in einer höheren Natur, in der es keine Gegensätze mehr gibt. Dabei geht insbesondere der Buddhismus von der Notwendigkeit einer inneren Transformation des menschlichen Wesens aus. Wir können die Naturgrenze grundsätzlich so behandeln, wie wir uns auch selbst behandeln, sowohl in einer richtigen wie in einer falschen Art und Weise. Die buddhistische Lehre möchte uns dazu führen, sowohl uns selbst wie die Natur außerhalb von uns zu humanisieren und zu spiritualisieren und in einer ganz neuen geistigen Weise zu verstehen und zu interpretieren. Der buddhistische Blick zeigt keine Präferenzen für eine technologiefreie Kultur. Sie wäre auch keine menschliche Kultur bzw. überhaupt keine Kultur.

Vielmehr geht es darum, die technische Kultur an einem humanen menschlichen Maß zu orientieren, das jenseits des faktisch egoistischen Menschen liegt (Samartha/de Silva 1979, 35). Buddha lehrt, dass all unser Leiden von einem falschen Verständnis der Weltlichkeit kommt. Das Leiden stammt aus der Gier, aus der Wut und der Aggression, aus dem Nichtwissen, aus dem Stehlen oder aus seiner milderen Form, dem Sammeln (Samartha/de Silva 1979, 41). Buddhisten sehen durchaus, dass wissenschaftliche und technologische Methoden hilfreich sein können bei der Bewältigung ökologischer Probleme. Das Problem aber bei der Verminderung natürlicher Ressourcen liegt in einer spezifischen Einstellung des Menschen. Diese lässt sich mit der Sammelleidenschaft als Grund möglicherweise auch der westlichen Konsumorientierung verstehen. Dabei ist diese Konsumorientierung keineswegs christlichen Ursprungs und wird auch vom Buddhismus abgelehnt. Alte Gesellschaften in Indien haben ein anderes Verständnis von Natur und Technik als moderne, auf Wissenschaft basierende technologische Strömungen.

Die westliche Verschmelzung von Wissenschaft und Technologie verändert das traditionelle asiatische Menschenbild und führt in eine Macher- und in eine Konstruktionsmentalität, wobei durchaus anerkannt werden muss, dass Umweltverschmutzung nicht eine bloße Konsequenz von Kolonialisierung und Industrialisierung schlechthin ist, sondern zumindest in erheblichem Maße auf einer Industrialisierung auf niedrigem Level beruht. Die Ethik der alten Gesellschaft und die Ethik des neuen europäisch orientierten Gesellschaftstyps seien diametral unterschieden. Wenn man den neuen asiatischen Staat auf den angloamerikanischen Typ und auf die griechisch-römischen Moral- und Rechtsidee aufgebaut, untergräbt man die innerliche moralische Ordnung des asiatischen Gemeinwesens und der asiatischen Moral (Samartha/de Silva 1979, 63f). Die Art der technischen Zivilisation in Indien oder China war vor der Konfrontation mit europäischen Kolonialmächten und ihrer Art der Technik durchaus auf keinem geringen Niveau. Vor dem Eindringen der Europäer in den südostasiatischen Raum gab es hochentwickelte technische Zivilisationen in Teilen von Indien und China, aber auch in Indonesien und Indochina, wobei insbesondere in Indien die technische Kompetenz und Organisation durch die islamische Invasion in nicht unbeträchtlichem Maße beeinträchtigt, beschädigt oder zerstört wurde. Dies soll eine Kolonialisierung mit Kanonen durch die Europäer keineswegs rechtfertigen, aber das Eindringen des Islam in Indien war durchaus nicht weniger grausam – es sei nur an das Schicksal Nalandas als der damals größten Stadt mit der weltweit größten Universität und aller Ursprungsstätten des Buddhismus erinnert.

Erstaunlich in dem Zusammenhang ist, wie widerstandslos viele Formen des Technologietransfers erfolgt sind, während andere europäische Ideen, etwa der Menschenrechtsgedanke, keineswegs in ähnlich leichter Weise sich Eingang z.B. in das chinesische Alltagsleben verschaffen konnten. Die Übernahme des technisch instrumentellen Bereichs geschah offenbar ohne größere Probleme aus dem Grunde oder in dem Glauben, dass der Technologietransfer die eigne Identität nicht berühren werde, wohl aber die Übernahme des Menschenrechtsgedankens. Technologie erinnerte die Chinesen an die Kulturleistungen der ersten Heroen. Die Ideen des 19. Jahrhunderts, die von Europa im Positivismus oder im marxistischen Denkgebäude und in Technologien teilweise importiert worden waren, trafen aber auch auf eine eigene chinesische Tradition des Siegs über die Natur. Die Quellen chinesischer Religion waren zunächst ein ausgeprägter Ahnenkult. Opferordnung und die Verehrung der Ahnen griffen ineinander. Die Religion bestand zusätzlich aus Gottheiten der Flüsse, Berge, Kulturböden usw.. Die Methode der Wu waren ekstatisches Tanzen und Trommeln sowie Knochenorakel. Wu war eine Form des Schamanismus, genauer gesagt eine Vorform des heutigen sibirischen Schamanismus. Diesseits und Jenseits verknüpften und durchdrangen sich gegenseitig (Eichhorn 1973, 17-27).

Der Zusammenhang zwischen Technik und Religion ist für China sehr früh sichtbar. Es besteht ein direkter Zusammenhang zwischen der Entwicklung der Astronomie bzw. des Kalenders einerseits und der Entwicklung einer differenzierteren Landwirtschaft andererseits. Es ist jene Entwicklung der Landwirtschaft, welche schon immer durch Überschussproduktion als Voraussetzung für die Arbeitsteilung und für die Urbanisierung gilt. Das astronomische Instrumentarium wurde insbesondere durch eine Kaste von Priesterastronomen verbessert. Schließlich übte man die astronomischen Beobachtungen hauptsächlich in den damalig bestehenden Städten aus, von wo aus nun der zentral berechnende Kalender den Dörfern mit den entsprechenden landwirtschaftlichen Arbeitsanweisungen aufgezwungen wurde. Schon im megalithischen Zeitalter als Übergangsperiode im späten Megalithikum und im Bronzezeitalter kennt diese astronomischen Überlegungen und hatte vermutlich einen Kalender.

Interessant auf dem Gebiet der Religion ist die Tatsache, dass die genannten Priesterastronomen eine spezifische astronomische Religion entwickelten, die sich klar von der bäuerlichen Erd- und Naturgeistreligion sowie vom bäuerlichen Totenkult unterschied (Stöcklein/Rassem 1990, 85-87).

Die Astronomie – immer noch geheim und den gewöhnlichen Gelehrten nicht zugänglich – wurde nach und nach einerseits zum Gegenstand eines Amtes, des Himmelmysteriums, andererseits zum Objekt einer Evolution in Richtung Staatsastrologie. Besonders anschaulich wird diese Verbindung von Taoismus und Alchemie beim Konzept der Unsterblichkeit. Diese wurde vom Taoismus als Verlängerung des physischen Lebens des Menschen auf Erden oder aber in himmlischen Bereichen verstanden. Um diese Unsterblichkeit zu erlangen, wurden von den Alchemisten Drogen hergestellt. Mit dem Anfang des neuen Jahrtausends und mit der Stabilisierung des chinesischen Reichs unter der zweiten Han-Dynastie tritt in der Entwicklung Chinas ein neuer gewichtiger Faktor hinzu.

Der Taoismus ist ein heterogenes und vielgestaltiges Gebilde, ein umfassendes Sammelbecken für Magier, Wu (Schamanen), Zauberer, Hexen, Schwarzkünstler und Taoisten im eigentlichen Sinne. Tao macht die Heilung von Krankheiten von einer sittlichen Grundhaltung abhängig. Im Kern enthält er eine Lehre von der Mäßigkeit im Geschlechtsverkehr, im Essen und im Alkoholgenuss. Ab 144 v. Chr. kam es zu alchimistischen Experimenten, besonders die Herstellung von künstlichem Gold betreffend, verbunden mit einer Reihe von religiösen Zeremonien und Vorstellungen. Die Atemlehre wird formuliert zur Lebensverlängerung. Es kommt zu einer Entdeckung der inneren Götter. Parallel dazu dringt der Buddhismus hier und dort in höhere Gesellschaftskreise ein (Eichhorn 1973, 95-156). Es kommt zu einer raschen Ausbreitung des Buddhismus nach Abschluss der Buddhistenverfolgung im Jahre 446. Um 477 gab es in der Toga-Hauptstadt ca. 100 buddhistische Klöster. Vinaya und der chinesische Buddhismus wurden auf eine höhere Stufe gehoben. Es handelt sich um eine Umstellung des Mahayana-Buddhismus (Eichhorn 1973, 161-207). Die Wiedervereinigung des Reiches erreichte ab 589 durch die Sui-Dynastie. Der Staatskult war eine Mischung aus Ahnenverehrung und Ritualistik. Taoismus und Buddhismus machen deutlich: Die religiösen Ausdrucksformen der chinesischen Religionen waren nicht sonderlich voneinander verschieden. Die Verbindung des Buddhismus mit der reisenden Kaufmannschaft führte zu seiner Ausbreitung entlang der alten Handelswege. Auch das Judentum findet als eine Folge des Welthandels nach China (Eichhorn 1973, 211-302).

Nicht nur Europa hat eine anthropozentrische Tradition, auch China ist durch eine solche gekennzeichnet, nämlich durch die humanistisch-anthropozentrische Tradition insbesondere bei Konfuzius. Der chinesische Staat entsteht als Antwort auf tiefgreifende Strukturprobleme infolge von Bevölkerungsdruck, die die Steuerungskapazitäten des archaischen Verwandtensystems überfordern.

Hinzu kommt ein Versagen der himmlischen Gewalt, die nicht vorher berechenbar ihre Legitimation verteilt. Als Antwort darauf kommt es zur Hervorkehrung der nicht teleologischen naturalen Seite des Himmels und zu einer neuen Humanisierung des Menschenbildes (Roetz 1992, 63). Der Konfuzianismus verleiht in einer chaotischen Situation Halt. Konfuzius begründet die Tradition der unsteten Wanderphilosophen. Die schlichte Tatsache des Bevölkerungswachstums forderte, neue Lösungen für neue Probleme zu finden. Eine war eine neue Fundierung der Tugend. Wenn die chinesische Kultur als eine der wenigen Kulturen überhaupt überlebte, dann im Zeichen des Konfuzianismus.

Konfuzius entwickelte eine Ethik, die einen hohen und universellen moralischen Anspruch mit den Traditionen seiner Kultur zu verbinden sucht (Roetz 1995, 7). Nicht mit Technik erreicht man das Ziel des Menschen, sondern durch Moral. Wie in Europa bis zum ausgehenden Mittelalter verkündet die „Staatsreligion" Chinas eine gewisse Dominanz der Moral über die Technik und die Ökonomie, die in China noch schwächer ausgebildet ist als im mittelalterlichen Europa. Der konfuzianische Edle betrachtet sich als zuständig für das Allgemeine, die moralische Ausrichtung der Gesellschaft, und nicht für das fachliche Detail (Roetz 1995, 11). In der Zhanguozeit, der Zeit der streitenden Reiche, kam es zu einer Vertiefung des naturalistischen und des humanistischen Ansatzes. Die Erweiterung und Intensivierung des landwirtschaftlichen Anbaues hatten verheerende ökologische Folgen (Roetz, 1984, 214f). Dennoch betont Mo Di die Unterwerfung der Natur unter die menschlichen Bedürfnisse. Bei Xun Zi bestimmt der Mensch sein Schicksal selbst. Den Gedanken einer Beherrschung der Natur hat kein Denker des alten China entschiedener vertreten als Xun Zi (Roetz 1984, 288). Was zählt, ist die Produktivität der Natur. Das Handwerk und auch der Handel werden selbst als unproduktiv angesehen. Der Konfuzianismus betont die dienende Rolle der Natur und die Aufgabe einer menschlichen Neuordnung der Dinge. So finden sich in Ländern mit konfuzianischer Tradition ethische Einstellungen gegenüber der Natur, die dem westlich-technologischen Weg verwandt erscheinen. Konfuzianische Traditionen sperren sich nicht gegen den westlichen Weg der Technologisierung, obwohl die Grundeinstellung gegenüber der Natur unterschiedlich ist. Harmonie mit der Natur ist jedenfalls kein Leitbild in diesem System. Andererseits ist der verantwortungsethische Ansatz des Konfuzius ein wichtiger Dialogpartner zur Entwicklung eines Leitbildes nachhaltiger Entwicklung.

Im ersten Jahrtausend nahm nicht zuletzt durch das Abholzen der Wälder der Raubbau an der Natur in China bedrohliche Ausmaße an, wie die Quellen berichten. Es kam zu Naturkatastrophen. Zhuangzi als Klassiker des Taoismus hält ein Plädoyer für die Natur (Roetz 1984, 81). Dennoch lässt sich auch bei ihm hinter der kosmischen Einheit ein Bewusstsein der Zerrissenheit der Welt im Gegensatz von Mensch und Natur feststellen. Die Natur als Natur anzuerkennen war eine grundlegende Überzeugung der taoistischen Naturauffassung.

Der Gedanke einer von Menschen unabhängigen Natur war China eigentlich nie fremd gewesen (Roetz 1984, 243). Die Streichung aller göttlichen Zwecke führt zu einer nichtteleologischen und nicht zu einer anthropomorphen Auffassung von Natur. Das Tao ist der Weg, die Methode, die Lehre und meint ursprünglich so etwas wie Schleichpfad, Wildwechsel (Roetz 1992, 164). Das Walten des Himmels ist blind und bringt doch schöpferisch Mannigfaltigkeit und Einheit der Natur hervor. Das reine Geschehen, das Ziellose, das Nichttun der Natur ist Wuwei (Roetz 1984, 245). Das Wuwei ist die Symbolfigur der chinesischen Mystik. Es ist insbesondere Ausdruck der chinesischen Naturmystik. Die Natur kennt für Zhuangzi keinerlei menschliches Maß. Sie hat eine invariante Beschaffenheit und bedarf keiner Korrekturen. Sie ist das schlechthin sich selbst Genügsame und Autonome. Dies bedeutet allerdings keineswegs, dass die Natur gegenüber menschlichen Eingriffen unempfindlich wäre (Roetz 1984, 249). Die chinesische Philosophie ist geneigt, das Leben mehr als Kunst denn als eine Wissenschaft zu sehen. Polarität, nicht Dualität ist der zentrale Ausdruck dieser kosmologisch ästhetischen Ordnung (Callicott/Ames 1989, 120f).

Natur ist für den Taoisten ein Wert, der nicht tangiert werden darf. Die freie Natur korrespondiert dem freien Menschen, befreit vom Joch des Staates und vom Joch der Zivilisation. Der frühe Taoismus betrachtet die Geschichte der Zivilisation als einen einzigen Zerfallsprozess des ursprünglich natürlichen Lebens. Dieses war selbstverständlich gut. Der Versuch, sie nach dem Bilde des Menschen umzugestalten endet in der Zerstörung der Natur. Die Entwicklung von Produktion und Technik führt zum Angriff auf die äußere Natur, zerstört aber auch die innere Natur des Menschen. Die Verfeinerung der materiellen und geistigen Kultur fördert letztlich den Eigennutz (Roetz 1984, 259). Der Taoist weist die Verselbständigung der Vernunft, wie sie der Kofuzianer betreibt, zurück und geht von der Zwiespältigkeit des menschlichen Herzens aus. Der Konfuzianismus ist für den Taoismus eine der zahlreichen Dekadenzerscheinungen der Zivilisation. Der Taoist betont das Motiv des Verlustes der Ureinheit durch die zersetzende Kraft des Denkens. Zhuangzis Versuch, die verhängnisvolle Entfremdung des Menschen vom natürlichen Kosmos zu überwinden, ist beachtenswert. Für den naturalistischen frühen Taoismus war die Natur eine sich selbst genügende, eigenbestimmte, in keinerlei magischen Wechselbeziehungen zum Menschen stehendes, nichtteleologisches Reich. Es gibt eine Intellektfeindlichkeit der Taoisten. Sie gehen vom zwiespältigen Charakter der menschlichen Vernunft als Beherrschungsinstrument aus (Roetz 1992, 403). Die taoistische Ethik setzt auf die Mobilisierung der nicht-intellektuellen Schichten des Menschen, vor allem auf die Mystik. Sie kennt allerdings die Universalisierung. So kommt es zu einer Verschmelzung der Ethik mit der Ontologie des Tao oder der Natur, deren oberstes Prinzip das Wu wei, das Lassen, ist. Die präkonventionelle Regression unter postkonventionellen Vorzeichen ist die Hauptcharakteristik des Taoismus. So bereitet der Taoismus den Weg vor zum Legalismus.

Auch im maoistischen China sind die alten Religionen von Bedeutung. Wudang Shan ist der himmlische Berg der Taoisten im Zentrum Chinas auch heute noch. Diese Lehre ist mit der Erde verwurzelt, wobei Tao-Mönche Meister der Kampfkunst sind. Diese Kampftechnik soll den Tieren der Bergwelt abgeschaut worden sein. Das Tao bedeutet wie im Indischen der Begriff des Dharma Weg und Weltgesetz. Vorbild ist die zeitlupenhafte Bewegungsweise der Schildkröte. Die Naturverbundenheit der Taoisten wird in ihrer Klosterarchitektur ähnlich wie bei den Buddhisten in Südostasien deutlich. Sie realisiert sich nicht in der normalen Zivilisation, sondern in Randlagen insbesondere in der Bergwelt. Die Taoregeln zielen letztendlich auf Unsterblichkeit. Nach Gründung der Volksrepublik wurden die Anhänger des Taoismus auf Grund der 1954 verfassungsmäßig garantierten Religionsfreiheit zwar nicht verfolgt, aber wegen Aberglaubens geächtet. Unter dem Druck der kommunistischen Partei trennte sich die nationale taoistische Vereinigung vom Okkultismus und konnte sich 1957 rekonstruieren. Die Kulturrevolution von 1966 und die zehn Jahre des Chaos bis 1976 brachten die taoistische Wiederbelebung zum Erliegen. Maos Garden brandschatzten überall im Lande die Klöster. Allerdings wurde Wudang Shan verschont. Der Boxeraufstand bestand aus Kämpfern des buddhistischen Kung Fu und war gegen die Kolonialmächte gerichtet. Hier gibt es gewisse Gemeinsamkeiten mit dem Taoismus. Seit 1990 gibt es eine gewisse Rehabilitierung des Taoismus und die Erlaubnis der Pflege des klerikalen Nachwuchses. Der Taoismus schien am Ende, dann kamen aber die Pilger aus dem Ausland und der Taoismus in Wudang Shan erfuhr eine Aufwertung und Wiederbelebung (Bükemeier 2003).

Die Wiederbelebung des Taoismus sowie die Festigung der Religion in Indien und Indonesien mit anwachsender religiöser Intoleranz, die Wiederkehr der Religion auch in anderen Ländern wie insbesondere in China deutet darauf hin, dass die Religion nach wie vor beim Kulturtransfer eine zentrale Rolle spielt. Es ist ein weiterer Indikator dafür, dass die kulturelle Dimension bei der Modernisierung zunehmend berücksichtigt werden muss, wenn es gelingen soll, Modernisierungsstrategien durchzusetzen. Insgesamt spielt die Alltagskultur vor ihrer Technologisierung wie in den Industrienationen eine stärkere Rolle und damit auch die Religion. Damit kommt Kompetenz, Können und implizites Wissen wie anderen personalen Wissensformen eine höhere Bedeutung zu. Dabei sind in der chinesischen Naturphilosophie zwei unterschiedliche Ansätze dann auch mit differierenden Auswirkungen zu unterscheiden:

(1) Im Konfuzianismus werden Mikro- und Makrokosmos einander parallelisiert. Dabei wird die Konzeption zweier Naturwelten zementiert. Die Bearbeitung der Natur gehört zur Natur des Menschen. Vor diesem Hintergrund kann auch die europäische Wissenschaft rezipiert werden, auch wenn die Technik keinen hohen Stellenwert hat. Es gibt zwar keinen Schöpfergott, aber Natur als transzendierende numinose Macht wird anerkannt. Personsein wird hingegen in

dieser Traditionslinie nur als Begrenzung verstanden. Konfuzianer waren daher eher Vertreter und prinzipielle Befürworter einer Herausbildung der Kultur bzw. Technologie aus einer als feindlich empfundenen Naturwelt. Diese Traditionslinie wird wohl anthropozentrisch genannt werden dürfen.
(2) Das Motiv einer Ehrfurcht vor der Natur ist in taoistischen Konzepten zu finden. Allerdings ist auch der chinesische Universalismus in seiner Abstraktheit, der von einer Einheit von Yin und Yang ausgeht, kaum in der Lage, Lösungen für konkrete ökologische Probleme anzubieten. Der Taoismus hat seine Chancen und Grenzen im individuellen Zugang zum menschlichen Leben. Er formuliert in der Grundtugend der Gelassenheit eine Konzeption des Handelns, ohne zu Handeln. Diese Konzeption impliziert, sich in den Rhythmus der Natur fallen zu lassen und sich von der Natur leiten zu lassen. Gemäß dem Taoismus finden alle Dinge spontan die ihnen angemessenen Wege, nur der Mensch nicht. Daher bedarf er der ethischen Anleitung. In der chinesischen Philosophie gibt es eine sich in allen Aspekten entfaltende Harmonie einer unpersönlichen kosmischen Funktion (Callicott/Ames 1989, 70f).
Die Idee, dass ein einziger Körper das ganze Weltall und den ganzen Kosmos umfasst, beruht letztendlich auf der Annahme, dass alle Dinge gemacht sind aus Chi, aus Kraft. Alle kosmologischen Dinge teilen dieselbe Artung mit uns und sind daher unsere Mitgenossen. Die Funktion von Ursache und Antwort charakterisiert die Natur als große Harmonie und informiert den menschlichen Geist (Callicott/Ames 1989, 76f).

Die ostasiatischen Religionen interessiert nicht die Natur als Umwelt, sondern als Signum des Religiösen. Sie stellt einen Hort traditioneller Werte und Überlieferung dar, grundsätzlich nicht an Innovationen orientiert, sondern am Bestehenden. Die Kultur Ostasiens ist traditionsorientiert, eher am Bewahren und Erhalten ausgerichtet, aber ein Gestalten der Natur und handwerkliche Technik sind Teil des traditionellen Lebens. Die Religion beschäftigt sich mit kosmologischen Fragen der Natur, nur nebenbei mit dem anthropologisch-kulturellen Aspekt der irdischen Umwelt. Die Religion ist konkret abstrakt, Technik konkret pragmatisch. Religion – anthropozentrisch oder nicht anthropozentrisch – kann in der Regel nicht helfen, Nachhaltigkeit oder Langzeitverantwortung zu realisieren. Religion ist ein wichtiges Element kultureller Tradition. Die religiöse Interpretation neuer Technologien und von Wissenschaft als traditions- und religionsfeindlich erschwert zudem die Lösung von Nachhaltigkeitsproblemen, selbst wenn einzelne Religionen ein interessantes Potential zum Schutz der Natur aufgebaut haben. Das Anwachsen des Fundamentalismus im Islam, im Hinduismus, aber auch in mehreren christlichen Konfessionen könnte der Meinung Vorschub leisten, dass die Bedeutung der Religion als kultureller Faktor im Anwachsen begriffen ist und sie daher eine Rolle als Fürsprecherin für ökologische Belange einnehmen könnte. Auf der anderen Seite fördern – vielleicht abgesehen vom Buddhismus – alle Religionen traditionelle Familienstrukturen und damit Bevölkerungswachstum in Schwellen- und Entwicklungsländern. Die Hoffnung auf Unterstützung durch die Religion in ökologischen Belangen ist daher ein höchst zweischneidiges Schwert.

In einigen Punkten kann eine ökologische Ethik wichtige Perspektiven aus der östlichen Philosophie lernen. Die nicht-naturalistische, intuitionistische und nichtkognitivistische Natursicht könnte die die westliche Philosophie inspirieren (Callicott/Ames 1989, 267). Langzeitverantwortung aber ist ein typisch westliches philosophisches Prinzip, das als Leitbild für den transkulturellen umweltethischen Diskurs nicht besonders geeignet erscheint. Konkrete Ziele wie der Schutz des Lebens, der Wälder oder der Bäume lassen sich eher vermitteln. Sollen wir für eine Konvergenz der westlichen und östlichen Philosophie Naturwissenschaft und die Idee der Experimentalphilosophie opfern und zu einer neuen holistischen Sicht gelangen sollen, die uns scheinbar die östliche religiös geprägte Philosophie anbietet? Aber die Konzeption einer „östlichen Philosophie" ist bereits eine eurozentrische Verkürzung, die östliche Philosophie in Analogie zur westlichen versteht. Möglicherweise belehrt uns die Konfrontation mit der östlichen Philosophie, dass wir das Problem der Umwelt als Problem des richtigen Verständnisses von Natur vielleicht lösen können, ohne dass wir damit für die Lösung von Umweltproblemen etwas gewonnen haben. Asiatische Religionen sind also kein Bollwerk gegen westliche Technik. Weltanschauliche und technische Dimensionen der Kultur in Südostasien sind eher unterschieden und voneinander getrennt.

Erstaunlich für den säkularisierten Europäer ist die Allgegenwärtigkeit des Religiösen in den asiatischen Ländern. Religion ist in Südostasien viel mehr mit Lebensform, Lebensstil, Lebensart und Kultur verbunden. Asiatische Religionen vertragen sich untereinander, sind zumindest deutlich weniger missionarisch als Buchreligionen. Religion kann aus heuristischen Gründen als Chiffre für alle weltanschaulich-religiösen Kulturbereiche genommen werden, die in Asien noch nicht so ausdifferenziert und autonom sind wie in Europa. Kulturelle und religiöse Tradition sind nahezu deckungsgleich, eine von Religion getrennte Philosophie sowie die Trennung in eine religiöse und eine profane bzw. säkulare Sphäre ist eher selten anzutreffen, vielleicht abgesehen von den Versuchen in China, den Marxismus-Leninismus in Gestalt des Maoismus einzuführen. Der religiöse Einfluss auf die Kultur ist zu unterscheiden vom religiösen Einfluss auf die Politik. Allerdings finden eine Reihe von Ausdifferenzierungsprozesse nicht zuletzt aufgrund des westlichen Einflusses statt. Die kulturellen Gestaltungsmöglichkeiten von Technik sind allerdings deutlich geringer als die sozioökonomischen oder politischen Steuerungsmöglichkeiten. Gerade für den südlichen und östlichen Bereich Asiens ist das Konzept der „zwei Kulturen" relativ nichtssagend und die direkten Steuerungsmöglichkeiten des weltanschaulichen Bereiches der Kultur gering. Dabei geht die Naturfreundlichkeit der Religion einher mit einer scheinbar unreflektierten Nutzung westlicher Technologie. Es wird daher vermutlich nicht schwer sein, Umweltbewusstsein durch Bildung zu wecken, wenn dieses denn explizit auf die Tagesordnung kommt und wenn umweltfreundliche Technik kulturell kompatibel und billig angeboten wird.

Es gibt also keine Zwei-Kulturen-Theorie der Modernisierung in Südostasien, vor allem gibt es keinen Gegensatz zwischen technischer und religiöser Kultur. Dies liegt zum einen daran, dass in diesem Kulturraum die industrielle Revolution nicht stattgefunden hat, zum anderen aber insbesondere daran, dass es traditionellerweise keinen Gegensatz zwischen religiöser Tradition und technischer Entwicklung gibt. Wir Europäer müssen unsere Modernisierungsvorstellungen radikal überdenken, wenn wir ökosoziale Modernisierung in Südostasien propagieren wollen. Eine schnelle Modernisierung im Bereich der Religion lässt sich in Südostasien nur schwer vorstellen. Eine der westlichen Welt vergleichbare Form der Säkularisierung läuft insbesondere in den Technologiezentren und in den großen Städten ab, führt aber nicht selten zu Entfremdungstendenzen von der eigenen Kultur. Um Nachhaltigkeit zu befördern, ist eine Modernisierung im Bereich der weltanschaulichen Dimension, was die Natur betrifft, eher nicht erforderlich, allerdings die Entdeckung und Erarbeitung der Zukunftsdimension und der Verantwortung für sie, wenn eine Orientierung am Leitbild der Nachhaltigkeit oder gar der Zukunftsverantwortung einmal möglich sein soll. Nachhaltigkeit bleibt wie kulturelle Modernisierung für diese Kulturen ein eher heteronomes Element in ihrem kulturellen Entwurf, wahrscheinlich in Indien stärker als in China.

Europäer sollten Modernisierung nicht zu stark propagieren, wenn dies die Zerstörung religiöser Tradition dort impliziert, wo sie noch lebendig ist, nur weil dies dem uns vertrauten Modernisierungsparadigma entspricht. Die religiöse Tradition Südostasiens lässt sich im allgemeinen mit dem Konzept von Langzeitverantwortung trotz der divergierenden weltanschaulichen Divergenzen verknüpfen, wenn damit ein konkreter Lebensentwurf im Sinne der Nachhaltigkeit verbunden wird. Wenn Europäer das Nachhaltigkeitsleitbild in Südostasien befördern wollen, müssen sie sehr vorsichtig operieren, um sich nicht dem Verdacht auszusetzen, sie würden ökologisch motivierten Neokolonialismus propagieren. Wenn Europäer im transkulturellen Dialog Nachhaltigkeitsmodelle vertreten, sollte klar herausgestellt werden, dass diese an naturfreundliche asiatische religiöse Traditionen anknüpfen, ohne im eigentlichen Sinne auf eine Modernisierung im Sinne aufklärerischer europäischer Geschichtsphilosophie abzuzielen. Nachhaltigkeit muss in Asien als Leitbild asiatisch geprägter kultureller Modernisierung formuliert und propagiert werden.

Den Inder bedrohen nicht nur Umweltprobleme, sondern viel mehr die Summe seiner Alltagsprobleme, zu denen auch die Umwelt gehört. Er ist viel mehr in vielfacher Form in seiner Existenz bedroht. Seine Traditionen und seine Religion lehren ihn, dass Überleben im Sinne eines möglichst langen Lebens nicht der höchste Wert ist, auch wenn dies im Westen häufig genug so gesehen wird. In Europa neigt man zu hektischer Betriebsamkeit – auch in ökologischen Fragen. Wir müssen alles im Griff haben, planen und vorherberechnen, selbst dort, wo dies gar nicht als möglich erscheint. In vielfacher Form scheint im Westen die Ökologie zur Ersatzreligion geworden zu sein, wie dies deutlich in der sog. Tiefenökologie zu Tage tritt. So können wir von Indien lernen, wo die eigentlich religiöse Dimension zu verorten wäre.

6. Neue Technologien und die Schließung der technologischen Lücke: Ansatzpunkte in Südostasien

Was immer im einzelnen unter Modernisierung verstanden werden soll, eine Kopie des westlichen Modells soll es in Südostasien nicht sein. Häufig genug werden asiatische Werte, Werte der Gemeinschaft, gegen den westlichen Individualismus ins Feld geführt. Auch wird die Berücksichtigung der jeweiligen religiösen Tradition stärker gefordert, ohne dass dies gleich als gegen den Westen gerichtet verstanden werden müsste. Im Hinblick auf ökosoziale Modernisierung bevorzugen Europäer die technisch-ökonomische Entwicklung. Im Zentrum steht der Wachstumsgedanke insbesondere des internationalen Handels, isoliert von allen Einbettungsfaktoren und ein auf Ökonomie reduzierter Technologietransfer. Die zu einfachen Modernisierungstheorien auf der Basis der Zwei-Kulturen-Theorie kennen nur Technologietransfer und kulturelle Anpassung, die auseinander klaffen und als Gegensätze gesehen werden. So lässt sich aber ökosoziale Modernisierung auch in Südostasien nicht realisieren.

Die Zerstörung unserer natürlichen Lebensgrundlagen weltweit ist zu einem erheblichen Teil eine Folge technisch geprägter Kultur und Zivilisation und vor allem der von ihr eingeschlagenen technischen und ökonomischen Entwicklungspfade. Je höher der Technisierungsgrad und je größer die technische Macht des „homo faber" ist, umso gewaltiger ist das Potential der Zerstörung. Zu den nicht unerheblichen Folgen der Kolonialisierung in den betreffenden Ländern gehören ökologische Probleme. Der Kolonialismus hat Traditionen geschaffen und Entwicklungspfade generiert, die selbst nach seinem Ende in weiten Bereichen der Erde wirksam sind und von den nachfolgenden Regierungen nicht abgeschafft wurden, weil diese in der Regel davon profitieren. Allerdings zeigt ein Blick auf Indien und China trotz unterschiedlicher Erfahrungen mit der Kolonialisierung Ähnlichkeiten im Hinblick auf ökologische Probleme. Außerdem hatte die Kolonialisierung unterschiedliche Grade der Einbindung in den Weltmarkt und damit der Offenheit für Globalisierung zur Folge.

Die Ursache der Umweltkrise ist generell in der Industriegesellschaft gesehen worden, als Folgeerscheinung fortschreitender Industrialisierung und Technisierung, also letztlich als Modernisierungsfolge. Aber eigentlich ist das Wirtschafts- und Gesellschaftssystem als Ursache für die ökologische Krise anzusetzen. Und dies ist nur ein Segment aus dem Modernisierungsspektrum. Trotz der These, dass der Sozialismus prinzipiell umweltkonform sei, hat sich faktische eine ökologisch orientierte Wirtschaftspolitik im Osten nicht durchsetzen können. Eine ökologische Wende wäre ohne die politische Wende auch auf längere Zeit angesichts der vielfältigsten ökonomischen Probleme nicht zu erwarten gewesen. Die Bewältigung von Altlasten und die schnelle und radikale Umstrukturierung der Wirtschaft zur Stabilisierung des politischen Systems wird die langfristigen ökologischen Probleme zunächst zurückdrängen. In den RGW-Staaten trat in den 70er und 80er Jahren eine deutliche Verschlechterung der Umweltsituation ein. RGW hieß „Rat für gegenseitige Wirtschaftshilfe" und bezeichnete den Wirtschaftsorganisation der ehemaligen Ostblockstaaten. Die Emissionen pro Kopf der Bevölkerung erhöhten sich um 235 % (Förster 1991, 13f). Die größten Emittenten waren Kraftwerke, Eisen- und Stahlindustrie, aber auch die Grundstoffindustrie und die extensive Raumerschließung.

Die Ausdehnung der Exporttätigkeit und der daraus resultierende Verfall der Preise sowie zusätzliche Militärausgaben verstärken den Teufelskreis der Auslandsverschuldung durch Kreditaufnahme. Weltweit sind Rahmenbedingungen zu schaffen, die eine neue Überschuldung verhindern. Strukturanpassungsprozesse sind gleichfalls erforderlich, aber auch die externen Rahmenbedingungen sind neu zu gestalten. In den nächsten 50 Jahren ist mit einer Verfünffachung der Produktion und mit der Verknappung der erneuerbaren Ressourcen zu rechnen. Bürgerkriege und internationale Konkurrenzstreitigkeiten werden zur Verknappung natürlicher Ressourcen und zu ihrer Übernutzung führen. Entwaldung und Erosion werden voranschreiten. Die veränderten bzw. verschlechterten Umweltbedingungen werden soziale Turbulenzen und Verteilungskonflikte hervorrufen. Der Verbrauch des Kapitals an Ressourcen, das Bevölkerungswachstum, die Veränderung der gesellschaftlichen Aufteilung einer Ressource, das alles führt zu neuen Verteilungskonflikten. In Bangladesch z.B. kommt es bei einer Verdoppelung der Bevölkerung bis zum Jahr 2025 zu einer Halbierung der Anbaufläche. Migrationen und soziale Veränderungen sind die Folge (Spektrum 3/1996, 112-114). Einwanderungsstopp, Pogrome und Rassismus sind zu erwarten. Ungerechte Landverteilung, Übernutzung ökologischer Ressourcen und Aufruhr führen zur Landflucht und Slum-Bildung (Spektrum 3/1996, 116). Umweltprobleme bringen einen Verlust an Produktivität und führen zu Wassermangel, woraus ebenfalls Konflikte entstehen. Auf diese Weise wird Umweltschutz zur Krisenvermeidung (Spektrum 3/1996, 119). All diese Probleme stellen einen Bereich dar, der zu den zentralen Herausforderungen für Modernisierungsstrategien gehören, die sich allerdings nicht auf Technik und Ökonomie werden beschränken dürfen.

Es wird von vielen Regierungen in Schwellen- und Entwicklungsländern erwartet, dass der Prozess wirtschaftlichen Wachstums dazu beiträgt, dass Armut aufgehoben und Wohlstand für alle Mitglieder einer Gesellschaft erzeugt wird. Insofern überrascht es nicht, dass viele Entwicklungsländer dem Wachstumsziel eine hohe Priorität einräumen. Selbst im günstigsten Fall aber profitiert nur eine Minderheit der Bevölkerung von den wachstumsbedingten Einkommenszuwächsen, während die Mehrheit verarmt oder in Armut verbleibt. Zudem verändert der Wachstumsprozess das Ausmaß und die Struktur der Nutzung von Natur. So nehmen der Verbrauch von Rohmaterialien und der Ausstoß von Schadstoffen zumindest in der Anfangsphase des Wachstumsprozesses stark zu.

Gleichzeitig steigt der Flächenbedarf für Produktionsstätten und Infrastruktureinrichtungen. Da die Produktion der Ressourcen in dem erforderlichen Umfang nicht zeitgleich erhöht werden kann, findet eine Intensivierung von Nutzungskonflikten statt, die im Ergebnis zu Lasten der Armen geht. Armut oder wirtschaftliche Ungleichheit und Umweltschäden können jedoch den Erfolg des Wachstumsprozesses selbst infrage stellen. Umweltschäden beinhalten einen Rückgang der Produktivität von Arbeit, Kapital, Boden und anderen natürlichen Ressourcen (Chakraborty 1999, 9). Sie sind damit ein klares Modernisierungshindernis. Der Anteil der selbständigen Landwirte an der Arbeitsbevölkerung Indiens fiel zwischen 1951 und 1991 von 50 % auf 38,7 %, während die Zahl der Landarbeiter von 19,7 % auf 26.1 % zunahm. Dies ist ein Ergebnis der Modernisierung der Landwirtschaft („Grüne Revolution"), die in der zweiten Hälfte der 60er Jahre begann und vieler Orts eine Expropriation der Pächter durch die Grundherren hervorrief. Mitte der 60er Jahre trat eine absolute Verknappung der landwirtschaftlichen Produktion ein (Chakraborty 1999, 14f). Die Entwaldung gilt als eines der drängendsten Umweltprobleme Indiens (Chakraborty 1999, 47). Eine Gruppe, die von den negativen Folgen der Entwaldung besonders betroffen ist, stellt die indische Stammesbevölkerung (Adivasi) dar, die heute 8,1 % der indischen Bevölkerung ausmacht (Chakraborty 1999, 79). Für das holzverarbeitende Handwerk erhöht der Anstieg der Holzpreise die Kosten. Die Landwirte reagieren auf Bodendegradation mit Verringerung des Einsatzes von Arbeit, Dünger und anderen Produktionsfaktoren (Chakraborty 1999, 87).

Der Verfall der traditionellen Institutionen zur Bewirtschaftung der Wasserrückhaltebecken weist eine Parallele zur Geschichte der Waldnutzung auf. Diese Institutionen wurden abgestützt durch religiöse Wertsetzungen. So galt es als religiöser Verdienst, einen Beitrag zur Verbesserung der lokalen Wasserversorgung zu leisten. In beiden Fällen sind die Regeln, die den Erhalt des Bestandes einer erneuerbaren Ressource sichern sollten, als Folge politischer Veränderungen und der damit verbundenen ökonomisch-sozialen Modernisierungsprozesse untergegangen, ohne dass funktionale Äquivalente an ihre Stelle getreten wären. Im übrigen handelte es sich im Falle der Wassernutzung um Zugangsbeschränkungen, während im Falle der Wasserrückhaltebecken die Vergrößerung des Ressourcenbestandes im Vordergrund stand (Chakraborty 1999, 139f).

Trotz ständiger Bemühungen um Familienplanung und Geburtenkontrolle ist die indische Bevölkerung in den vergangenen vier Jahrzehnten stark angewachsen. Die rasche Reduktion der Sterberate war ein zentraler Ausgangspunkt. Das Bevölkerungswachstum bremst den Anstieg des Prokopfeinkommens dramatisch. Auch Verbesserungen der Gesundheitsfürsorge führten zu einem Anwachsen der Geburtenrate. Ein hoffnungsvolles Zeichen ist der allmähliche Rückgang der Fertilitätsrate der Frauen. Der Bildungsstand der Frauen hat einen entscheidenden Einfluss auf den Erfolg der Geburtenkontrolle. In Indien herrscht ein ausgeprägtes Defizit an Ausbildung der Frauen. Die Ausnahme ist Kerala aufgrund alter matriarchalischer Traditionen. Für das Bevölkerungswachstum ist somit das Thema der Frauenbildung zentral. Die staatlichen Bemühungen um Geburtenkontrolle und Familienplanung sind angesichts der Rückständigkeit in weiten ländlichen Gebieten Indiens nicht von Erfolg gekrönt gewesen. Zwangssterilisierung meist armer Männer und die Zwei-Kind-Ehe für Staatsbeamte haben auch eher kosmetische Auswirkungen. Ein wirksames Mittel ist die Abnahme der Geburtenziffer durch Urbanisierung (Rothermund 1995, 59-64).

Das Bevölkerungswachstum in Kombination mit anderen Modernisierungszwängen bürdet der indischen Großfamilie insbesondere in der Stadt, indirekt auch auf dem Land, neue Probleme nicht zuletzt durch die Ernährung und Ausbildung der Kinder auf. Und in der Stadt ist das gemeinsame Arbeiten in der Großfamilie nicht mehr möglich. Das Bevölkerungswachstum, die Urbanisierung und Slumbildung erhöhen den Druck auf die traditionelle Großfamilie und verstärken Auflösungstendenzen. Das Bevölkerungswachstum als eine Folge technischer und kultureller Modernisierung stellen so einen Modernisierungszwang dar, der letztlich aus Hygienevorstellungen hervorging, die einem Kulturtransfer entsprungen sind. Modernisierungsprozesse machen weitere Modernisierungsprozesse (Modernisierungsspirale) erforderlich. Ohne eine stärkere Herausbildung der Verantwortungswahrnehmung in Kleinfamilien vor dem Hintergrund einer lockerer werdenden Großfamilie wird sich kein neues Gemeinschaftsgefühl herausbilden, wobei die Grundhaltung gemeinsamer Solidarität erhalten bleiben sollte. Die ethischen und kulturellen Probleme der technischen Welt stellen sich nicht nur in Europa und Amerika, sondern vielleicht noch dringender und noch komplizierter in den Entwicklungsländern. Europa hat doch die technische Welt aus seinem eigenen Leben entwickelt, und es hatte mehr als ein Jahrhundert zur Verfügung, die neuen Mächte der Technologie in den Organismus seines gesellschaftlichen und kulturellen Lebens einzufügen. Die Entwicklungsländer aber übernehmen diese Errungenschaften von außen und müssen sich in wenigen Jahren an die technische Welt anpassen. Daher sollte die industrielle Entwicklung der früheren Kolonien nicht nur mit den Augen des Wirtschaftlers und Technikers betrachtet, sondern auch die sozialen und kulturellen, und vor allem die sittlichen und religiösen Probleme berücksichtigt werden, die sich aus der Umwandlung ergeben. Rationales Denken darf jedoch nur als sachliches Erfordernis erfolgreicher Wirtschaftsführung, nicht als höherer ethischer Wert hingestellt werden. Vor diesem Hintergrund wird die soziale und religiöse Krise deutlicher, die sich in Indien aus der Industrialisierung ergibt (Neuner 1964, 137f).

Die Grundform der hinduistischen Gemeinschaft ist die Großfamilie. In ihr sind alle Söhne des Familienoberhauptes zusammen mit ihren Frauen und

Kindern zu einer sozialen und wirtschaftlichen Einheit zusammengeschlossen. Sie gibt soziale und wirtschaftliche Sicherung; der Erwerb des Einzelnen fließt der Familiengemeinschaft zu, und wegen dieser breiten Basis gewährt die Großfamilie in Zeiten der Not eine gewisse Garantie des Existenzminimums. Sie ist auch der Raum für eine gesunde und harmonische seelische Entwicklung, da sie alle Altersstufen und Geschlechter, Großeltern, Eltern, Knaben und Mädchen verbindet. Die gemeinsame Beschäftigung der Familienmitglieder – meistens in der Landwirtschaft, da 70% der Dorfbewohner vom Ackerbau leben – führt die Jugend von den frühen Kinderjahren an in das wirtschaftliche Leben des Dorfes und besonders der hergebrachten Technik des Ackerbaues ein (Neuner 1964, 139).

Die religiöse Bedeutung der Hindufamilie liegt in der Tradierung der mythischen Erzählungen und des religiösen Brauchtums. Zu Hause feiert der Dorfbewohner auch die religiösen Riten, die das ganze Leben der Familie und des Dorfes durchziehen und jedes größere Ereignis kennzeichnen; er lebt den Festkalender des Dorfes und des Volkes. Die Frau ist die Hüterin der traditionellen Religion. Durch die Kaste wird die individuelle Persönlichkeitsentwicklung gehemmt und das soziale Verbundenheitsgefühl auf einen kleinen Kreis eingeengt, den Kreis der Sippe und Kaste im eigenen Dorf. Die Kaste wird zum Hindernis, wo die Einfügung in eine größere wirtschaftliche oder nationale Gemeinschaft gefordert wird. Es gehört sicher zu den folgenschwersten Wirkungen der neuzeitlichen Industrialisierung, dass sie die Großfamilie auflöst. Die Auflösung vollzieht sich vor allem in den Städten und in den neuen Industriezentren (Modernisierungsinseln), aber sie dringt auch aufs Land vor. Der Arbeiter, der möglicherweise getrennt von seiner Familie in der Stadt seinen Lebensunterhalt verdient, sieht nichts mehr von den religiösen und sittlich behüteten Traditionen des Dorfes, er beginnt in einer verwirrenden und verlockenden Umwelt zu leben, ohne festen Rahmen und ohne soziale Sanktion für die sittlichen Bindungen (Neuner 1964, 139-141).

Diese Rückverbindung wirkt sich nach zwei Richtungen aus: Sie erleichtert dem Arbeiter die neue Situation in der Stadt, sie bringt aber zugleich das Land viel näher an die Stadt, so dass die neue technische Welt rasch auch in die Dörfer einkehrt. Dazu tragen neben dem Hin- und Herwandern der Arbeiter auch der normale motorisierte Verkehr, die Autobusse, und die wirtschaftlichen Maßnahmen bei, die von der Regierung zur Hebung der Dorfwirtschaft betrieben werden, in der Subvention der landwirtschaftlichen Entwicklung und in der Gründung von Dorfindustrien. Ganz besonders von diesem sozialen Wandel ist die Frau betroffen. Grundsätzlich geht die Hindugesellschaft von der Annahme aus, dass die Tochter nicht zu ihr gehört. Jedes Mädchen ist zur Heirat bestimmt, zur Eingliederung in eine andere Familie. Eine solche Rechtslage konnte sich natürlich als furchtbarer Druck auf das Schicksal der Frau legen. Dennoch bestanden gewaltige Möglichkeiten, ihren Einfluss innerhalb des Heimes auf den

Mann und die Kinder segensreich auszudehnen. Zur Zurückhaltung der Frau im öffentlichen Leben trug auch der mohammedanische Einfluss viel bei, der die Frau streng im Haus festhielt. In diesem Rahmen hatte Frauenbildung keine rechten Möglichkeiten. Seit der Jahrhundertwende aber wird die Frauenbildung auf jedes Erziehungsprogramm gesetzt. Den stärksten öffentlichen Auftrieb erhielt die Frauenbewegung durch Ghandi. Die Frauen wurden nach seinem eigenen Zeugnis die treibende Macht seiner Bewegung. Die Frauenwelt ist auch tief beeinflusst durch die Welt des Films. In dem Film wird nun die ganz neue, unerhörte Freiheit der Frau in der sozialen Sphäre sichtbar vorgeführt. Mit der romantischen Liebe haben heutige Frauen ein neues Leitbild (Neuner 1964, 142-145).

Die zweite charakteristische Grundform der hinduistischen Gesellschaft ist die Kaste. Sie läuft auf eine tatsächliche Fragmentierung der Bevölkerung in etwa 3000 Unterkasten hinaus. Die Praxis dieses Systems der Unterkasten zersplittert die Hindubevölkerung in so kleine Gruppen, dass die Entwicklung eines gemeinsamen sozialen Bewusstseins unmöglich wird. Die schlimmste Auswirkung des Kastenwesens aber ist nicht die Fragmentierung der Gesellschaft, sondern der Ausschluss der Unberührbaren aus der Hindugesellschaft. Die Kastenlosigkeit weiter Gruppen der Bevölkerung wird meist rituell begründet, aus ihrer Beschäftigung, die den Gesetzen ritueller Reinheit widerspricht. Aber die rituell-religiöse Begründung der Unberührbarkeit ist offensichtlich eine nachträgliche Konstruktion, die nur einen geringen Bruchteil der Ausgrenzung rechtfertigen würde: In Wahrheit handelt es sich um die Unterdrückung ethnologisch verschiedener Volksschichten. Durch den nivellierenden Einfluss der industriellen Organisation wird das Kastenwesen schwer angegriffen. Die Kastenvorschriften gehen nicht zusammen mit dem modernen Verkehrswesen, wo Eisenbahn und Autobus alle Bevölkerungsschichten untereinander mischt. Freilich waren auch unter den Kastenlosen selbst die Kräfte der sozialen Emanzipation wirksam; sie wurden im Zusammenhang mit der modernen Wirtschaftsentwicklung geweckt. Auf dem Arbeitsmarkt hat nämlich der Kastenlose oft die gleiche, ja die bessere Chance als der Kastenhindu, der durch manche Tabus gehemmt ist (Neuner 1964, 147-150).

Auch in der Industrie bleibt die Kaste ein trennender Faktor. Bei der Organisation von Arbeiterwohnungen, Gewerkschaften und Wohlfahrtsinstitutionen muss man Kastengefühle berücksichtigen. Alles hängt doch an der geschlossenen Mitarbeit der Bewohner und an der vertrauensvollen Zusammenarbeit in der genossenschaftlichen Organisation ab, durch die die Regierung den großen Teil der Unterstützungsgelder den Dörfern zufließen lässt. Viele dieser Genossenschaften haben sich schlecht bewährt, eben wegen des Kastengeistes. Die Kastenstruktur der Gesellschaft erscheint als Übel, aber ihr völliger Zusammenbruch ohne das gleichzeitige Entstehen einer neuen Ordnung kann sogar noch schlimmer sein (Neuner 1964, 152f). Es gibt ernste Beobachter, die glauben, dass die moderne Orientierung, die bei einer intellektuellen Minderheit erscheint, nur ein Überbleibsel aus der kolonialen Epoche sei, und dass sie wieder verschwinden werde. Aber eben diese dünne Schicht der Intellektuellen und der Industriearbeiter ist doch entscheidend für die kommende Entwicklung. Die neue Orientierung der gebildeten Schicht geht auf den engen Kontakt mit dem Westen zurück, der im letzten Jahrhundert zur vollen Auswirkung kam. Die Verwestlichung Indiens wurde von England im 19. Jahrhundert im vollen Bewusstsein westlicher Überlegenheit durchgeführt. In diesem Geist wurde 1835 eine Bildungsreform begonnen. Ziel ist die Förderung europäischer Literatur und Wissenschaft unter den Bewohnern Indiens, freilich ohne dass man beabsichtigt, existierende Schulen mit indischen Unterrichtsmedien zu unterdrücken. Es ist begreiflich, dass die Wissenschaft für Menschen wie Nehru, deren ganzes Leben auf den nationalen Aufbau Indiens ausgerichtet ist, eine Art Ersatz für die Religion bildet. Sie lehnen nicht nur die traditionellen sozialen Werte und Formen, namentlich das Kastensystem, radikal ab, weil sie mit den Errungenschaften und Erfordernissen der technischen Welt nicht zusammenpassen, sondern sie suchen eine neue geistige Welt zu bauen mit neuen Inhalten und Orientierung durch moderne Wissenschaft (Neuner 1964, 154-157).

Zu dem Kastensystem kommt das Jajmai-System der Arbeitsteilung hinzu. Beide zusammen bestimmen die tatsächliche Einstellung zumindest der Landbevölkerung zur Technik. Das Jajmai-System umfasst Abhängigkeitsverhältnisse in Dorfgemeinschaften. So kann man sagen, dass in Indien auch auf dem Dorf keine reine Tauschwirtschaft existiert. Seit Jahrtausenden gibt es darüber hinaus ein monetäres. System Allerdings kann man von einer Bindung der Religion an das Dorf sprechen, ausdifferenziert durch die Kastenordnung. Damit bestimmt die Kastenordnung zumindest indirekt auch über die Einstellung zur Technik. Indische Moslems haben wesentliche Elemente der Kastenordnung übernommen. Meist haben Hindus jedoch wohl bei ihrem Religionswechsel die Kastenordnung beibehalten. Auch hier gibt es Endogamie, spezialisierte Berufsgruppen und eine soziale Hierarchie. Keine einzige Religionsgemeinschaft, einschließlich der Christen, haben sich völlig außerhalb der Kastenordnung gestellt. Die Sitzordnung in den Kirchen z. B. erfolgt nach Kastenzugehörigkeit. Das Kastensystem ist ein machtvoller Mechanismus, der die indische Gesellschaft zu einer Einheit und Ganzheit werden lässt. Die indische Kastengesellschaft als statisches, unwandelbares System zu betrachten, das soziale Mobilität und Entwicklung verhindert, ist sicherlich nicht gerechtfertigt. Im Gegenteil hat das Kastenwesen ausgeprägte assimilierende Kräfte (Rothermund 1995, 111-131). Und vor der Einführung von übergreifenden Verwaltungsstrukturen durch die britische Kolonialmacht war das Dorf der Ort der politischen Entscheidungen und damit einer Art von nichtrepräsentativer Demokratie.

Die außerordentliche Anpassungsfähigkeit, aber auch Widerstandsfähigkeit traditioneller Institutionen wie z.B. des indischen Kastenwesens an und gegen religiöse, ökonomische und technische Modernisierung, ist ein Indikator dafür, dass Technologietransfer auch ohne Kulturtransfer funktioniert. Bildung vermittelt Tradition. Erziehung muss aber auch den Boden für Traditionswandel bereiten. Nur in Inseln einer technischen Ausbildung und Erziehung wird ein reflexives Verständnis für Technologie und vielleicht für Umweltprobleme geweckt. Was in Europa funktioniert hat, Bewusstseinswandel durch Umweltgruppen, durch Umweltbildung, durch Umweltgesetzgebung zu erreichen, wird in anderen Ländern nicht einfach nachgeahmt werden können. Der Ansatzpunkt wird wohl praktischer sein müssen. NGOs scheinen hier einen weiterführenden Ansatz zumindest auszuprobieren.

Zur Charakterisierung des indischen Kastenwesens sind folgende Gesichtspunkte zu berücksichtigen: Kasten sind sakraler Natur und geschlossene Gruppen. Mitgliedschaft erlangt man durch die Geburt. Kasten sind Berufsgruppen und strikt hierarchisch geordnet, zugrunde liegt das Ideal der Reinheit. Die Kastenidee ist allumfassend und allgegenwärtig. Der Begriff Kaste kommt vom Portugiesischen Casta, unvermischt, rein. Der indische Ausdruck dafür ist Jati, Geburt und Ursprung. Jati kann auch ein bestimmtes Geschlecht, auch Tiere und Götter bezeichnen. Ein dritter wichtiger Begriff in diesem Zusammenhang ist Varna, die Hautfarbe, als Bezeichnung für Körperbau, Sprache, Wirtschaftsform und Riten, also den kulturellen Ausdruck. Die rituelle Handlung ist das zentrale Moment der Entstehung der vier Varnas. Ein weiterer wichtiger Begriff in diesem Zusammenhang ist Guna, die Zuordnung von Qualität, Eigenschaft zu einer bestimmten Farbe. Mit Varna und Guna bezeichnet man eine bestimmte Lebensweise, eine Berufsausübung, eine Ernährungsweise sowie die Einhaltung bestimmter Verhaltensweisen. Heiratsbeziehungen basieren auf dem Grundsatz der Reinheit und richten sich gegen Mischungen. Dennoch ist es ein gesellschaftlich akzeptiertes Ziel, Frauen höher zu verheiraten, was zu extremen Mitgiftzahlungen und zum Infantizid bei jungen Mädchen führt. Das Varna-Modell hat einen weitgehenden Anwendungsbereich. Viele zufällige Erscheinungen wurden im Laufe der Jahrtausende eingebaut. Dabei sind das Varna-Idealbild und die Realität zu unterscheiden. Die Kastenordnung wurde nicht überall als hierarchisches Modell betrachtet.

Die Kaste ist eine zugeschriebene genetische Identität, individuell und kollektiv. Jede Kaste ist vom Rest der Welt separiert und abgetrennt, hat eine exklusive Struktur, ist ein System für sich selbst und weit weg davon, sich für andere zu öffnen, die nicht zu ihr gehören. Jede von ihnen scheint eine geschlossene Gesellschaft zu sein, die ihre Abtrennung mit voller Kraft praktiziert (Subramanian 2003, 15). Die Kasten sind keinesfalls ein System einer offenen Pluralität und einer offenen Gesellschaft. Es gibt ohne Zweifel eine ganze Reihe von Kasten, die verschiedene Endziele haben, aber das Kastensystem als Ganzes schließt Mobilität zwischen den Kasten aus, so dass letztendlich für jede Kaste ein einzelner Zweck übrig bleibt. Aus diesem Grunde hat man das indische

Kastensystem oft als Ausdruck des „homo hierarchicus" bezeichnet (Subramanian 2003, 16). Allerdings scheint den Soziologen entgangen zu sein, dass das indische System als Hierarchie nicht adäquat beschrieben ist, denn es handelt sich nicht um ein System, in dem die Macht von der Spitze zum Boden hin fließt (Subramanian 2003, 19).

Die Anbindung Indiens an den Weltmarkt unter britischer Herrschaft war die entscheidende Weichenstellung in der wirtschaftlichen Entwicklung. Die Engländer brachten viel Silber nach Indien und kauften dafür Textilien. Sie brachten diese als Halbfertigwaren nach Großbritannien zur Weiterverarbeitung. Die damals reiche Provinz Bengalen war der Anlaufpunkt für die britischen Unternehmungen. Im 19. Jahrhundert wurde Indien ein abhängiges Agrarland, das zu billigsten Preisen Indigo, Opium, Rohbaumwolle, Jute, Reis und Weizen exportierte. Letztlich geschah keine positive Integration in den Weltmarkt. Die sozialistische Neigung der indischen Nationalisten mit Unterstützung durch die bürokratische Zwangswirtschaft des zweiten Weltkrieges durch die Briten führte zu einer stark protektionistischen Grundhaltung in der Wirtschaftsführung. Die Weltwirtschaftskrise ruinierte den Freihandel und gab einem Neomerkantilismus Auftrieb. Bei der Unabhängigkeit war die indische Wirtschaft gekennzeichnet durch einen überalterten Maschinenpark und durch überteuerte Preise aufgrund der Kriegswirtschaft. Um die überhöhten Preise für indische Industriegüter zu schützen, setzte die indische Regierung nach der Unabhängigkeit den protektionistischen Kurs fort (Rothermund 1995, 485-491).

In ein an Tradition und Lebensmustern religiöser Prägung orientiertes Land, in der gesellschaftliche Mobilität in pluralistischer Weise durch Kastengrenzen eingeschränkt war, wurde nach der Unabhängigkeit das Modell eines sozialistischen Wohlfahrtsstaates eingeführt. Industrie, Technologie, Demokratie und bürokratische Entwicklungsmuster hielten Einzug in das offizielle Entwicklungsdenken, das aber an der Bevölkerung vorbei etabliert wurde. Angesichts der dominanten (religiösen) Tradition mit der ihr eigenen Flexibilität und Anpassungsfähigkeit wurde das Kastenwesen nicht zum Modernisierungshindernis, noch gar zum Bollwerk gegen westliche Technik, sondern führte zu einer weiteren Regionalisierung und Dezentralisierung auch der Lebensformen. Eine gewisse soziale Mobilität blieb auf die Städte beschränkt. Die Übernahme von westlicher Technologie in Indien war vor 1857 in Indien begrenzt, zudem war die Differenz im technologischen Niveau vor der industriellen Revolution noch nicht so gravierend. Erst die grundlegende Bildungsreform schuf die Voraussetzung für einen Transfer westlicher Gebrauchsformen und Konsummuster technologischer Mittel. Erst die Übernahme der Regierungsgewalt durch die britische Krone und die umfassende Bildungsreform und die Einführung von Englisch als Verwaltungs- und neuer Nationalsprache ändert diese wesentlichen Voraussetzungen für einen gelingenden Technologietransfer und die Einleitung von Modernisierungsprozessen.

Die Einführung eines Fünfjahresplanes orientierte die indische Wirtschaft nach der Unabhängigkeit in Richtung Planwirtschaft. Nehrus ehrgeiziges Industrialisierungsprogramm brachte bis zu seinem Tode im Jahre 1964 beachtliche industrielle Fortschritte. Die Achillesferse dieser Wirtschaftskonzeption war die Landwirtschaft. Der unsichere Monsun brachte alle sieben Jahre eine Dürrezeit. Der zu Nehrus Zeiten zu verzeichnende Anstieg der Agrarproduktion beruhte allein auf einer Ausdehnung der Anbaufläche. Er erreichte gerade mal einen Ausgleich für das Bevölkerungswachstum. 1965/66 folgten zwei Dürrejahre aufeinander und mit ihnen der Zusammenbruch der Planwirtschaft im Agrarsektor. Die rasch ansteigenden Agrarpreise beschleunigten die Grüne Revolution. Hybridzüchtungen, Kunstdünger und Bewässerungssysteme brachten den Erfolg. Brunnen wurden gebohrt und ein Kanalsystem angelegt. Die Gesamtanbaufläche aber ist in 30 Jahren nur um 16 % angewachsen. Gleichzeitig wurden die Investitionen in der Schwerindustrie zurückgenommen, eine Rezession zeichnete sich in den 60er Jahren ab. Bei der Kohleförderung kam es zu einer Stagnation bis zu einem Abschwung (Rothermund 1995, 491-493).

Erst in den 90er Jahren gab es wiederum einen Aufschwung im Bereich der Industrie. Seither ist insbesondere der Dienstleistungssektor angestiegen. Trotz Grüner Revolution ist die Landwirtschaft zurückgeblieben. Zwei Drittel der Arbeitskräfte arbeiten in der Landwirtschaft und erbringen nur etwa ein Drittel des Sozialproduktes. In der Industrie ist eine hohe Staatsquote zu verzeichnen, die immer noch erhöht wurde. Indien ist trotz allem industriellen Fortschritt immer noch ein armes Agrarland. Dabei führten steigende Planungsausgaben zu einer permanenten Erhöhung der Steuern, zu einer Inflation und zu einer Verdopplung der Verbraucherpreise. Die hohe Zahl der Staatsbediensteten ist hier ausschlaggebend. Die Eisenbahn ist ein Staatsunternehmen, die Banken sind verstaatlicht. Die Mittelklasse, die eher als bemittelte Klasse zu bezeichnen ist, ist sparbewusst, um sich auf diese Art und Weise eine Altersvorsorge zu schaffen (Rothermund 1995, 494-500).

Am 21.6.1991 gab es einen Wendepunkt in der indischen Wirtschaft. Der Staat stand kurz vor dem Konkurs. Die Minderheitsregierung Rao wertete die Rupie insgesamt um etwa 20 % ab. Dies führte zu einer Verteuerung der Einfuhren und zu einer Verbilligung der Ausfuhren. Eine neue Industriepolitik zeichnete sich ab. Nun befindet sich die indische Wirtschaft in einer Übergangsphase zur freien Marktwirtschaft mit einem freien Unternehmertum. Nach wie vor besteht eine Beherrschung der indischen Wirtschaft durch den Staat. Der Staat reservierte bestimmte Wirtschaftszweige für die Kleinindustrie und kontrollierte die Privatwirtschaft durch ein aufwendiges Lizenzsystem, verbunden mit einer großzügigen Arbeitsmarktpolitik. Er propagierte die Importsubstitution und einen protektionistischen Außenhandel. Dies richtete sich gegen ausländische Direktinvestitionen, bei denen ausländische Manager das Sagen haben. Eine Beteiligung von mehr als 40 % des ausländischen Partners war nicht gestattet. Charakteristisch war ein System von Staatsunternehmen mit staatlich fixierten Preisen. Die mangelnde Gewinnträchtigkeit der Staatsunternehmen erwies sich als zentrales Problem für die indische Wirtschaftsorganisation. Indien hat weit entwickelte politische Freiheiten und Rechte, so dass mit Widerstand gegen unpopuläre Maßnahmen in Indien zu rechnen ist.

Das industrielle Wachstum ist der größte Energiefresser in Indien. Die staatliche Industriepolitik ist nicht umweltfreundlich. Die Stahlwerke Indiens, die Zementindustrie und die Aluminiumindustrie sind weit über dem Weltdurchschnitt im Energieverbrauch. Die Energieeffizienz hatte bisher keine Priorität in der Politik. Die Herausbildung einer relativ wohlhabenden indischen Mittelschicht führte zu einem starken Anwachsen des Individualverkehrs. Die Energiepolitik muss sich neue Ziele setzen: Substitution, Aufforstung und alternative Energiequellen. Erst ab den 80er Jahren gab es ein nennenswertes Aufforstungsprogramm. Häufig geschieht eine Wiederaufforstung mit Eukalyptus: Das ist Bauholz, geht aber an den Bedürfnissen der Armen vorbei. Zusätzliche Elektrizität durch kleinere Kraftwerke in den Gebirgsregionen wäre zu empfehlen. Aber häufig werden große Staudammprojekte geplant. Auch für Photovoltaik gibt es in Indien ein großes Potential (Paulus 1992, 18-27). Forciert werden müsste ein Strukturwandel im Hinblick auf die Entflechtung von Wirtschaftswachstum und Energieverbrauch. Ein immenser Modernisierungsbedarf im Hinblick auf mehr Effizienz in der Umwandlung von Energie ist vorhanden. Die Verbreitung alternativer Energieformen sollte unterstütz werden. Dazu könnte eine Vergabe von Nutzungs- und Eigentumsrechten für Waldflächen und Brachländer hilfreich sein. Nicht die Privatisierung, sondern die Veränderung der dörflichen Verwaltungsstrukturen und Selbsthilfeorganisationen sowie die Verwaltung von Wasserrechten könnten hier Abhilfe schaffen. Die Forcierung des Strukturwandels bedeutet eine weitergehende Modernisierung. Eine absolute Reduzierung der Klimagase in Indien ist aber auf absehbare Zeit nicht realistisch (Paulus 1992, 28-32).

Erforderlich sind Leitbilder eines ökologisch verträglichen Technologietransfers, der Schwellen- und Entwicklungsländer in die Lage versetzt, Klimagasemissionen wirksam zu reduzieren. Indien steht hinter den USA, Rußland, Brasilien und China an fünfter Stelle bei den Verursachern des Treibhauseffektes. Die Effekte aus dem Energieprogramm betragen etwa 90 %, die Abholzung etwa 8 %. Dabei ist eine zunehmende Energieintensität der Wirtschaft zu verzeichnen. Ressourcen und Finanzengpässe sowie wachsende Umweltprobleme sind charakteristisch für die indische Wirtschaft. Die Abholzung hat in Indien bedrohliche Ausmaße angenommen. Dies führte zu Bodenerosion, Überflutung und Absenkung des Grundwasserspiegels. Es bedürfte einer Umorientierung der Energiepolitik und der Setzung neuer Prioritäten. Die Preispolitik im Energiebereich ist ökonomisch ineffizient. Administrierte und subventionierte Preise für Kohle und Elektrizität reizen nicht zum Energiesparen an. Es müssten

Maßnahmen zur Erhöhung der Energienutzung und Energieausbeute getroffen werden (Paulus 1992, 3-16).

In Indien existiert ein enormes Potential für Klimaschutzmaßnahmen zu relativ niedrigen Vermeidungskosten. Dort leben allerdings 39 % der Stadtbevölkerung und 30 % der Dorfbevölkerung unter der Armutsgrenze. So besteht eine zusehends größer werdende Energielücke, die eine Modernisierung fossiler Kraftwerke dringend erforderlich macht. Die Übertragungsverluste bei elektrischer Energie betragen durchschnittlich 22 %. Die Modernisierungsprojekte zur Effizienzsteigerung fossiler Kraftwerke sind daher höchst dringlich. Auch die Substitution von Energieträgern kann erfolgreich angewandt werden. Indien verfügt über nicht unerhebliche Kohlevorkommen und hat daher wenig Interesse, auf weniger CO_2–intensive Energieträger wie Öl oder Erdgas umzusteigen, da diese importiert werden müssten, während andererseits mit Kohle eine fast vollständige Selbstversorgung im Energiebereich erreicht werden kann. Auch die Substitution durch Atomkraft ist keine geeignete Strategie. Indien bemüht sich um riesige Wasserkraftanlagen und Staudammprojekte. Auch solarthermische Anlagen wären möglich. Indien verfügt über die drittgrößte Windkraftkapazität der Welt. Aus ökologischen und sozioökonomischen Gründen sind große Staudammprojekte abzulehnen.

Das größte Potential für erneuerbare Energien in Indien ist in der energetischen Nutzung von Biomasse zu sehen. Bei der Verrottung wird im hohen Maße Methan freigesetzt. Die Rinderzucht und der Nassreisanbau tragen ebenfalls zur Methanemissionen bei. Wiederaufforstungsprogramme sollten nur auf bisher nicht bewirtschafteten Ländereien durchgeführt werden. Das Potential für klimapolitische Maßnahmen im indischen Forstsektor ist hoch und die Vermeidungskosten sind wesentlich niedriger als in den Industrieländern. Die ländliche Armut in Indien kann aber nicht durch Transfer von Hochtechnologie bekämpft werden. Das klassische Konzept ist die Einrichtung eines „Planet Protection Fund" der hauptsächlich von den Industrieländer finanziert werden sollte. In diesem Fond sollte Umwelttechnologie zum Klimaschutz gekauft und für Entwicklungsländer kostenlos bereitgestellt werden. Dies hätte einen enormen Technologietransfer für Indien bedeutet, und daher ist es nicht unverständlich, dass Indien das Modell der Verschmutzungszertifikate nicht gerade bevorzugt. Allerdings hat Indien den Umweltschutz in der Verfassung verankert (Bräuer u.a. 1999, 129-150).

Indien ist bekannt geworden als Silicon-Subkontinent. In vielen Gegenden Indiens besteht bei den Jugendlichen der Wunsch, mit Computern zu arbeiten. Die anwachsende Bedeutung der indischen Softwareindustrie geht einher mit dem Traum von Amerika. Viele modernere Inder arbeiten auch außerhalb des Landes, bevorzugt in den USA. Die neue Mittelklasse lebt für und von der Softwarerevolution. In der Software-Industrie und bei den dort Arbeitenden werden wie bei den Studenten der Indian Institutes of Technologies (IIT's) traditionelle

Verhaltensmuster der Großfamilie aufgebrochen und autoritäre Strukturen abgebaut. Vielleicht gerät sogar das Kastenwesen ins Wanken. Wenn dieser Prozess voranschreitet, könnte er eine Hoffnung auf Beschäftigung für die Armen in den Städten darstellen. Ob sich dies auch einmal positiv auf die Entwicklung auf dem Lande auswirken wird, lässt sich derzeit nicht mit genügender Sicherheit prognostizieren.

Es gibt Programme zur Einführung von Informationstechnologie im Rahmen eines ländlichen Entwicklungsprogrammes nahe bei Madras. Es handelt sich um das Projekt der Swaminatham Foundation (Chennai) in Pondicherry, das Pondicherry Information Village Project. Ebenfalls in Tamil Nadu werden erste Telemedizinanlagen installiert und befinden sich im Zustand der Erprobung. Wichtig ist hier vor allem die Schaffung von Zugangsmöglichkeiten. Diese stehen im größeren Zusammenhang mit Programmen zur computer-based-education speziell für die Armen. Ebenfalls in Madras und Umgebung gibt es Versuche, Kindern in Slums Computer mit Internetzugang anzubieten. Die Kinder lernen den Umgang mit dem neuen Medium schnell auch ohne Vor- und englische Sprachkenntnisse. Sie schufen sich ihre eigenen Metaphern im Umgang mit den Computern, nutzten das Malprogramm und surften im Internet. Dabei gelang es ihnen, die sie interessierende Hindu-Musik herunter zu laden. Dabei entwickelten sie ein operationales Verständnis im Umgang mit dem Computer und dem Internet, ohne dass sie Englisch verstanden. Ein ihnen angebotenes Hilfsprogramm in ihrer eigenen Landessprache brauchten sie nicht und lehnten es ab. So entwickelten sie eine andere Art von Literalität und Ausbildung, die stärker bildlich und am impliziten Wissen orientiert ist.

Natürlich besteht die Gefahr, dass die neuen Informationstechnologien wie bisher die technologische Lücke zwischen Industrieländern und den sich entwickelnden Ländern vergrößern. Die hier beschriebenen ersten Ansätze geben jedoch Raum für Hoffnung. Das Internet und die damit verbundenen Technologien sind nämlich möglicherweise ein Faktor - ähnlich wie Biotechnologie in der Pflanzenzucht -, der unterschiedliche Technikhöhen ausgleicht, was bei herkömmlichen Industrialisierungsstrategien unter Einschluss der modernen Biotechnologie eher nicht der Fall gewesen ist. Indien hat sich ehrgeizige Ziele in diesem Bereich gesteckt. So soll das erste unbemannte Kampfflugzeug auf diesem Subkontinent bereits in weniger als zehn Jahren fliegen. Modernisierung könnte dieses Mal aus Asien kommend anregend auf Europa wirken und dieses Mal technischer ausfallen als im ersten Modernisierungsprozess.

Südostasiens Metropolen sind Modernisierungsinseln und Konsequenzen des Bevölkerungswachstums sowie des Versuches, westlichen Konsum und Lebensstil zu kopieren. In Hongkong z. B. gibt es mehr als 100 000 Einwohner pro km^2, wobei Hongkongs Skyline nur wenige Jahre alt ist. Die südostasiatischen Tigerstädte haben 300 Jahre europäische Stadtgeschichte in etwa 30 Jahren nachgeholt. Die Architektur der Stadtentwicklung macht die Ambivalenz dieser Form der Modernisierung deutlich. Wolkenkratzer gelten als Maßstab für die Modernität einer Stadt, eines Landes, sind Ausdruck des asiatischen Wirtschaftswunders. Die Petronas Towers in Kuala Lumpur sind mit 452 m und 88 Stockwerken im Augenblick noch die höchsten. In Shanghai ist das World Financial Center mit 460 m im Bau. Mit 1128 m ist ein gigantisch hoher Turm für Shanghai bereits entworfen. Die Türme stehen nahe beieinander und so ergibt sich eine gigantische Dichte der Skyline und insgesamt eine bislang nicht geahnte urbane Verdichtung. Dazu gehört die Videoüberwachung der wichtigsten Plätze, Kontrolle und Leitung der Massen in den U-Bahnen. Auch sozialer Wohnungsbau wird immer mehr in Hochhäusern realisiert. Die Konsequenz sind hohe Mieten bei kleinen Wohnungen (Hanig 2002).

Eher in Japan und in Südostasien findet in diesen Modernisierungsinseln ein Generationenbruch und ein Kulturbruch statt. Jugendliche in urbanen Räumen sind Träger einer neuen Konsumkultur und Modernisierungswelle. Sie kaufen weltweite Massenprodukte, beschleunigen so den Technologietransfer aufgrund der Nachfrage nach Mobiltelefonen, Internet und CD-Playern, westlichen Formen der Nahrungsaufnahme und Mobilitätsrealisierung. Fast Food, „westliche Musik", Fernsehen haben zwar bereits zu verschiedenen Formen von Kulturtransfer geführt, aber insbesondere in Indien hat sich die Tradition als sehr robust erwiesen. Die Attraktivität von westlichem Konsum hat sich leider nicht auf die Nachhaltigkeitsidee und das Prinzip der Langzeitverantwortung ausgedehnt.

Der Konfuzianismus und zum großen Teil noch intakte Familienstrukturen lassen die Kriminalitätsrate relativ gering ausfallen. Religion ist hier ganz und gar kein Modernisierungshindernis. Viele dieser Wohntürme sind kleine Städte für sich, vertikale Kleinstädte wie früher die Straßendörfer, nur in die andere Richtung. Die enorme Kaufkraft und Konsumlust der jungen Asiaten ist der Hintergrund für den Wirtschaftsboom. Tokyo und Los Angeles wuchern mehr in die Breite, die meisten südostasiatischen Metropolen schießen in die Höhe und sind als Schlafhochhäuser zu betrachten. Für den Verkehr sollen zwischen den Hochhäusern weitere Ebenen eingezogen werden, auf denen dann Straßen, Plätze und andere Kommunikationsanlagen eingerichtet werden sollen. Im Hinblick auf die Architektur werden technische Grenzen jedes Jahr neu durchbrochen. Megaprojekte dienen als Demonstrationen technischer und ökonomischer Macht. Shanghai ist eine Stadt mit 17 Millionen Einwohnern und ist auf dem Weg zu demonstrieren, dass China die Weltmacht des 21. Jahrhunderts werden will. Die Hochhäuser sind die Kathedralen des 21. Jahrhunderts. Dies wird auch an dem 88 Stockwerke Jin Mao Tower deutlich. Stadtautobahnen in verschiedenen Etagen versuchen mit Mühe, den Verkehrsfluss in geregelte Bahnen zu bringen (Hanig 2002).

Autoritäre Regierungen, die autoritäre Herrschaft mit Wirtschaftsliberalismus verbinden, erstrecken sich von Indonesien bis China und stellen den Hintergrund für diese Modernisierung dar. Die Fehler dieser Entwicklung sind

Einheitsarchitektur, zu schnelles Wachstum, wobei nach 20-30 Jahren die meisten Hochhäuser abgerissen werden, um Wolkenkratzern zu weichen. Verbunden ist dies mit der höchsten Erlebnisdichte: Kino, Kneipen, Restaurants, Läden und Werbespotlandschaften sind eine weitere Dimension dieser Turbostädte. Auffällig ist der Unterschied der Großstädte in Indien zu der Entwicklung in sonstigen Tigerstaaten. Auch in Kalkutta z.B. gibt es urbane Verdichtung, aber ohne Skyline. Hier ist Slumbildung und Armut ein Indikator dafür, dass die Städte nicht in den Himmel wachsen können (Hanig 2002). Und das ist die Kehrseite: 200 Millionen Bauern haben in China in den letzten 20 Jahren die Landarbeit aufgegeben. 25 Millionen chinesische Arbeiter kommen heute regelmäßig mit lebensbedrohendem toxischen Staub und anderen giftigen Substanzen in Kontakt. Die Produktion von Kohle und Stahl wächst in gigantischem Maße an. China zählt zu den weltweit größten Produzenten von Treibhausgas, muss aber nach dem Protokoll von Kyoto als „Entwicklungsland" seine CO_2-Emissionen nicht drosseln. China könnte damit in etwa 30 Jahren die USA als Treibhausgas Produzent Nr. 1 weltweit überholt haben. Leidtragender ist zunächst die eigene Bevölkerung, allerdings weht der entsprechende Smog aus China auch über Korea und Japan hinweg. Überschwemmungen und Erdrutsche sind nach Abholzungen im großen Stil Gang und Gäbe (Becker 2004).

Das wirtschaftliche Wachstum lag in den letzten zehn Jahren durchschnittlich bei 8 %. Für 1,3 Milliarden Menschen wird die Verwandlung in eine Konsumgesellschaft nach westlichem Vorbild angestrebt. Wer reich wird, möchte aber ein größeres Haus, möglicherweise ein Auto und andere westliche Konsumgüter. 1,8 Millionen neuer Autos wurden im letzten Jahr angeschafft, insgesamt gibt es nur 10 Millionen, allerdings bei einer Verdoppelungsrate alle drei bis vier Jahre. China erarbeitet sich einen grandiosen materiellen Fortschritt, der aber verbunden ist mit gigantischen ökologischen Folgen, die einen erheblichen Anteil des ökonomischen Fortschrittes wieder zunichte machen. Katastrophal ist die Bodenerosion und der Wassermangel. In zwei Drittel der großen chinesischen Städte gibt es nicht annähernd ausreichend Wasser. China wird immer mehr zur Produktionsstätte für westliche Konsumgesellschaften und bezahlt seinen Reichtum mit ökologischer Verseuchung. China deckt 75% seines Energiebedarfs mit sehr schwefelhaltiger Kohle. Erkrankungen der Atemwege gehören zu den Haupttodesursachen in China, nicht nur bei der städtischen Bevölkerung, sondern auch auf dem Land. Der größte Teil der Abwässer wird ungeklärt in die Flüsse und Seen gepumpt, die damit häufig umkippen. Auch die Krebsrate unter der Bevölkerung ist sehr hoch (Becker 2004).

Allerdings zeichnet sich eine gewisse Umkehr ab. Wenn auch Chinas Abkehr von den alten Gewohnheiten gerade erst begonnen hat, so gibt es dennoch Anzeichen dafür, dass ein Wendepunkt erreicht ist und die Führungsebene in China aufzuwachen scheint. Der Wendepunkt war 1998 die Überflutung des Jangze mit über 4000 Toten. Mehr Reichtum bedeutet natürlich auch mehr

Fleischkonsum und höhere Umweltverschmutzung, mehr Düngemittel und Wasserverschmutzung. China hat bereits seit 1979 eine ganze Menge Umweltgesetze erlassen, die allerdings kaum kontrolliert werden. Die Bedrohung durch Umweltverschmutzung vermindert zudem die Angst vor der Obrigkeit. Aufstände werden damit wahrscheinlicher. Die lokalen Behörden stehen so zwischen dem Druck von oben von Seiten der Regierung und dem Druck von unten von Seiten der Bevölkerung. Häufig werden Luxuswaren wie Leder, Bekleidung, Textilien und Computer bzw. Unterhaltungselektronik für westliche Konsumgesellschaften gefertigt, wobei die Umweltverschmutzung in China bleibt. Erste Kläranlagen zeigen aber an, dass sich ein Umdenken langsam durchzusetzen beginnt (Becker 2004).

Letztlich motivierend für die Hinwendung zu nachhaltigen Entwicklungspfaden ist übermäßiger Leidensdruck der unmittelbar Betroffenen. Auch in China sind naturfreundliche Religionen neben dem Konfuzianismus offen für westlichen Kulturtransfer und westliches Gedankengut. Überlagert werden die klassischen religiösen Systeme durch eine maoistisch-marxistische technologisch und wirtschaftlich orientierte Fortschrittsideologie. Diese hat die Religion zurückgedrängt. Selbst dort, wo die Religion zurückkehrt, hat sie nicht die Kraft, Umweltschutz in umfangreicherem Sinne zu propagieren. Allerdings ist im Prinzip durch diese Fortschrittsideologie der Gedanke der Zukunftsverantwortung vorbereitet, der allerdings im Sinne einer Werbung für mehr ökologisches Bewusstsein transformiert werden müsste. Die Begeisterung für neue Technologie konnte sich auf Umwelttechnologie bislang nicht in gleichem Ausmaße ausdehnen, wohl nicht zuletzt deshalb, weil sie als unproduktiv gilt. Indien und China gehören zu den Bremserländern in der Klimapolitik.

China und Taiwan gehören zu den Regionen in der Welt, die ein ökologisches Problem ersten Ranges darstellen. Natürlichen Wald gibt es praktisch in China nicht mehr. Übernutzung oder Missbrauch von Dünger sind nur die eine Seite einer rabiaten Ausplünderung seiner Natur in der Landwirtschaft. China gehört zu den seit über 3000 Jahren am intensivsten bewirtschafteten Regionen der Welt. Dies hat negative Konsequenzen, die immer offenkundiger werden. Hier offenbart sich eine zerstörerische Praxis, die keineswegs von Empathie gegenüber der Natur geprägt ist. Die Unterstellung, die dem chinesischen Denken gemacht wird, es hätte ein sympathetisches Naturverhältnis, ist im Prinzip nicht berechtigt. Der traditionelle Topos der Einheit und Ungeschiedenheit, der Gedanke einer einheitlich moralischen Weltordnung im Ganzen wird China unterstellt, obwohl eine Reihe von Problemen dagegen sprechen (Roetz 1984). Dies kann auch nicht auf Kolonialismus europäischer Mächte zurückgeführt werden.

China umfasst sehr gegensätzliche Landschaften und wird häufig von Naturkatastrophen heimgesucht. Entwaldungsprozesse auf kultureller Grundlage finden dort seit Jahrtausenden statt. Das Territorium der Volksrepublik China reicht von den winterkalten Gebieten Sibiriens im Norden bis in die heißschwülen Tropen und erstreckt sich über eine Nord-Süd-Distanz von 4200 Km (Gellert 1987, 23). Es gibt Teile Chinas, die gut beregnet sind und die ursprünglich ein umfassendes Waldsystem aufgewiesen haben. Heute gibt es nur noch schmale Reste im äußersten Nordosten, im mittleren und südlichen China. Die Jahrtausende alte Ackerkultur hat hier große Lücken gerissen. Einen subtropischen Monsunregenwald gibt es nur im äußersten Süden. Wichtig zur Bewertung der Nahrungsmittelproduktivität sind die Steppen und Halbwüsten Innerasiens. Das Wasser ist die wichtigste Naturressource Chinas und zwar als Energiequelle und zur Erhöhung der Bodenfruchtbarkeit (Gellert 1987, 90). Von dem Monsun abhängig sind Hochwässer und Dürren, und diese sind wiederum für die Nahrungsmittelzufuhr verantwortlich. Dämme haben zur Erhöhung der Flussläufe geführt und damit die Hochwassergefahr immer wieder verschärft. Wasserwirtschaftliche Großprojekte zur Energiegewinnung gibt es, wobei die Bewahrung von Wasser für die Bewässerung zugleich auch Hochwasserschutz ist und Energielieferant. Die Bekämpfung der Bodenerosion durch Wiederaufforstung geschieht schon seit längerer Zeit.

Heute liegt in China eine modernisierungswütige Entwicklungspolitik vor. Das Verhältnis von Tradition und Moderne spielt zwar nach wie vor eine Rolle, doch mit einer Akzentverschiebung auf die Polarität Entwicklung und Umwelt. Bauern setzten z.B. eine Ölquelle in Brand beim Versuch, sie anzuzapfen und gefährdeten so die Olympischen Spiele in China. Die Bauern, ursprünglich Repräsentanten des traditionellen Chinas, begehen eine Straftat auf der Suche nach einer modernen Energiequelle für private Zwecke und torpedieren dabei die Modernisierungsbemühungen Chinas insgesamt (Glaeser 1994, 1f). In den letzten 30 Jahren wurden ein Viertel aller Wälder in China gefällt. Ein Sechstel des Landes leidet unter Bodenerosion. Die Wüsten vergrößerten sich von 110 auf 130 Millionen Hektar. Ein Drittel der landwirtschaftlichen Nutzfläche ging verloren, eine dramatische Entwicklung in der gesamten Periode. Hinzu kommt das Bevölkerungswachstum. Die Folge ist extreme Armut auf dem Lande. Verschärft wird die Umweltproblematik durch hohe Luftverschmutzung, sauren Regen und Wasserverschmutzung. Zwischen 1957 und 1977 wurden 210.000 Quadratkilometer landwirtschaftliche Nutzfläche meist schlechterer Qualität hinzugewonnen, 330.000 Quadratkilometer besserer Qualität gingen aber verloren. Es kommt zu einer Minderung der Bodenqualität durch veränderte Anbaumethoden. Destabilisierende soziale Begleit- und Folgeerscheinungen von Umweltkatastrophen sind zu berücksichtigen. Ein Grund für das ökologische Desaster ist die Industrialisierung und Urbanisierung (Glaeser 1994, 3-6).

Während des ersten Fünfjahresplanes von 1953 bis 1957 wurde die chinesische Schwerindustrie aufgebaut. 1958-1959 erfolgte der große Sprung. Der Zusammenbruch geschah 1962 und die Kulturrevolution erfolgte 1966. Nach der Industrialisierung und Urbanisierung kam es zu einer Verbesserung der Wasserqualität, heute bemüht man sich um Mehrzwecknutzung und Recycling. Insbesondere Umwelthygiene wurde propagiert. Ab 1972 wurde moderne Technologie importiert und ab 1975 die vier Modernisierungen verkündet. Die Umweltpolitik gilt nun als integraler Bestandteil der Modernisierung. Probleme entstanden vor allem beim Vollzug der Umweltgesetze und Umweltverordnungen. Auch im Agrarbereich galt nun das Prinzip persönlicher Verantwortung. Die Saatgut-Dünger-Technologie brachte eine ganze Reihe von Umweltproblemen mit sich. Die Rückkehr zum Familienbetrieb war für den integrierten Pflanzenschutz aber eher hinderlich. China versucht eine präventive Umweltpolitik mit Staatskontrolle und einem System von Geldstrafen zu betreiben. Umfassende urbane Reinigungsmaßnahmen erfolgten. Es gibt ein zentrales Kontrollsystem für Luft, Wasser und Abfall. Viele enthusiastische Programme sind zu verzeichnen, aber nur wenige Daten über die konkrete Umsetzung sind verfügbar (Glaeser 1994, 6-12).

Die traditionelle chinesische Religion verkündet die Einheit von Natur und Mensch. Insofern kann man sich fragen, ob es eine „asiatische Produktionsweise" gibt. Charakteristisch für China ist die traditionelle chinesische Bürokratie. Zwangskollektivierungen und die Forcierung der Schwerindustrie nach dem sowjetischen Entwicklungsmodell als Alternative zur westlichen Modernisierung führten zu einem Praxisverständnis, in dem Marxismus und Konfuzianismus zusammenfanden. China suchte mit Hilfe westlicher Ideen und Technik eine Erneuerung. Dabei konnte eine gewisse Legitimation des chinesischen Marxismus durch das Denken des Wachstums im Konfuzianismus erfolgen. So wurden Kanalausbauten, Abholzungsprogramme und andere Umweltmaßnahmen beschlossen (Glaeser 1994, 12-16). Die Modernisierungstheorie und die Entwicklungsökonomie gehen ineinander. Im Gegensatz zur Modernisierungstheorie steht die Dependenztheorie (Weiterführung der kolonialen Abhängigkeiten). Diese impliziert eine gewissen Unabhängigkeit von der Weltmarkteinbindung. Es gibt einen planungstheoretischen Ansatz des Ecodevelopments. Dabei gibt es die doppelte asiatische Tradition der sanften Anpassung und der gigantischen Transformation im Verhalten gegenüber Natur und Umwelt.

1976 war das Jahr des Anfangs der Reformpolitik nach einer Krise in China. Das Bevölkerungsproblem war drückend, der Level der industriellen Produktivität gering, Umweltverschmutzung und Korruption enorm. 1978 begannen die Landreformen und eine Modernisierung in Landwirtschaft, Wissenschaft und Technologie sowie in Industrie und Verteidigung. Die Weizenproduktion wuchs bis 1984 und stagnierte dann. Schließlich fanden auch noch Reformen im Hinblick auf die Städte und die Industrie im Rahmen von Dengs Reformen 1976-1988 statt (Leuenberger 1990, 3-10). Heute ist Technologie der Schlüssel zu ökonomischer Entwicklung und daher strebt der Staat eine Kontrolle der Technologie an. Die Reaktion darauf sind neomerkantilistische Strategien. Angesichts einer anwachsenden Politisierung des internationalen Handels kam es zu ungewissen und schnellen Wandelsituationen in der äußeren Umwelt, die China hat. China hatte eine geringe internationale Wettbewerbsfähigkeit und versuchte daher, die heimischen technologischen Fähigkeiten zu verbessern. In den späten 1970ern wurde ein Wechsel in der wirtschaftlichen Entwicklungsstrategie versucht. Es kam zu einer technologischen Stagnation speziell im Sektor Maschinenbau. Regionale und sektorale technologische Levels führten zu administrativen Grenzen für die Technologieentwicklung. Es gab Schwierigkeiten, die Forschungsergebnisse in die Produktion zu transferieren. Der Prozess des Technologietransfers und der Ausbreitungsprozess erwies sich als langsam. Es erfolgte eine Suche nach Strategien der Kommerzialisierung der Technologie (Leuenberger 1990, 14-30).

Die Bewegung technischen, ingenieurmäßigen und wissenschaftlichen Personals ist ein kritischer Faktor für den Technologietransferprozess. Es kann dabei zu Fehlallokationen kommen. Die Forderung nach einer einheimischen industriellen Technologie wurde auch in China erwogen. Verfolgt wurde eine Politik der industriellen Entwicklung. Man muss zuerst eine Attitüde schaffen, die eine neue Anwendung begünstigt. Außerdem bedarf es der Preise, die die Herstellungskosten widerspiegeln. Diese gab es in China nicht immer. Die Erhöhung der Produktion um jeden Preis führte zu extremem Druck auf die Unternehmensführung. Junge Technologiezweige benötigen mehr Forschung und Entwicklung als alte. Insofern bedurfte es der Innovationsstimulation und eines Technologiemanagements (Leuenberger 1990, 30-35). Es erfolgte eine Reform der Entwicklungsplanung. Dabei spielten Marktmechanismen auch in China eine wachsende Rolle.

Chinas moderne industrielle Basis wurde entwickelt durch massiven Technologietransfer und Technologiehilfe sowie Austausch von Experten durch die Sowjetunion und Osteuropa in den 50er Jahren. Komplette Industriekombinate im Bereich der Schwerindustrie wurden aufgebaut. Diese Entwicklungsphase brach 1960 im chinesisch-russischen Konflikt zusammen (Leuenberger 1990, 30-38). Neben dem Technologietransfer fand also ein umfassender Kulturtransfer im Sinne eines Ideologieimportes statt. Die Industriepolitik war schlecht konzipiert. Es kam ein gewisser Ersatz für die sowjetischen Lieferungen aus dem Westen und Japan, allerdings sank die Technologietransferrate auf 10 %. Es blieb bei einigen Großprojekten. Hier kam es zu Schwierigkeiten beim Betrieb der Anlagen aufgrund der großen technologischen Lücke zwischen Liefer- und Betreiberland. Technologie akkumulierte extrem langsam bei einer entsprechenden Kostenexplosion bei den Mitteln, die für die Technologiereform ausgegeben werden mussten. Der Technologieimport und die Strategie des großen Wachstums wurden zwar verkündet, aber nicht realisiert. 1984 erhielten 14 Küstenstädte Autonomie im Hinblick auf Außenhandel und Technologieimport. So gelang es in gewisser Weise, die überhitzte ökonomische Wachstumsrate abzusenken und eine gewisse Wiederzentralisierung einzuführen (Leuenberger 1990, 39-45).

Der 6. Fünfjahresplan 1981-1985 wies bestimmte Zentren der verstärkten technologischen Entwicklung aus: Maschinenbau und Elektronik. Trotz höherer eigener Standards bevorzugten die chinesischen Kunden weiterhin ausländische Technologie. Insofern schlug das Programm der Importsubstitution in gewissem Maße fehl. Die Hauptprobleme bestanden dabei in der Koordinierung des Technologieimportes, der einheimischen technologischen Entwicklung und Produktion sowie bei der Entwicklung von Maßstäben für die Entwicklung selbst. Der Import elektronischer Endprodukte erwies sich als problematisch. Sie könnten heute viel billiger im eigenen Land produziert werden. Es wurde 1986 ein Plan für die Entwicklung einheimischen high-tech-Wissens formuliert. Zentraler Ansatzpunkt war eine Reform der Verwaltung für den Prozess des Technologieimportes. Kleinere Formen von Technologietransfer waren oft erfolgreicher als große. Auch ausländische Direktinvestitionen spielten eine gewisse Rolle. Technologietransfer wird häufig an unterschiedlichen Stellen (sowohl zentral wie regional) geplant oder verläuft chaotisch, selbst bei Technologie-Entwicklungsprogrammen. Die Technologieimportstrategie wurde formuliert unabhängig von der allgemeinen Industrialisierungsstrategie. So erwies sich die Assimilation importierter Technologie als schwierig (Leuenberger 1990, 46-57).

In China kam es häufig zu einer meisterlichen Adaption importierter Technologie. Dabei kann zwischen eingebetteter und nicht eingebetteter Technologie unterschieden werden. Schlechte Planung ist dabei ein Grund für mangelnde Anpassung. Das Bestreben von VW, die deutschen Standards auch bei der Produktion in China aufrecht zu erhalten, scheiterte, denn die Zulieferer konnten diese Standards nicht leisten. Die Assimilationskosten erwiesen sich dabei häufig als höher als der Import einer Technologie selbst. Es gibt aber auch eine Reihe von administrativen Mitteln, die die Assimilation verbessern können. Ein Hinderungsgrund für die Einführung ist oft der hohe Preis. In der Regel übernehmen die Aufgabe der Assimilation die Unternehmen selbst. Die Importsubstitution und die Exportpromotion als politische Verfahren mussten verbessert werden. Ein zentraler Schlüssel für den Erfolg von Technologiemanagement war das Schaffen einer angepassten und geeigneten Verwaltung für die Durchsetzung dieser Technologiepolitik. Die Probleme bei der Assimilation gingen insbesondere mit Problemen der Nutzung des Humankapitals einher (Leuenberger 1990, 58-66).

Chinesische Unternehmen haben einen Mangel im Hinblick auf angemessene Qualitätskontrolle. China konnte keine expansive ökonomische Struktur ausbilden. Die Idee, einfach westliche Modelle und Technologien in der Hoffnung einzuführen, alles würde sich ändern, schlug fehl. Das Problem in China ist nicht die Technologie selbst, sondern der soziale und ökonomische Hintergrund, der für neue Technologien nicht besonders geeignet ist. Das

Konzept des Technologiemanagements wurde 1979 eingeführt. Es gab eine Periode der sehr schnellen Entwicklung. Allerdings kann die chinesische Wirtschaft nicht allein durch Technologietransfer verändert werden. Die relative Schwäche der chinesischen Ökonomie ist eine Folge der chinesischen Geschichte (fehlende Kontrolle) und der Nutzung der bestehenden Technologie, die weder effizient noch profitabel ist. Der Bevölkerungsdruck schafft zusätzliche Probleme (Leuenberger 1990, 81-97). 1978 erfolgte eine Öffnung der Politik nach außen. 1984 kam es zu einer neuen technologischen Revolution. Es folgte die Einführung technologieintensiver Industrien. Chinas Erfolge im Hinblick auf die Stahlproduktion sind eindrucksvoll (Leuenberger 1990, 102-153).

Modernisierung ist nicht ausschließlich eine Sache von Technologie und Ökonomie. Es geht um nicht angemessene und nicht angepasste Technologie und, wie man diese verändern kann. Dabei stellt sich die Frage nach dem Maßstab. Der wiederum kann nach traditionellem Verständnis nur eine weitere Technologie oder eine andere Form der Ökonomie sein. Solche Ansätze übersehen das, was man mit Kultur und Alltagswelt umschreiben kann, und reduzieren es auf Humankapital. Die Industrialisierung und Technologisierung glückt häufig nicht. Eine Technologisierung der Alltagswelt wie in Industrienationen gelingt in China nicht, wenn man Industrienationen als Modell nimmt. China sucht nach einem anderen Weg und zu Recht. Allerdings ist der Technologietransfer von großen technischen Systemen nicht geeignet, die Struktur technologischer Produktion in Schwellenländern grundlegend zu reformieren. Alltagstechnologie bezieht sich auf eingeführte Bedürfnisse. Häufig ist bereits Konkurrenz im Empfängerland selbst vorhanden, die zumindest von mehr oder weniger national interessierten Käuferschichten bevorzugt wird. Ein Fehler bei der Realisierung des Technologietransfers war die Vernachlässigung des Faktors Alltag. Hinzu kommt die Dominanz westlicher Leitbilder. Eine Folge davon ist die Notwendigkeit, eigene Leitbilder für die technologische Entwicklung zu formulieren bzw. aus dem Alltag herauswachsen zu lassen.

Im Jahr 2003 fand der Durchbruch des Internets in China statt und China war seit zehn Jahren in das Internet eingebunden. 1996 gab es ca. 40000 Nutzer, im Jahre 2003 waren es über 80 Millionen. Im Moment ist das Internet noch ein Indikator von Reichtum. Nimmt man eine gewisse Periodisierung vor, so kann man das Zeitalter von 1987-1995 als die Periode der grauen Vorzeit betrachten, 1995-2000 die Anfangszeit und die Zeit zwischen 2000 und 2005 als Durchbruch bezeichnen. Die Staatsmacht durchlief im Hinblick auf das Internet viele Phasen: Angst (wegen Gefährdung der Staatssicherheit), Ausnützung, Kontrolle und Abhängigkeit. Der Börsensturz im April 2000 ließ die IT-Seifenblase platzen und führte zum Zusammenbruch der großen chinesischen Internetunternehmen. Die Aktien der drei Netzanbieter sind stark gefallen. Das Glücksspiel und auch die Erotikbranche ist offiziell in China im Internet verboten, bietet aber tatsächlich ihre Leistungen an. Der Erfolg der Internetinvestoren und der Macher hat mehr oder weniger mit dem rasanten Zuwachs der Internetnutzer in China zu tun. Der Hauptmarkt dabei sind SMS und Spiele (Fang 2004, 1-6).

Internetbesucher machen 10,7 % der Weltbevölkerung aus, in China sind es 6,2 %. In den USA aber 63,2 %. Auch im Hinblick auf die Internetanwendung ist die Ökonomie in China immer noch sehr rückständig. Das Internet in China hat seine Hauptbedeutung darin, dass es die Fähigkeit zum Überspringen von Entwicklungsstufen aufbauen könnte. Das Internet bedeutet für China eine historische Chance. Das Internet bietet fraglos in einem offiziell noch kommunistischen Land wie China die wichtigste Quelle für alternative Informationen. Es erfolgt dadurch ein Ansturm gegen die traditionellen Medien. Das Internet ist in China bereits zu einer wichtigen Nachrichtenquelle geworden und spielt seine zentrale Rolle vor allem in der Jugendkultur (Fang 2004, 8-14). Dabei zeichnen sich in China genauso Meinungskämpfe in der Internetszene ab wie auch in anderen Bereichen der Internetökonomie. Zentral geht es um die Bestellungen von SMS und Mininews. In den Foren und Chat-Räumen wird heftig diskutiert (Fang 2004, 16-19). Dabei findet eine anonymisierte Diskussion in diesen Chat-Räumen statt (Fang 2004, 23). Die Panik wegen SARS verbreitete sich über das Internet nicht nur in Peking, daher ist es möglich, das SARS für den Durchbruch des Internets gesorgt hat. Nach wie vor ist der Flaschenhals im Internet das E-Buisness (Fang 2004, 38). Ein Teil der medienspezifischen Revolution ist z.B. der Cyber-Friedhof. Das Aussehen und die Stimme der Verstorbenen können im digitalen Raum verewigt werden. Jahrtausende alte Bräuche werden zerstört (Fang 2004, 42-47).

Das Internet auf chinesisch weist einige Bedeutsamkeiten und Eigentümlichkeiten auf. Im Vordergrund steht das digitale Entertainment, Online-Spiele und eine Legende nach der anderen. Es ist Ausdruck einer Jugendkultur. Für eine normale chinesische Familie ist ein Computer ein teurer Spaß. Daher haben Internetcafes rund um die Uhr einen entsprechenden Zulauf. Das Internet sprengt die herkömmlichen Fesseln (Fang 2004, 61-68). Außerdem gibt es Formen der Cyberliebe in China. Insgesamt ist das Internet Ausdruck der Modernisierung des Landes, wobei das imaginäre verführt. Das Internet hat aber auch die Körper und die Seele der Kinder in China stark beeinflusst. Bei vielen tritt Suchtverhalten auf, Vereinsamung und Isolation (Fang 2004, 70-77). SMS-Schreiber sind für professionelle Anbieter tätig. Eine gewaltige Erotikwelle durchzieht das Internet, so dass vom Rotlichtmilieu im Cyberspace gesprochen werden kann (Fang 2004, 83-88). Die Internetkommunikation kann als Globalisierungsfaktor interpretiert werden. Dabei gibt es Sprachbarrieren im globalen Dorf. E-mail-Adressen mit chinesischen Zeichen und ein Internet mit spezifischen kulturellen Ausprägungen sind die chinesische Antwort. Bedroht wird die chinesische Identität: 300 Jahre Demütigung sind zu überwinden. Damit ist die Einheit des Internetzes verloren gegangen (Fang 2004, 94-103).

Entstanden ist ein Mixtum aus chinesisch, englisch, arabisch oder auch japanisch in chinesischen Chat-Räumen. Eine ganze Reihe neuer Netzwörter wurden erfunden, oftmals Zahlen, die schwer ins Deutsche zu übersetzen sind. Das Internet bringt einerseits einige universelle Erscheinungen mit sich. Andererseits zeigt sich in der Art der Aneignung dieses Mediums eine akulturierende Inbesitznahme durch chinesische Nutzer und Anbieter. 520 heißt z.B. ich liebe dich, 250 heißt Dummkopf. Die Zahlen ausgesprochen klingen so ähnlich wie ihr Inhalt. Die Zahlensprache ist humorvoller und emotionaler als das klassische Chinesisch (Fang 2004, 104-109). Dem Internet werden Demokratisierungsprozesse zugeschrieben. Aber die soziokulturelle Aushöhlung des vorgeblich lange Zeit monolithischen und in den letzten Jahren dieser Auffassung zu Folge aber zunehmend Risse aufweisenden chinesischen öffentlichen Bewusstsein ist wohl so nicht richtig. Kann man das Internet hinter der roten chinesischen Mauer vermuten. Unterstellt wird Kontrolle und Zensur im Reich der Mitte. Nicht ohne Grund glaubt die chinesische Regierung, dass der Westen die besseren Internetregulierer hat. So gibt es staatliche und kommerzielle Provider. Die Einheit von Kommerz und Kommunismus ist das Wunschdenken und der Wunschtraum der Herrschenden. Das Internet bietet die Möglichkeit zum Kundtun der eigenen Meinung. Die Schließung von Internetcafes ohne Lizenz und ohne genügende Sicherheitsvorkehrungen und Brandschutzmaßnahmen führte 2003 zu einem umfangreichen Verbot von Internetcafes. Aber das ist nicht entscheidend, denn es gibt staatliche Überwachungsmöglichkeiten bis in die privaten Computer hinein (Fang 2004, 115-122).

E-Demokratie hat in China einen anderen Ausgangspunkt und andere Fragestellungen. Die Ausbreitung der Internetcafes in China und die Bildung einer Net-Community ist sehr wichtig. Die These von der Stützung der Demokratie in China durch das Internet wird empirisch nicht bestätigt. Es gibt Möglichkeiten und Grenzen der Information und der Kommunikation. Aber es entwickelt sich eine Cyberöffentlichkeit in China. So lässt sich eine gewisse anti-amerikanische Grundstimmung nicht verhehlen. Demokratie hat in China noch nicht Fuß gefasst und die Herrschaft von vorgeblichen Eliten, Fachleuten, selbsternannten Repräsentanten der Herrschaft in einer wie immer gearteten politischen Klasse oder Kaste sind nach wie vor herrschend (Fang 2004, 125-160).

Seitdem Chinas erste Email transkontinental im September 1987 versandt wurde, stieg die Anzahl der Internetbenutzer auf über 30 Millionen. Ein Ministerium für Informationsindustrie wurde eingerichtet und die Informations- und Computertechnologien wurden ein zentrales Element der Fünfjahrespläne. Außerdem gibt es eine ausladende Debatte über die Bedeutung dieser Technologien und ihrer Folgen auf das Spektrum der öffentlichen Angelegenheiten (Hughes/Wacker 2003, 1). Seit dem Ende der Ära Mao wurde Entwicklung konzipiert durch die moderate Einführung von Marktmechanismen in eine Planwirtschaft, um vergleichsweise moderate Ziele zu erreichen wie die vier Modernisierungen in der Landwirtschaft, in der Industrie, in der Landesverteidigung sowie in Wissenschaft und Technologie. Innerhalb dieses reformistischen Politikrahmens wurden Informationstechnologien und Computertechnologien in anwachsendem Maße eine Strategie mit hoher Priorität nicht zuletzt deshalb, weil die globale Informationsrevolution stattgefunden hat. Die Regierungspolitik und die entsprechenden Programme fördern die Entwicklung und Anwendung von Informationstechnologien im Kontext allgemeiner wissenschaftlicher und technologischer Modernisierung. Dies begann in China in der Mitte der 80er Jahre des letzten Jahrhunderts. In China herrscht ein verbreiteter technologischer Optimismus, der sich nicht zuletzt auf die technisch-ökonomische Entwicklung stützt (Hughes/Wacker 2003, 8-10).

Die Entwicklung einer Informationsinfrastruktur hat erheblichen Anteil und weitreichende Folgen auf Wirtschaft und Gesellschaft. China hat in diesem Bereich eine umfangreiche technologische Herausforderung zu meistern. Denn 1980 gab es nur 8.000 km telegrafische und 22.000 km telefonische Fernverbindungskabel. Auf der anderen Seite kann der geringe Level der Telekommunikationsinfrastruktur auch als Vorteil des zu spät Gekommenen interpretiert werden, denn der späte Start führte dazu, dass nun sofort Glasfaserkabel als Grundlage für das neue Informationssystem gewählt und eingebaut werden konnten (Hughes/Wacker 2003, 12f). Probleme entstanden durch die fehlende Kompatibilität verschiedener Informationssysteme wie Telekommunikation, Fernsehen und Rundfunk und Computernetzwerke (Hughes/Wacker 2003, 22). Die ökonomische Entwicklungsstrategie der chinesischen Regierung ist seit den frühen 1990er Jahren charakterisiert durch den Versuch verschiedene Gelegenheiten und dynamische Entwicklungspfade der globalen Kommunikationsrevolution mit dem nicht vollendetem Prozess der Industrialisierung Chinas zu verknüpfen (Hughes/Wacker 2003, 24).

In diesem Zusammenhang ist die Vision der Regierung der dritten technologischen Revolution zu sehen (Hughes/Wacker 2003, 30). Die Priorität, die der Informationstechnologie und ihrer Industrialisierung eingeräumt werden, wird klar im zehnten Fünfjahresplan (2001-2005). Das Potential der Information wird als eine Schlüsselressource angesehen. Dabei kommt dem Staat eine Hauptrolle bei der Entwicklung diesbezüglicher Projekte zu. Hinderlich bemerkbar macht sich die begrenzte Größe der potentiellen Internetkunden in China bemerkbar (Hughes/Wacker 2003, 35-37). Hervorzuheben ist in diesem Zusammenhang die digitalen Lücken zwischen dem Land und den Städten wobei der geringe Ausbildungsstand auf dem Land die Ursache dafür ist. Die Zentralregierung hat die Ambitionen, diese Situation mittels E-Learning zu verbessern. Die Kapazitäten des Staates für die Schaffung der notwendigen Infrastruktur zur Ausbreitung der Informationstechnologie sind allerdings höchst begrenzt (Hughes/Wacker 2003, 44-46).

So ergeben sich zwei Haupthindernisse für die Ausbreitung des Internets in China: die Regierung hat entschieden, das Internet für verbesserte administrative Effizienzkontrolle und Planung durch die Verbesserung der notwendigen Infrastruktur und die Verknüpfung der eigenen Institutionen einzusetzen. Das Wachstum des Internets erfolgt aus kommerziellen Interessen, die durch die Internetökonomie hervorgebracht werden. Diese folgen dem Entwicklungsmerkmalen genereller wirtschaftlicher und technologischer Entwicklung und den Verbesserungen an Einkommen und erzieherischem Level und dem Prozess der Urbanisierung (Hughes/Wacker 2003, 52f). Es gibt wohl keine Regierung in der Welt, die nicht von der Notwendigkeit überzeugt ist, das Internet und gewisse Aspekte der elektronischen Kommunikation zu regulieren. Ob eine solche Regulation technisch effektiv ist, ist jedoch eine andere Frage. Insbesondere wenn man die sich ständig wandelnde Natur des Internet und die Folgen der Kommerzialisierung berücksichtigt. Die Ausübung staatlicher Gewaltkontrolle und Zensur ist im Cyberspace nicht immer leicht zu erkennen (Hughes/Wacker 2003, 59-61). Auch in China wird Silicon Valley als eine neue Form des Wissens und Erkenntnis formuliert. Die „Silikonisierung" soll die Wiederbelebung der Volkswirtschaft nach der ökonomische Krise im Sinne eines größeren Chinas befördern helfen (Hughes/Wacker 2003, 103).

China wächst auch zur Biotechnologiegroßmacht heran. Chinesische Genom-, Klon- und Stammzellforscher haben in den vergangenen Jahren mit ihren Arbeiten immer wieder weltweit Aufsehen (und nicht selten Bestürzung) erregt. China war das einzige Entwicklungsland, das am Humangenomprojekt teilnehmen konnte. Als Quelle dieser neuen Forschungskraft gilt der wachsenden Pool von Talenten, großzügige Unterstützung durch die Regierung und eine kulturelle Umgebung, in der offenbar weniger moralische Bedenken gegen die Verwendung menschlicher embryonaler Stammzellen bestehen. Die Regierung schickt den akademischen Nachwuchs in die Labors der High-Tech-Nationen. Über eine halbe Million Studenten wurden in den letzten zwanzig Jahren in europäischer oder nordamerikanischer Umgebung geprägt. China fördert Schlüsseltechnologien, insbesondere biologische, landwirtschaftliche und pharmazeutische Technologien zur Verbesserung der Lebensqualität (Karberg/Wessling 2005, 46f).

Standortvorteil Ethik? Viele Experten denken so. Chinas kulturelles Umfeld habe geringere moralische Bedenken etwa gegenüber der Nutzung embryonaler Stammzellen als viele westliche Länder, schreibt z. B. der in den USA lebende Forscher Yang Xiangzhong in einer Beilage der Fachzeitschrift „Natur" über Chinas Forschungsentwicklung. Wie in Europa auch seien es die Interessen einflussreicher Akteure und politischer Zufälligkeiten, die die Gestaltung der rechtlichen und ethischen Rahmenbedingungen beeinflussen. Auch in China existiert ein Verbot des reproduktiven Klonens von Menschen, die Nutzung der Klontechnik für die Therapie ist jedoch ähnlich wie in Großbritannien erlaubt.

Insofern ist der Standortvorteil Ethik eher eine westliche Erfindung. Denn insbesondere die Rückkehrer wissen, dass sie internationale Isolation riskieren, wenn sie ethische Belange nicht ernst nehmen – und sie treten die Flucht nach vorn an (Karberg/Wessling 2005, 50f). Technologietransfer impliziert auch einen gewissen Kultur- und Ethiktransfer.

Eine funktionierende Forschungslandschaft wie die in den USA lässt sich jedoch auch mit noch so viel Geld nicht über Nacht in China klonen. Dazu bedarf es auch einer entsprechenden Geisteshaltung – und daran fehlt es in China. Chinesische Studenten werden nicht ausgebildet, selbst Ideen zu entwickeln. In Europa und in den USA sind promovierte Forscher Träger des Systems, weil sie oft die herausragenden Technologien eines Labors entwickeln, perfektionieren und weitervermitteln. Chinesische Doktoranden gehen nach der Promotion entweder ins Ausland oder verdienen ihr Geld in der Wirtschaft, so dass die Labore zwar voller junger Mitarbeiter sind, erfahrene Kräfte jedoch fehlen. Vielleicht ist die Zukunft für die chinesische Forschung rosig, aber im Moment – ohne funktionierende Grundlagenforschung und ohne Anschluss an die internationale Wissenschaftsszene – steckt die Entwicklung von Chinas Zukunftsklon ebenso im Embryonalstadium fest wie die der Panda- und Affenklone (Karberg/Wessling 2005, 55-58).

Trotz Asienkrise und Überschwemmungskatastrophen in China und Indien hält das Energiewachstum in Asien an. Mit prognostizierten Steigerungsraten von über 3 % im Jahr stehen China und Indien an der Spitze dieser Entwicklung. Die Wachstumsprognosen für die CO_2 – Emissionen für diese beiden Länder sind exorbitant. Daher wurde das Konzept der gemeinsamen Klimavertragsumsetzung oder Joint Implementation (JI) entwickelt. Der anthropogene Treibhauseffekt führt zur Ausweitung der Wüstenregionen infolge der Verschiebung der Klimazonen nicht zuletzt in China, zu einer Verknappung der Wasserressourcen in vielen Regionen, zu einem Anstieg des Meeresspiegels mit schweren Überschwemmungen küstennaher Gebiete und mit einer Verschlechterung der Ernährungssituation für große Teile der Menschheit. Der Zuwachs an Treibhausgas-Emissionen der Industrieländer hat sich in den vergangenen Jahren zwar verlangsamt. Die Stagnation findet aber auf einem Niveau statt, das den anthropogenen Treibhauseffekt weiter verstärkt. Die Treibhausgas-Emissionen der Schwellen- und Entwicklungsländer steigen weiterhin kontinuierlich an. Dafür ist neben der Vernichtung großer Waldflächen die steigende Energienachfrage einiger dieser Länder verantwortlich. Insbesondere in China und Indien kann die wachsende Energienachfrage kaum gedeckt werden (Bräuer u.a. 1999, 1-6).

Ein ökonomisch effizienter Weg zur Vermeidung der CO_2 – Emissionen ist global anzustreben. Der Energieverbrauch bzw. der Energiebedarf hängt unter anderem von der Bevölkerungshöhe, vom Wirtschaftswachstum, vom Klima, vom Niveau und von der Struktur der Produktion sowie der Effizienz beim Energieeinsatz ab. Indien gehört zu den niedrigsten globalen CO_2 - Emittenten aufgrund von Energienutzung, erreicht aber insgesamt doch eine stattliche Anzahl von Emissionen. Der Methananteil Indiens ist wesentlich höher als der in den Industrieländern. Angesichts des hohen Bevölkerungswachstums ist zu erwarten, dass bis Mitte dieses Jahrhunderts in Indien ebensoviel CO_2 emittiert wird wie in China und in den GUS-Staaten. Das indische Energieangebot beruht zu mehr als 46 % auf nichtkommerziellen Energieträgern wie Brennholz, Viehdung oder organischen Abfällen, die nicht besteuert werden können. Die Energiesteuer ist in Indien kein praktikabler Weg zur Einsparung von Energie. Die Besteuerung kommerzieller fossiler Energieträger würde einen Schock in der indischen Wirtschaft auslösen. Der große nicht organisierte kleingewerbliche Sektor würde verstärkt unbesteuerte nicht kommerzielle Energie verwenden. Der damit verbundene Anreiz zur Abholzung ist kontraproduktiv. Diese umweltpolitische Methode scheidet also aus.

Die Kohlenstoffintensität ist in allen Ländern außer in China und Indien zurückgegangen. Der verstärkte Einsatz fossiler Energieträger zur Deckung des Bedarfs ist bei beiden Ländern sehr groß. Auf absehbare Zeit zeichnet sich bei den Energieträgern global keine Knappheit ab. Eine Entspannung im Hinblick auf den anthropogenen Treibhauseffekt ist also nicht zu erwarten. Das Wirtschaftswachstum in China betrug in den vergangenen zehn Jahren durchschnittlich ca. 10 % mit schlechter Energieeffizienz aufgrund eines hohen Anteils energieintensiver Industrie. Dabei entstehen logistische Probleme vor allem beim Kohletransport. In beiden Ländern gibt es einen hohen Anteil thermischer Kraftwerke. Dabei werden kleine veraltete und ineffiziente Blöcke betrieben. Der Elektrizitätsbedarf in diesen Ländern stieg seit 1990 jährlich um 8-10 % (Bräuer u.a. 1999, 7-27).

Insgesamt ist insbesondere die Klimapolitik von höchster Dringlichkeit, denn der anthropogene Treibhauseffekt erhöht die Notwendigkeit, die Energiebereitstellung zu steigern. Die Erhöhung der Temperatur erhöht die Energienachfrage (Klimaanlage, höherer Einsatz von Energie bei der Nahrungserzeugung usw.). Damit wird ein Kreislauf in die Welt gesetzt, der die Umweltprobleme verschärft. Die chinesische Umweltpolitik begann Anfang der 70er Jahre, sie war und ist in erster Linie auf Umweltmedien gerichtet (Zhou 1994). Sie hat das Präventionsprinzip als das erste umweltpolitische Prinzip aufgenommen. Später kamen das Verursacherprinzip im Jahr 1979 und die Intensivierung der Umweltadministration im Jahre 1984 als zwei weitere umweltpolitische Prinzipien hinzu. Als die Umweltverträglichkeitsprüfung (UVP) durch das Umweltschutzgesetz von 1979 eingeführt wurde, sind dieser keine nennenswerten öffentlichen Diskussionen vorangegangen. Die UVP wird als ein Instrument zur Prävention von Umweltverunreinigungen durch Schadstofffreisetzungen eingesetzt. 1984 wurden kollektive und private Aufbauprojekte auch unter die UVP-Pflicht gestellt. Seit 1986 gilt die UVP auch ausdrücklich für

Aufbauprojekte mit ausländischer Beteiligung. Unter dem Umweltbegriff einer UVP sind typischerweise die Umweltmedien Wasser und Luft erfasst. Darüber hinaus werden Lärmbelästigungen und Festkörperabfälle regelmäßig berücksichtigt. Von Fall zu Fall sind Nutzungen auch erfasst. Boden, Grundwasser, Klima, Pflanzen, Tiere und Biotope sind gelegentlich, partiell und pauschal in Betracht gezogen. Die Bewertungsmaßstäbe sind dem Umweltbegriff entsprechend in der Regel gesundheits- oder nutzungsbedingte Grenzwerte für Wasserverunreinigungen, Luftverunreinigungen oder Lärmbelästigungen. Die Grenzwerte sind fast ausschließlich Umweltqualitätsstandards entnommen. Dabei ist die vorhandene Datenbasis in der Regel nicht genügend für eine umfassende Darstellung der Umweltbelastung.

Die bemerkenswerte Bedeutung des Militärs und seiner technologischen Bedürfnisse wie des betreffenden Entwicklungspotential wuchs und entstand während Chinas Periode der größten externen Bedrohung, nämlich zwischen 1950 und 1969. In den 80er und 90er Jahren des 19. Jh. wurden militärische Prioritäten zweitrangig und hinter die allgemeineren ökonomischen Entwicklungen zurückgestellt. Chinesische Führer zogen die Schlussfolgerung, dass so lange die Technologie mit nationaler Power verbunden ist, diese alle Abhängigkeiten von Fremden und Ausländern überwinden und aufgeben müsste. Technologie wurde angesehen als Sache großer Strategien und Selbstvertrauen als eine wesentliche Strategie technologischer Entwicklung (Feigenbaum 2003, 3f). In der Dämmerung eines neuen Jahrhunderts ist Technologie der Probierstein von Chinas Griff nach globaler Macht. Chinas militärische Verteidigungsplaner haben einen neuen, oftmals letalen Entwicklungsstil und eine Fähigkeit entwickelt, die Taiwan möglicherweise eine bestimmte Richtung aufzwingen könnte. Sie könnte dazu über längere Zeiträume verteilte untergründige politische Macht ausüben. Chinas Macht bzw. militärische Kraft Markt ist zwar möglicherweise noch Jahrzehnte entfernt von der Kapazität, die Kräfte der Vereinigten Staaten und ihrer Alliierten auf dem offenen Ozean herauszufordern. Chinas strategische Kräfte aber sind in einigen bestimmten Bedingungen weit zurückliegend und damit sehr verletzlich. Aber Chinas Fähigkeiten in anderen Bereichen, die möglicherweise asymmetrisch zu den Kräften der Vereinigten Staaten stehen könnten sich fatal auswirken in bestimmten Bereichen Amerikas und seiner Verbündeten (Feigenbaum 2003, 216f).

Chinas Entwicklung industrieller Art bleibt schwach in mindestens zwei der vier Gebiete, die sehr wesentlich sind für den industriellen Erfolg im Silicon Valley und überhaupt überall bei industrieller Modernisierung. Private Gleichheit und die Regulierung der Regierungstätigkeit in zwei anderen Bereichen, dem Unternehmertum und einer strengen an der Universität angesiedelten Grundlagenforschung, ist China gerade dabei, einen Durchbruch zu erzielen. China hat gerade erst begonnen, die Voraussetzungen für ein eigenständiges System von Marktmechanismen für technologische Forschung und technologische Entwicklung zu etablieren. Trotzdem bleibt das große chinesische Forschungs- und Industriesystem endemisch nicht innovativ (Feigenbaum 2003, 212f). Allerdings liegen in dem neuen Ökonomiesystem die besten Hoffnungen für einen neuen industriellen Stil in China. Pekings industrielle Bürokratie könnte es allerdings zu Tode regulieren (Feigenbaum 2003, 225).

Die Schließung der technologischen Lücke zwischen der technologischen Front meist in den USA und zumindest einigen Schwellenländern insbesondere in Südostasien scheint bei neuen Technologien – Umwelttechnologien, Informationstechnologie und Biotechnologien – leichter zu erreichen zu sein als in vergangener Zeit bei herkömmlichen Industrien. Dazu ist die Handhabbarkeit genauso wichtig wie die kulturelle Einbettung vor allem in eine weltweit sich konstituierende Welt-Jugend-Kultur, die allein mit Amerikanisierung zu kurz und falsch umschrieben wäre. Anpassung von Technologie ist eine schwierige Aufgabe, vor allem im Rahmen von transkulturellem Technologietransfer, wenn man die Gebrauchsgewohnheiten und kulturellen Vorstellungen des künftigen Nutzers nur unzureichend kennt. Da sich die Konsumkultur weltweit im Zeichen der Globalisierung weiter ausbreiten wird, wird die Formulierung angemessener Leitbilder für den Gebrauch von Technik von immer größerer Dringlichkeit. Traditionell wurde die „technologische Lücke" von der technischen Konstruktionskultur her definiert. Hier ereignet sich im Zeitalter der Globalisierung eine Konsumentenrevolution. Betrachtet man Technologie aus der Perspektive des kreativen Anwenders, so spielt diese Lücke praktisch keine Rolle mehr. Der Umgang mit High-Tech kann genauso leicht oder schwer sein wie der mit einer Maschine. High-Tech kann immer mehr so konstruiert werden, dass der Nutzer den Umgang selber lernen kann. Dies erleichtert den Technologietransfer, sollte aber auch zu größerer Vorsicht mahnen, um Fehlerquellen auszuschließen und Technik möglichst sicher zu machen. Dies hat Auswirkungen auf die Produzenten. Man muss nicht immer an der technologischen Front die Spitzenposition einnehmen, um technologischer Trendsetter zu werden.

7. Schluss: Nachhaltigkeit und neue technologische Modernisierungskonzepte

Dem Sozialismus, genauer dem Kommunismus, wurde unterstellt, dass er ein Modernisierungsmodell als Alternative zum westlichen Modell der Industrialisierung darstellen würde, der für Arbeiter größere Gerechtigkeit beinhalte. Dies mag für Arbeiter möglicherweise zutreffen, nicht aber für alle Teile der Gesellschaft. Zudem hat er offenkundig gerade in der Frage des Umweltschutzes den Systemvergleich wohl eher nicht bestanden. Zu den Modernisierungshindernissen gehört also neben dem Bevölkerungswachstum und der Armut insbesondere ökologische Probleme und für den westlichen Intellektuellen meist auch die Religion, aber wahrscheinlich sind auch Kolonialismusfolgen und Folgen der bisherigen Formen des Technologietransfers hinzuzurechnen, da diese Entwicklungspfade generiert haben, die nun als nur schwer modernisierungsfähig erweisen. Einige Modernisierungshindernisse sind bereits Folgen der ersten Modernisierung wie Bevölkerungswachstum, ökologische Probleme und Armut, so dass Modernisierungskonzepte nicht völlig zu Unrecht in die Kritik geraten sind. Aus diesen negativen Konsequenzen früherer Modernisierungspfade ergeben sich dann weitere Modernisierungszwänge, eine Modernisierungsspirale, die wie eine Windhose immer mehr von dem, was Modernisierung eigentlich einbetten sollte, selbst in seinen Bann schlägt und entwurzelt.

Modernisierung rechtfertigt ihr gegenwärtig revolutionäres Potential durch die segensreichen Folgen der Zukunft, quasi durch einen futurischen Utilitarismus. Modernisierung umschreibt Entwicklungspfade, die durch Innovation gekennzeichnet sind. Moderne ist nicht ohne eine Geschichtsphilosophie, vielleicht nicht ohne eine Utopie technischer bzw. zivilisatorischer Art möglich. Eine solche technische Utopie kann wie die positivistische Geschichtsmetaphysik des Marxismus eine Lücke in der indischen Weltsicht ausfüllen, die eine Geschichtsphilosophie nicht aufweist. Dem Marxismus eigentümlich ist ebenfalls eine positive Sichtweise von Wissenschaft und Technologie. Der Marxismus ist so in gewisser Weise Erbe der Aufklärungsphilosophie und einer Modernisierungstheorie. Auch für China bietet die marxistische Technikphilosophie Ansatzpunkte, die allerdings insgesamt nicht unproblematisch sind. Der Zusammenbruch des ehemaligen Ostblocks hat hier möglicherweise ein Theoriedefizit hinterlassen. Ökologisch-sozial motivierte Konzeptionen der Realisierung von Langzeitverantwortung könnten hier eine interessante Aufgabe wahrnehmen.

Marshall Sahlins spricht von der strukturierenden Kraft der Tradition (Sahlins 1994, 101). Der Brauch entstammt der Tätigkeit, dem Leben – er ist nicht Ausfluss des Denkens, sondern der Emotion und des Verlangens, des Instinkts und des Bedürfnisses (Sahlins 1994, 118). Theorie und Methode der

Kulturökologie entsprechen weder einen Determinismus durch die Umwelt noch befassen sie sich in erster Linie mit der Umwelt. Es handelt sich um eine Kulturtheorie, die weder kulturologisch noch überorganisch ist, sie ist überdies eine Handlungstheorie in dem Sinne, wie dieser Begriff in der Soziologie verwendet wurde. Sie begreift das Verhalten als weitgehend durch Normen reguliert (Sahlins 1994, 144). Sahlins entwickelt eine Logik des soziokulturellen Ganzen (Sahlins 1994, 175f).

Neben der strukturierenden Kraft der Traditionen ist allerdings auch auf die strukturierende Kraft neuer Ideen, Institutionen und Horizonte hinzuweisen. Das auf die totale Selbstverwirklichung drängende Kulturbewusstsein löst Verhaltensformen wie Fleiß und Arbeitsdisziplin auf, ohne die die moderne Gesellschaft nicht existieren kann. Der Kulturkonflikt hat die alte soziale Frage, die das 19. Jahrhunderts beherrscht hat, gewissermaßen überholt und sich unterworfen. Der Glaube an die Selbstverbesserung hat nie ungeteilte Akzeptanz erfahren. Herder wies darauf hin, wie die aufklärerische Absolutsetzung der eigenen Kulturstufe, des sogenannten Zeitalters der Vernunft oder des Lichts, in Zusammenarbeit mit Handel- und Kolonialisierung zur konsequenten Zerstörung von anderen Kulturformen führt (Brackert/Wefelmeyer 1984, 7-12). Kultur ist im Deutschland des 18. und 19. Jahrhunderts ein bürgerliches Phänomen unter feudaler aristokratischen Herrschaft. Dieses soll hier keinesfalls revitalisiert werden. Verloren gegangen ist der Fortschrittsglaube des 19. Jahrhunderts, der Glaube an die Verwirklichung der westlichen Werte, der Glaube an die Leistungsfähigkeit von Wissenschaft und Technik – lastet ihnen relativ unbesehen die ökologische Krise in ihrer Gesamtheit an. Es geht um die Rückgewinnung des Glaubens an die problemlösende Kraft von Wissenschaft und Technik im Rahmen eines Konzeptes ökologischer Modernisierung und unter Einbezug der Zweifel an der eigenen Kultur.

Kann nun Kulturalität und Transkulturalität als Folie dienen, den alten Fortschrittsglauben an Wissenschaft und Technik als europäischen Weg der Problembewältigung, durch den Technik zur Natur des westlichen Menschen wurde, so zu transformieren, dass wir einen Horizont für ökologische Modernisierung formulieren können? Eine selbstkritische Wissenschaft ohne absolutes Wissens, also im Wissen um ihr eigenes Können und um ihre eigenen Grenzen wäre dabei eine erste Voraussetzung. Es gibt Gründe für ein neues Selbstbewusstsein von Wissenschaft und Technik im Rahmen eines Konzeptes von Langzeitverantwortung. Wissenschaft hat die Umweltkrise in weiten Teilen festgestellt und auch mit Hilfe der Publizistik inszeniert. Der kulturelle Konflikt zwischen dem, was eine Gemeinschaft bewahren möchte, und dem was durch Wissenschaft, Technologie, Ökonomie und Modernität zerstört wird, hat die soziale Frage des 19. Jahrhunderts abgelöst. Die ökologischen Probleme werden der Modernität zugeordnet und somit als Argument für das Traditionelle herangezogen. Hier liegt aber ein grundsätzlicher Fehler. Die Probleme der Moderne

– einer auf Wissenschaft und Technik basierenden Kultur der Innovation und Beschleunigung mit prekären Nebenwirkungen für Traditionen sowie auf die Natur - werden durch eine Rückkehr in die Prämoderne nicht gelöst. Die sozialen Probleme wie Arbeitslosigkeit, soziale Sicherungssysteme, Wohlstand usw. können wir durch mehr Ökonomie und Technik, also durch Modernisierung möglicherweise lösen. Aber viele von uns wollen soziale Wärme, kulturelle Identität durch traditionelle Werte – und Reichtum. Reichtum aber scheint nur durch Wachstum, durch Globalisierung und dergleichen erreichbar zu sein.

Langzeitverantwortung oder Menschenrechte sind Begriffe einer universalistischen Menschheitskultur im Erbe der Moderne. Letztendlich müssen wir aber von verschiedenen technisch geprägten Kulturformen ausgehen, um eine universalistische Menschheitskultur in der Zukunft zu verwirklichen. Weltweit leben heute Menschen unterschiedlichster technischer Kulturformen nebeneinander, wenn auch in regionaler und räumlicher Abgrenzung. Neben Bauern auf der Stufe der Subsistenzwirtschaft stellen Nomaden und nomadisierte Viehzüchter eine weitere Stufe technischer Kultur dar, die ebenfalls eine ältere technische Kulturstufe bis in die heutigen Tage an einigen Standorten weiterführen konnten. Fischer, die heute nur leicht verbesserte Werkzeuge im Vergleich mit der neolithischen Revolution verwenden, arbeiten prinzipiell gesehen mit steinzeitlichen Traditionen. Eine weitere Stufe ist handwerkliche Technik, die sich auf die Verarbeitung von Metallen, Holz, Tonwaren und anderen Werkstoffen spezialisiert hat. Die Techniken wurden im einzelnen verfeinert und verbessert, unterscheiden sich aber nicht grundsätzlich von den ursprünglichen Technikformen. In späteren Zeiten, etwa ab 3000 v.Chr. entwickeln sich aus handwerklicher Technik auch außerhalb von Städten auf Latifundien und dem Gebiet von Großgrundbesitzern größere Manufakturen zur Erzeugung bestimmter Handelsgüter. Industrialisierte Landwirtschaft entsteht als Produkt des 19. Jahrhunderts ebenso wie Industriekomplexe, die zunächst als Inseln sich in der Naturlandschaft ausbilden, aber dann mit modernen Transportmitteln immer enger verzahnt, eine Industrielandschaft ergeben haben und eine insgesamt sich konstituierende moderne Mobilität als Verkehrsinfrastruktur entwickeln.

Insbesondere in Dritte Welt-Ländern und in Entwicklungsländern finden sich unterschiedliche Stufen der Technikverwendung unmittelbar nebeneinander in räumlicher und zeitlicher Koexistenz. Alte Kulturformen überleben teilweise nur leicht modifiziert bis in unsere heutige Zeit, geraten aber in zunehmendem Maße unter Transformationsdruck angesichts der modernen Mobilität und der Globalisierung. Eine technische Kultur im eigentlichen Sinne aber hat sich noch nicht in allen Entwicklungsländern konstituiert. Eine technisch induzierte anwachsende weltweite Solidargemeinschaft, eine immer gleichförmiger werdende Alltagskultur, sich angleichende Nahrungsmittel weltweit, Radio und Fernsehen erobern die Welt, und verbreiten die Bilder der technisierten Kultur auch in Entwicklungs- und Dritte-Welt-Länder, Küchenutensilien und Nahrungsmittelzubereitung gleichen sich an. Computer sind zunehmend weltweit im Einsatz. Angleichung und Vermassungsphänomene sowie anwachsende ökologische Probleme z.b. aufgrund von Mobilität weltweit mit Zweirädern und Automobilen greifen ineinander. Jugendkultur und jugendlicher Lebensstil gleichen sich hinsichtlich Musik und Mode weltweit immer schneller an und werden häufig von Kulturkritikern als Amerikanisierung umschrieben.

Die anwachsende Konsumorientierung und Konsumkultur, die aber gefährdet ist durch Bevölkerungswachstum, Arbeitslosigkeit, mangelnde Schulbildung, mangelnde Berufsbildung und abnehmende Kraft der kulturellen Traditionen implizieren eine weltweite neue Ausrichtung der technischen Kultur. Kommunikation ist der falsche Ansatz als Maß für interkulturellen Austausch und kulturelle Transformation. Weiter helfen könnte der Blick auf Institutionen, auf Tradition, Traditionsausbildung und Traditionserhaltung. Besonders interessant in diesem Zusammenhang sind Institutionen technischer Art. Nicht hilfreich ist die falsche Grundausrichtung der Soziologie seit Luhmann, die durch Informationstechnologie und das Internet scheinbar gestützt wird. Nicht Kommunikation ist die umfassende Kategorie technischer Kultur, sondern Kooperation, also in gewisser Weise auch der Technologietransfer, der gemeinschaftliches technisches Handeln ermöglicht. Das Palaver hat nicht dieselbe normbildende Kraft wie die entsprechende kulturelle Praxis. Aus diesem Grund reicht ein auf Kommunikationstheorie beschränkter Ansatz für den interkulturellen oder transkulturellen Austausch nicht aus.

Die religiöse Absicherung gilt als fundamentaler Wunsch vieler Menschen in Dritte-Welt-Ländern. Religion wird als Faktor der Stabilisierung von Tradition angesehen, vielleicht abgesehen von der Religion der westlichen Welt, dem Christentum, das verantwortlich gemacht wird für eine anthropozentrische Denk- und Lebensweise und die Entwicklung hin zur neuzeitlichen Experimental- und Naturwissenschaft. Nicht unverdächtig in diesem Zusammenhang aber ist, dass auch das Christentum jahrhundertelang als Hemmschuh wissenschaftlich-technischen Fortschrittes galt und auch heute noch die christliche Soziallehre gegen Konsumdenken und Nutzenorientierung ihre Stimme erhebt.

Um eine Innovation zu erreichen, müssen Erfindungen integriert werden in das existierende Netzwerk technologischer und sozialer Lösungen. Auch in diesem Ansatz wird Kultur nicht explizit erwähnt. Man kann allerdings argumentieren, dass kulturelle Faktoren eine zentrale Rolle im Prozess der Transformation von der Invention zur Innovation spielen, da sie insbesondere auch regionale Unterschiede markieren. Dieser Netzwerkansatz führt zur Betonung der Verknüpfung von Technologie und Gesellschaft. Ingenieure schreiben soziale Werte oder Normen einer Technologie ein und gemäß diesen sozialen Charakteristiken werden diese Normen und Werte mit der Technologie den Benutzern übertragen und führen diese dazu, in einer bestimmten Art und Weise zu handeln. Erfolgskriterien hängen ab von mentalen Modellen, von interpretativer Flexibilität, Nachfrageeffekten und Kriterien für die Verbesserung wie Sicherheitsaspekte, die Ingenieure interessieren. Dabei können kulturelle Barrieren bei der Kommunikation zwischen unterschiedlichen Ingenieurkulturen und Ingenieurschulen auftreten (Stahl-Rolf 2000, 58f).

Symbole, die mit der Technik verbunden sind, Realsymbole wie die Maschine oder die Technosphäre, müssen ergänzt werden durch Symbole als Elemente eines technischen Weltbildes wie etwa technischer Fortschritt. Die These, die auf dem Boden der Umgangskonzeption technischen Handelns plausibel ist, läuft darauf hinaus, dass wir auch im Hinblick auf Technik gerne vorab vor jeder technischen Entwicklung eine solche Idee bereits hätten, dies aber von der technischen Entwicklung nicht erfüllt wird, weil innovative technische Entwicklung erst im Verlauf (vielleicht letztlich erst an ihrem Ende) es erlaubt, eine solche Idee zu entwickeln. Die Aufgabe der Vermittlung von Selbst- und Fremdinterpretation von technischen Handlungen und technischen Produkten muss in eine reflektierte Fremdinterpretation überführt werden. Dies ist der technikphilosophische Ansatz. Dabei geht es nicht nur um textliche Interpretationen, sondern insbesondere und bevorzugt um Interpretationen visueller und taktiler Phänomene, nämlich von Zeichnungen und Modellen. Die kulturelle Deutung technischer Handlungen bezieht sich auf religiöse Handlungen und ihre Dramaturgie, insofern sich diese Dramaturgie auf die technische Konstruktion und die Entwicklung von technischen Artefakten ausgewirkt hat. Dabei kann eine gesamte kulturelle Struktur auch nur eines Kulturkreises nicht annähernd genau in ihren komplexen Wechselwirkungen beschrieben werden. Insofern bedarf es der Analyse kultureller Segmente oder kultureller Bereiche bisweilen auch im Sinne von Fallstudien und modellhaften Argumentationen. Sie muss sich dabei auf Grundstrukturen und modellhafte Perspektiven beschränken. Genauso erforderlich ist eine Bezogenheit auf eine (technische) Praxis, auf Praktiken oder auf bestimmte Praxisformen.

Erfindung, Akkumulation, Austausch und Anpassung sind die treibenden Faktoren kultureller Entwicklung. Die exponential steigende Akkumulationsrate bedeutet also eine ständige Beschleunigung des Entwicklungsprozesses. Es kann sich also herausstellen, dass ein exponential steigendes Wachstum unregelmäßig oder zyklisch abläuft. Die Übernahme ist noch viel mehr eine Quelle von Erfindungen. Sie ist ein Prozess, in dem viele verschiedene Erfindungen aus verschiedenen Quellen zu einer gemeinsamen Kulturbasis vereinigt werden. Infolge des Austausches vollzieht sich die Kulturentwicklung mit größerer Geschwindigkeit. In manchen Fällen sind die Beziehungen sehr eng, in anderen Fällen gibt es nur sehr entfernte Berührungspunkte. Das System all dieser Wechselbeziehungen bildet die Organisation der Kultur. Erfindungen auf einem Kulturgebiet können also auf dreifache Weise zustande kommen: Als originale Entdeckung, durch Übernahme aus einem anderen Kulturkreis und durch Anpassung an Erfindungen auf einem benachbarten Kulturgebiet. Diese Anpassungen geschehen nicht sofort, sondern mit einer gewissen Verzögerung, so dass man von einer kulturellen Phasenverschiebung sprechen kann. Die Verflechtung der Kulturgebiete zeigt vielfältige Abstufungen. Anpassung in diesem Sinne kann ein sehr schwieriger Prozess sein, der die Bildung völlig neuer gesellschaftlicher Institutionen erfordern kann. Der Anpassungsprozess kann zu schwierig sein und zu völliger Desorganisation führen (Ogburn 1969, 60-67).

Vertrauen ist ein Kennzeichen von Unsicherheit, von Kompetenz und implizitem Wissen. Implizites Wissen ist erfolgreich bei der Visualisierung großer Informationsmengen. Es handelt sich kontextualisiertes Wissen, verkörpertes Wissen, eingebettetes Wissen. Ethnomethodologie dient der Erforschung der Praxis und des impliziten Wissens wie die Befragungsmethode, die verwendet wird, um den Rahmen für die Praxis bzw. für die Handlungsfelder zu erforschen. Dabei darf man nicht davon ausgehen, dass Rahmen und Praxis getrennt sind, sondern dass mit der Praxis zugleich der Rahmen für die Handlungsfelder mit erzeugt wird und sich mit fortschreitender Praxis auch der Rahmen für die Handlungsfelder mit modifiziert. Paradigmen sind damit Felder impliziten Wissens und nicht explizierte Regeln. Der Versuch, Paradigmen oder Leitbilder zu operationalisieren, d.h. in abbildbare Regelsysteme zu überführen, verkennt letztendlich die eigentliche Bedeutungsdimension von Leitbildern bzw. Paradigmen. Paradigmen sind Begriffe der Einbettung bzw. der Inkulturation. Die Gestaltung von Innovation ist möglich, strikte Kontrolle aber nicht. Steuerungsversuche des Gesamtsystems sind kaum möglich, ihr Gelingen oder Misslingen ist aufgrund der Vernetzung und Rückvernetzung der Teilstrukturen untereinander schwierig zu prognostizieren. Kulturelle Innovationen werden in Gang gesetzt durch neue Lebensformen, Erzählungen, Traditionen, Ideen, Leitbilder und paradigmatische Normen. Es kann sich dabei aber auch um neue Organisationsformen oder Institutionen handeln. Wichtig allerdings ist dabei, dass es nicht bei einer Idee oder Erkenntnis bleibt, sondern dass die praktikable Umsetzung, die Anwendung und Realisierbarkeit hinzukommen muss. Kulturelle Innovationen manifestieren sich in Lernprozessen, Adaptationsprozessen, Imitationsprozessen und Assimilationsprozessen in die kulturelle und soziale Umgebung. Sie beruhen also auf einem Diffusionsprozess oder Prozess des Eindringens und des Umsetzens technischer Praxen in einem Kulturkreis. Auch kulturelle Innovationen lassen sich in begrenztem Umfange gestalten. Dies geschieht in Lernkulturen, in Diskurskulturen, in Reflexionskulturen, mithilfe von Öffentlichkeitsarbeit und Werbung in elitären Zirkeln.

Innovationen werden im Laufe eines Entwicklungspfades, sofern sie erfolgreich waren, zu Traditionen. Es gibt also in einer Kultur beharrende Momente, gleichsam „eingefrorene" Entwicklungspfade, und dynamische Elemente, sich noch entwickelnde Pfade, die keineswegs immer miteinander verbunden sein müssen, sondern bisweilen auch unverbunden nebeneinander stehen können. Innovationen sind letztlich nur vor dem Hintergrund von Tradition möglich. Die eigentliche Fortschrittstheorie lässt sich nur auf technische und wissenschaftliche Entwicklungspfade anwenden. Solche Entwicklungspfade beruhen bis zu einem gewissen Grad auf der Konzeption des Experimentes, also des Versuches. Das Ziel eines solchen Entwicklungspfades liegt nicht fest, sondern wird in einem Suchprozess gefunden. Moral hingegen als ein weiterer wichtiger Teil der Kultur beruht primär nicht auf Entwicklungspfaden, sondern auf Tradition. Traditionen begründen Überlieferungswege, und diese sind oft keineswegs experimentell, sondern eher starr. Nicht in allen Kulturbereichen ist Fortschrittlichkeit die angemessene Bewertungskategorie (und diese ist beileibe auch nicht die einzige Kategorie für die Bewertung von Wissenschaft und Technik). Das Konzept der Kulturhöhe ist damit zwar äußerst schwer zu operationalisieren, aber auch nicht gänzlich wertlos, vielmehr für jeden erforderlich, der von der Einheit der Kultur ausgeht.

Gemäß der bislang gängigen Modernisierungsdiskussion unterscheidet man drei Phasen der Modernisierung in Europa. Die erste Phase beginnt in der Kunst, der Malerei wie der Literatur mit der Abgrenzung der „Modernen", die einen von den neuzeitlichen Naturwissenschaften inspirierten Kunststil propagieren, von den „Antiquierten", die sich auf den griechischen, d.h. traditionellen Kunststil berufen. Seither streiten sich die Avantgarde und der Futurismus mit der Postmoderne. Die zweite Phase der Modernisierung umfasst die Aufklärungsphilosophie, Säkularisierung, Rationalisierung, Emanzipation und Autonomie des Individuums und spielte sich bevorzugt im weltanschaulich-kulturellen Bereich ab. Diese Modernisierungsbewegung wird als typisch westlich-individualistisch und heteronom abgelehnt, wohingegen die dritte Phase der Modernisierung, industrielle Revolution, Industrialisierung, Technologisierung und Digitalisierung als vorbildlich und erstrebenswert gelten und in technokratischer Weise zum Inhalt des Modernisierungsmodells nachholender Industrialisierung gemacht wird, das dann aber häufig keinesfalls ökosozial ausgerichtet oder an Nachhaltigkeit orientiert ist. Das hier entworfene Modernisierungskonzept im Fahrwasser der vier fundamentalen Ebenen kultureller Entwicklung differenziert in größerem Maße:
(1) Modernisierung im Mensch-Natur-Verhältnis unter Anknüpfung an die kulturell und religiös ausgebildete Tradition. Unter Berücksichtigung bestehender naturfreundlicher Vorstellungen sollen neue Leitbilder formuliert werden.
(2) Modernisierung durch Technologieentwicklung; Strategien zur Einrichtung von Forschung und Entwicklung im eigenen Land und Technologietransfer unter Berücksichtigung der anderen Modernisierungsdimensionen.
(3) Die weltanschauliche Dimension der Modernisierung; Ablehnung rein westlicher Modernisierungskonzepte als Neokolonialismus, wohingegen die eigene Kultur und religiöse Tradition hervorgekehrt wird.

(4) Die sozioökonomische Dimension der Modernisierung erweist sich als durchaus ambivalentes Strukturmuster. Die Übernahme von wichtigen Elementen der Marktwirtschaft und einer Reihe westlicher Institutionen, darunter von Rechtssystemen führt zu Modernisierungsinseln und zur partiellen Übernahme westlicher Kultur bei städtischen Eliten und in der Jugendkultur.
Die Aussagen über die kulturelle Entwicklung sollen nur soweit entwickelt werden, als sie Hilfestellung für eine Modernisierungstheorie anbieten. Technische Modernisierung bedeutet im Europa der Neuzeit experimentell vorangetriebene technische Entwicklung. Innovative technische Entwicklung erhöht die Anforderung an die Anpassungsgeschwindigkeit von Gesellschaften und Traditionen. Dies gilt für Europa genauso wie für Südostasien, trifft hier aber auf besondere Probleme, nicht nur weil die technische Entwicklung nicht denselben Standard erreicht hat wie in den industrialisierten Ländern, sondern weil hier Tradition eine systematisch sehr viel wichtigere Rolle in der kulturellen Entwicklung spielt als in Europa. Dieser Anpassungs-Druck auf Gesellschaften und Traditionen erhöht sich dramatisch durch die Skalierung von Technik. Erhöhte technische Niveaus gab es schon früher. Allerdings wirken sich heutige Erhöhungen des technischen Niveaus nicht zuletzt auf Grund der Vernetzung in ganz anderer Art und Weise aus, als dies früher geschehen ist.

Gegenüber den Modernisierungsphilosophien als Geschichtsdialektik in umfassender Art und Weise soll die hier vorgeschlagene Modernisierungstheorie auf Sozialanthropologie und Ethnologie bzw. auf Ethnographie zurückgreifen. Von transkulturellen Fragen her sollen die Modernisierungstheorien stark rationalistischer und eurozentrischer Art hinterfragt werden, um zumindest zu einem reflektierten Eurozentrismus als Diskussionsangebot an andere kommen zu können. Dabei sollen Legitimationsfragen behutsam und sorgsam umformuliert und neu thematisiert werden. Hiermit ist das Programm einer Hermeneutik der Modernisierung formuliert. Dabei geht es nicht darum, der Ethnologie Konkurrenz zu machen und zum Ethnographen oder zum Ethnologen zu werden. Die philosophische Reflexion bemüht sich um die Rahmenbedingungen für eine umfassendere Theorie kultureller Modernisierung.

In Europa lassen sich drei Dimensionen im Modernisierungsparadigma unterscheiden:
(1) Moderne und Modernisierung in der Kunst. Hier geht es um künstlerische Ausdrucksmittel, die fortschrittlich sind im Sinne des Futurismus, die aber auch eine postmoderne Diskussion ausgelöst haben. Modernisierung im künstlerischen Bereich ist durchaus etwas anderes als in anderen Modernisierungsbereichen.
(2) In der Philosophie kommt es in der Moderne, d.h. in der Epoche der Aufklärung zur Trennung der Philosophie und Religion. Daher wird im Katholizismus der Modernismus und die Modernisierung kritisiert, weil Moderne als etwas

empfunden wird, das sich gegen religiöse Tradition richtet. Es gibt also eine religiös motivierte Modernisierungskritik in den Industrieländer selber.
(3) Der dritte Bereich meint Modernisierung durch Technik im Sinne einer Industrialisierung bzw. Technologisierung.

Diese drei unterschiedlichen Dimensionen einer europäisch orientierten Modernisierungsstrategie sind nun im Hinblick auf die Verhältnisse in Südostasien einer näheren Untersuchung und Kritik zu unterwerfen. Modernisierung in Form von Positivismus, Profitmaximierung, Ökonomismus und Technokratie wird in Südostasien noch eher abgelehnt, ohne dass die westliche Lebensform insgesamt oder gar Modernisierung in ihrer Gesamtheit negiert würden. Insofern soll hier ein Plädoyer für eine Beschreibung kultureller Phänomene und Entwicklungstendenzen gehalten werden, in der Beobachter- und Teilnehmerperspektive ineinander greifen, Selbst- und Fremdinterpretationen sich wechselseitig kritisieren können. So entsteht die Aufgabe einer Modernisierungshermeneutik als gemeinsame, transkulturelle Aufgabe. Häufig erfolgt auf westlicher Seite immer noch eine unsensible Berufung auf Objektivität, wo sie nicht möglich ist.

Es liegt eine falsche Vorstellung von Modernisierung zugrunde, wenn man Modernisierung als gesellschaftliches Grundgesetz betrachtet, das sich im Sinne der sozialen Physik mit eherner Notwendigkeit vollzieht und als solches eine Überlegenheit Europas quasi zwangsläufig kulturell begründet ist. Dabei kann das Modernisierungskonzept nicht die Dominanz technischer und kultureller Tradition sowie bereits etablierte Entwicklungspfade leugnen. Modernisierung im technischen Bereich meint die Ausdifferenzierung technischer Niveaus, begründet die Notwendigkeit von Technologietransfer und beruht auf unterschiedlichen Innovationsgeschwindigkeiten in einzelnen Technologiebereichen oder im Gesamtbereich. Innovationen haben es schwer bei ihrer Durchsetzung, bei der Erlangung von Akzeptanz. Es kommt zu einer Verschärfung der Akzeptanzproblematik bei transkulturellem Technologietransfer. Um so erstaunlicher ist manch schneller Erfolg bei der Ausbreitung technischer Innovationen. Dabei wird pragmatische Nützlichkeit insbesondere in Zwangslagen ein wichtiger Grund für die Akzeptanz sein. Modernisierung war immer eine Sache von Eliten und Experten und lässt sich nicht auf Diskurse reduzieren. Der Experte wurde im Namen der Ideologiekritik sozial demontiert. Damit entließ sich eine technologiewütige Gesellschaft ins sozialromantische Abseits. Die Lobbyisten entscheiden im Namen ihrer Auftraggeber. Der Runde Tisch erzeugt nicht Kompetenz, sondern setzt diese voraus. Die Hermeneutik der Modernisierung in ihren verschiedenen Dimensionen setzt also Experten voraus, die weder selbsternannt noch ausschließlich sozial konstruiert sein sollten, sondern sich bewährt haben müssen. Dies setzt auf allen Seiten Geduld voraus.

Dabei lassen sich moderne und religiöse Tradition unterscheiden sowie verschiedene kulturelle Niveaus der Modernität, die erstens Literatur, Musik,

Kunst, zweitens Philosophie und Weltanschauung, drittens gesellschaftliche Entwicklung und Institutionen und viertens eine geschichtsphilosophische Kategorie der kulturellen bzw. zivilisatorischen Höhe umfassen. Modernisierung oder Modernität ist ein zeitlicher Relationsbegriff und letztendlich von einer geschichtsphilosophischen Konzeption abhängig. Modernität ist zunächst ein Phänomen der Literatur und der Kunstgeschichte. Auf der anderen Seite manifestiert sich die Zeitgebundenheit von Philosophie und Literatur darin, dass sie jedes Mal auf der Höhe ihrer Zeit sein müssen. Damit stellt sich aber auch sowohl für die Kunst wie für die Philosophie die Frage nach der Progressivität und dem Epigonentum. Die Moderne, die sich an Naturwissenschaft und Experimentalphilosophie orientierte, führt in Religionskritik und Säkularisierung. Für die Traditionalisten ist eine Wiederanknüpfung an antike Lebensformen und an Philosophie wichtig. Insgesamt betrachtet ist Modernisierung aber eine spezifisch europäische Form technisch-ökonomischer und kultureller Entwicklung, die in einem zentralen Zusammenhang mit der Idee der Experimentalkunst steht.

Modernisierung im Sinne der Aufklärung schließt eine Verstärkung pädagogischer Bemühungen und der Alphabetisierung mit ein, im eigenen Land wie zunächst in den Kolonien. In Indien und weiten Teilen Indochinas bildete die Ausbildung als wichtige Voraussetzung für den Erfolg von Technologie- und Kulturtransfer zunächst eine Nebenfolge des Kolonialismus, in China geschah dies durch den Kommunismus, der eine Art von Kulturtransfer bereitstellte, auf dessen Boden Technologietransfer zunächst aus dem Ostblock stattfinden konnte. Eine weitere Idee der Aufklärung als Beitrag zu Modernisierungstheorien ist die Konzeption des Weltbürgertums, welches sich zunächst im Weltmarkt ökonomisch realisierte. Aufklärung aber versteht sich als Traditions- und Vorurteilskritik, manifestiert sich in der Religionskritik. Vernunft tritt an die Stelle von Tradition und Autorität: Vernunft als technisch-organisatorische und strategische wie ökonomische Rationalität wird immer mehr mit Modernisierung identi-fiziert. Aber ein Vorurteil bleibt: Der edle Wilde bzw. Indianer (Bild des Ureinwohners im 18. Jahrhundert), die im 18. Jahrhundert sprichwörtliche Weisheit der Chinesen und der Versuch der Kopie ihrer Kultur in der Architektur (etwas weniger bekannt in Zentraleuropa ist Indien, während in England indische Tücher geschätzt werden), aber auch die verbreitete Vorstellung von der Despotie im Morgenland (wohl eine Folge der Türkenkriege) sind europäische Modernisierungsleitbilder im Hinblick auf Tradition und Religion.

Wir müssen Aufklärung und Modernisierung angesichts einer massiv unaufgeklärten und andererseits übermäßig aufgeklärten Welt heute neu durchdenken. Auf der Basis von Langzeitverantwortung müssen zu Vermittlungszwecken Konzepte ökologischer Ethik entwickelt werden, die in das Gewand der betreffenden religiösen Tradition gekleidet werden, damit Umweltschutz erfolgreicher wird, was vermutlich nicht ohne Änderungen in der religiösen Tradition ablaufen wird. Ohne einer Überindividualisierung und gesellschaftlicher Atomisierung in Indien Vorschub leisten zu wollen, ist der Gedanke der persönlichen Verantwortlichkeit das Problem und die intelektuelle Herausforderung dort, aber auch in anderen Ländern Asiens. Dieses Konzept ist stärker am Individuum orientiert, als es sonst in Indien der Fall ist. Es müsste im Kontext der jeweils verschiedenen Religionen – in Indien die Stammesreligionen, Jinismus, Buddhismus und Hinduismus – auf je verschiedene Weise ausformuliert werden, um für die jeweils eigene Praxis fruchtbar gemacht werden zu können.

Für ein transkulturelles Modernisierungskonzept ist die Einsicht zentral, dass Europa Aufklärung, Kolonialisierung, Technologietransfer und Globalisierung als Modernisierungsphänomene betrachtet hat, diese aber keineswegs zwangsläufig in diesem Sinne interpretiert werden müssen. Höhere und ausdifferenziertere Stufen der technischen Kompetenz rechtfertigen nicht moralische Überlegenheitsgefühle, z.B. gegenüber Stammesreligionen und ihren religiösen Gebräuchen und Riten, wie dies häufig im Namen des Kolonialismus geschehen ist und auch heute immer noch geschieht. Wenn wir daraus Schlussfolgerungen für ein nichteuropäisches, transkulturelles Modernisierungskonzept ziehen wollen, so dürfen wir dennoch nicht vor dem Problem die Augen verschließen, dass Jäger- und Sammlerreligionen kaum den Zukunftsaspekt kennen und daher das Konzept Langzeitverantwortung erst vermittelt bekommen müssen. Während der Buddhismus eine Art individueller Zukunft durchaus kennt, muss für den Hinduismus z.B. das Konzept Langzeitverantwortung erst noch formuliert werden. Daher könnte der Gedanke einer „Zukunft der Menschheit" wertvolle Hilfsdienste leisten. Modernisierung als ein Programm der Praxis, des aktiven Veränderns, bedarf einer Transformation durch ein neues Verständnis von Praxis auf der Basis von Einbettung.

Reflexive Modernisierung meint Modernisierung der Moderne im Sinne radikalisierter Modernisierung, so die Reformulierung der These von der reflexiven Modernisierung durch Ulrich Beck selbst: Der Denkrahmen der Sozialwissenschaften muss umgebaut werden. Es geht um die Rekonstruktion des Metawandels der Moderne. Die kategorialen Grundlagen, Grundunterscheidungen, Koordinaten und der Leitideen des Wandels wandeln sich selbst. Europa muss das Produkt und Projekt der westlichen Moderne sozusagen „zurückrufen", also grundsätzlich kritisieren und reformieren. Charakteristisch dafür ist die laufende Pluralisierung der Moderne. Im Zuge reflexiver Modernisierung entstehen eine neue Art von Kapitalismus, eine neue Art von Arbeit, eine neue Art globaler Ordnung, eine neue Art von Gesellschaft, eine neue Art von Natur, eine neue Art von Subjektivität, eine neue Art alltäglichen Zusammenlebens, ja eine neue Art von Staat, und es ist die vornehmste Aufgabe der (Sozial-)Wissenschaften, diesen Metawandel der Moderne begrifflich zu erschließen, empirisch zu untersuchen und auf diese Weise für die Menschen und Institutionen verständlich und handlungsfähig zu machen (Beck/Bonß 2001, 11-

13). Charakteristisch für diesen Wandlungsprozess der Moderne ist die Pluralisierung oder Auflösung von Gemeinschaftsformen und die Gewissheitserosion der Rationalitätsgrundlage (Beck/Bonß 2001, 34f). Somit ist eine explizite Perspektiven- und Methodenkritik notwendig geworden (Beck/Bonß 2001, 49-51). Verbunden mit diesem Phasenübergang ist eine umfassende Form der Unsicherheit und ihrer Bewältigung (Beck/Bonß 2001, 58).

In diesem Buch wird Modernisierung nicht als sozialwissenschaftliches Paradigma verstanden, sondern als ein geschichtsphilosophisches. Modernisierung ist damit nicht mehr allein ein Paradigma des Wandels, sondern steht für sich wandelnde Paradigmen im Kontext der dritten technologischen Revolution, in der die kulturelle Dimensionierung technologischer Revolutionen endlich zum tragen kommt. Die Philosophie hat dabei die Aufgabe der Rekonstruktion der grundsätzlich veränderten weltweiten hermeneutischen Situation des Umbruchs. Transnationale und transkulturelle Modernisierung sowohl in technologischer wie in kultureller Hinsicht ist ein zentrales Bestimmungsmoment von Globalisierung als einem Teilmoment der neuen Modernisierung. Die Gewissheitserosion der Rationalitätsgrundlage und die Wahrnehmung neuer Formen von Wissen, Können, Wissenschaft und Technik greifen ineinander. Pluralisierung darf als eines der fundamentalen Kennzeichen des neuen Modernisierungsparadigmas gelten. Es handelt sich dabei insbesondere um eine Pluralisierung der verschiedenen Praxisansätze, der Erarbeitung der für sie kognitiven und paradigmatischen Rahmenbedingungen, das transkulturelle Finden zu einer gemeinsamen Praxis. Die Untersuchung der Paradigmen neuer Formen der Strukturierung von Gesellschaft und ihren Produkten ist also anzustreben. Dabei kommt es im Zeichen der neuen Modernisierung zu einer Entideologisierung und einem pragmatischen Umgang mit Theorien, Weltanschauungen und Wertsystemen. Die Entideologisierung politischer, ökonomischer und technischer Macht erlaubt einen freieren Blick auf neue Paradigmen und Strukturmuster der Ungewissheit, der Uneindeutigkeit, der Unsicherheit und der Entgrenzung. Dies ist sozusagen die Kehrseite der Medaille, denn Ideologien garantierten eine bestimmte Festigkeit in Weltanschauungsfragen.

Viele der Probleme, die mit der neuen Modernisierung verbunden sind, sind weder modern noch neomodern, sondern z. T. sehr alt. Sie hängen mit technischen und gesellschaftlichen Neuerungen zusammen, die schon früher auftauchten, nun aber immer häufiger werden. In diesem Zusammenhang kann die neue Form der Modernisierung nicht mit Entschleunigung identifiziert, sondern sie bedeutet vielmehr eine nochmalige Beschleunigung der Innovationen, die allerdings nicht auf Technik beschränkt bleiben, sondern in zunehmendem Maße soziale und kulturelle Institutionen in sich begreifen. Der Gedanke des Fortschritts als ein Paradigma der ersten Modernisierung war intuitiv eingängig, wenn auch umstritten. Die Formulierung einer reflexiven Modernisierung ist weder intuitiv eingängig, noch transkulturell nachvollziehbar. Wir brauchen daher eine andere Bezeichnung für das, was mit Radikalisierung der Moderne bzw. einer Modernisierung der Modernisierung begriffen werden soll. Inhaltlich meint es jedenfalls das ineinander von Einbettungs- und Transformationsprozessen der technischen und kulturellen Praxis. Der Begriff, der traditionell für Anpassung von Technologie an seine kulturelle und soziale Umwelt verstanden wurde, ist viel zu einseitig, als dass er mit dem dynamischen Prozess identifiziert werden könne, der heute Einbettung umschreibt. Die Einführung neuer Technologie in eine bestehende kulturelle Landschaft bedeutet eine Transformation sowohl der einzuführenden Technologie wie der kulturellen Landschaft. Die damit verbundenen Phänomene sind viel zu komplex, um sie mit einer evolutionären Kategorie wie der Anpassung adäquat beschreiben zu können. Der Ansatzpunkt, um solche Einbettungsphänomene überhaupt verstehen zu können, ist die Theorie der pfadabhängigen Entwicklung.

Die modernen Informationstechnologien sind für Indien und China eine Möglichkeit der Modernisierung, die Nachholen der Industrialisierung zumindest teilweise ersetzen kann und offenbar kompatibler mit der kulturellen Tradition und dem eingeführten Begriff von technischem Können ist als Industrialisierungsprozesse. Insbesondere der Gedanke der technischen Kompetenz, der mit der neuen technologischen Revolution stärker an Bedeutung gewinnt, lässt sich hier mit dem traditionell verstandenen Ansatz von Technik als Kunstfertigkeit vereinbaren, welche sich in Indien und China noch stärker gehalten haben, weil sich hier Industrialisierungsprozesse nicht so stark durchgesetzt haben wie in Europa. Wenn man die Entwicklung der Modernisierung in Indien und in China vergleicht, so lässt sich feststellen, dass Indien ein anderes Modernisierungsparadigma verfolgt als China, eines, das sehr viel stärker traditionsgebunden ist. Verglichen mit Indien mutet also das Modernisierungsparadigma Chinas zumindest in der gegenwärtigen Zeit als europäischer an als das Indiens. Dies ist ein starker Indikator dafür, dass eine Pluralisierung des Modernisierungsparadigmas selbst im Ansatz entsteht bzw. bereits untergründig vorhanden ist. Dieses Phänomen lässt sich aber nicht mit der These einer reflexiven Modernisierung umschreiben, denn sie hat nichts mit Reflektieren der Modernisierung zu tun und auch nicht damit, dass sich die Modernisierung selber stärker reflex wird. Es ist ganz nüchtern und einfach das Phänomen, der Macht der Traditionen die in unterschiedlichen selbst desselben Kontinents sich unterschiedlich auf Modernisierung auswirken. Modernisierung ist kein von den vorhergegangenen Entwicklungspfaden unabhängiges Projekt oder Konzept, das wir mit Hilfe von Rationalität durchsetzen können, sondern Modernisierung selber ist ein radikal geschichtlicher Prozess, der sich weltweit auf Grund unterschiedlicher Ausgangsbedingungen für die neue Form von Modernisierung auch unterschiedlich ausformulieren wird. Nicht Vereinheitlichung ist das Ergebnis der neuen Globalisierungswelle, sondern in vielfacher Form Pluralisierung der Modernisierungsbedingungen und damit also auch der Modernisierungspfade, in der

Technik in immer dominanterer Weise Modernisierung bestimmt. Auch dies ist ein entscheidender Punkt, an dem das sozialwissenschaftliche Projekt einer reflexiven Modernisierung scheitert. Dieses berücksichtigt schlicht und ergreifend den Motor dieser Neuform der Modernisierung, nämlich technische Entwicklung und die technologische Revolution, nicht in ausreichendem Maße.

Interkulturelle Studien implizieren keinen methodologischen Relativismus. Zwischenkulturelle Erfahrungen dramatisieren die Tatsache, dass unsere eigenen Werte kulturabhängig sind. Niemand kann der Realität der eigenen Kultur und ihrer Konditionierung entgehen, wenn er in eine andere Kultur überwechselt. Der größte Nutzen beim Eintritt in eine andere Kultur kommt nicht vom Verstehen dieser fremden Kultur, sondern vom Verstehen von uns selbst (Adeney 1995, 20-24). Interkulturelle Erfahrung ist daher ein wirksames Mittel, um die eigenen Tugenden zu entwickeln. Kultur in seiner Gesamtheit ist eine Form der Kommunikation. Auch das Geben und Erhalten von Geschenken ist eine komplexe Form der Kommunikation. Interkulturelle Erfahrung ist ein großes Abenteuer. Sie zwingt uns, unsere eigenen Vorstellungen von gut und böse erneut zu durchdenken und erneut zu erleben (Adeney 1995, 29-32). Abhängigkeiten, Beziehungen und Dienstleistungen schaffen Solidarität. Dabei entsteht kulturelle Bedeutung nicht durch intellektuelle Proklamationen, sondern wird bevorzugt definiert durch unseren Lebensstil (Adeney 1995, 51f). Ethnische Solidarität manifestiert sich in einer Vielzahl von Praktiken. Freundschaft ist das Mittel und das Ziel von interkulturellen Kenntnissen. Aber Freundschaft hat verschiedene Rollen in verschiedenen Kulturen (Adeney 1995, 55-58).

Kulturelles Wissen ist häufig implizites Wissen (tacit wisdom). Die Transkulturalität von formalen technologischen und naturwissenschaftlichen Begriffsapparaten darf nicht mit Interkulturalität verwechselt werden. Interkulturelle Philosophie führt zu einem erkenntnistheoretischen wie zu einem kognitiven Pluralismus. Der gemäßigte Skeptiker ist gegen verabsolutierende Tendenzen und den universellen Anspruch der europäischen Philosophie gewappnet (Mall 1995, 12). Interkulturelle Philosophie impliziert den Verzicht auf die absolute Geltung der eigenen Kulturmuster. Es gilt, die Faktizität des Fremden zu ertragen. Eine bedeutende Einsicht interkultureller Philosophie ist der lokale Charakter aller Kulturen. Vorurteile sind nichts besonderes und müssen auch nichts Bedenkliches bedeuten. Anders verhält es sich bei Diskriminierungen. Die neue Völkerwanderung ist im vollen Gange. Dabei sind jene strukturellen und kulturellen Faktoren herauszuarbeiten, die Migration determinieren (Robertson 1993, 69).

Ziel ist die Integration ohne Assimilation. Der Multikulturalismus ist letztendlich ein Umerziehungsprogramm. Basierend auf einer Renaissance des politischen Pluralismus als Renaissance des Regionalismus, als Alltagswende in den Sozialwissenschaften und als Wiederbelebung des Gemeinschaftskonstruktes werden eine Vielzahl von Lebensformen, Lebensstilen, Interessen und Meinungen thematisiert. Die Theorie und Methodologie interkultureller Kommunikation befindet sich derzeit noch in einem vorparadigmatischen Zustand. Umstritten ist auch die verwendete Terminologie: So werden interkulturell, international, transkulturell sowie „cross-cultural" häufig synonym verwendet. Eine intensivere Beschäftigung mit dem Gegenstand lässt sich bis in die 60er Jahre zurückverfolgen, die ersten größeren Studien entstanden in den 70er Jahren. Bei der transkulturellen Kommunikation steht der grenzüberschreitende Vorgang von einer kulturellen Einheit zu einer anderen im Vordergrund. Die Bedeutung der interkulturellen Kommunikation für die Strukturierung einer Weltgesellschaft ist enorm (Reimann 1992, 13f).

Bei Krieg und Eroberung war transkulturelle Kommunikation Begleiterscheinung über Jahrtausende. Beschränkte Verkehrsverbindungen taten ihr übriges. Der durch die technische Entwicklung inzwischen realisierbar gewordene internationale und interkontinentale Informationsfluss scheint nunmehr auf andere Grenzen zu stoßen. Vom „kulturellen Riegel" ist die Rede. Gesprochen wird aber auch von einer Entwicklungskultur (Reimann 1992, 16f). Die Herausbildung bzw. Wiedergewinnung der für kulturelle Identität konstitutiven kulturellen Manifestationen knüpfen an diese Geschichte unmittelbar an. Dabei kann es bisweilen sogar zu Abkoppelungen vom internationalen System kommen, die zur Schwächung des eigenen sozio-ökonomischen Status beitragen können. Die Auseinandersetzung der Menschen mit ihrer natürlichen Umwelt, aber auch mit anderen Gruppen hat in kulturspezifischen Selektionsprozessen zu einer Vielfalt von Problemlösungen und damit zu einer Mannigfaltigkeit von Kulturgestalten geführt, vergleichbar der durch die Evolution hervorgebrachten Artenvielfalt. Wertstandards, Normen und Regeln stellen Kristallisationen von Symbolen und Inhalten der soziokulturellen Ordnung dar. Es fehlt allerdings auch die Erklärung dieser Tatbestände. Eine einheitliche umfassende Theorie kommunikativer Entwicklung wäre hilfreich. Bisher kommt man aber eigentlich nur zu Begriffen einer partiellen Modernisierung (Reimann 1992, 19-21).

Die Weltgesellschaft hat sich konstituiert, und zwar ohne die für nationale Gesellschaften traditionale Basis politischer und normativer Integration, ohne Herausbildung einer eigenen Identität (Reimann 1992, 23). Der Schlüssel dafür liegt vor allem im wirtschaftlich-technischen Fortschritt, der indessen stets neue Risiken erzeugt. Immer breitere Schichten werden durch universelle Bildung, in Sprache, Literatur, Kunst und Wissenschaft erfasst. Mit der Anhebung des Bildungsniveaus findet eine Steigerung der moralischen Urteilskraft der Bevölkerung statt. Die herkömmlichen Gruppen verlieren ihren Einfluss auf das Individuum. An deren Stelle treten neue kulturelle Instanzen. Wir leben in einem kulturellen Universalisierungsschub. Es zeigt sich die Unterlegenheit der Nationen mit nichtenglischer Muttersprache gegenüber denen mit englischer Muttersprache. Dabei kommt es zum Konflikt zwischen dem kulturellen Universalismus des Zentrums und dem kulturellen Partikularismus der Peripherie. Der Siegeszug des kulturellen Universalismus produziert seine eigene Gegenkultur in den zurückgebliebenen Kulturen, die das Tempo der kulturellen Entwicklung nicht mithalten können (Reimann 1992, 37-40).

Die Behauptung, wir seien auf dem Weg in eine kosmopolitische weltgesellschaftliche Rahmengebung, die Konturen einer weltweiten Solidargemeinschaft würden sichtbar und eine gleichförmige Alltagskultur umspanne den Globus, ist unzutreffend. Informationstechnologien und Telemedien bringen zwar Entferntes und Exotisches ins Heim. Ferntourismus lässt die Begegnung mit dem Fremden zum wohl dosierten gesicherten Abenteuer werden, der Hinweis auf die globale ökologische Katastrophe sichert auch dann noch Gemeinschaftlichkeit und Verständigung, wenn das Plädoyer für Fortschritt und Modernisierung an Glaubwürdigkeit eingebüsst hat (Reimann 1992, 60-63). Der Import von Waren, Produktions- und Konsumgütern aus den Industrieländern, und sei es zum Zwecke der „Hilfe zur Selbsthilfe", ist keinesfalls unschuldig: Denn es werden auf diese Weise ebenfalls die westlichen Denkformen und Lebensstile implementiert, die den Waren erst ihre Bedeutung verleihen. So kommt es dazu, dass eigenkulturelle Traditionen und grundlegende Orientierungsmuster verdrängt werden (Reimann 1992, 66-70). Zentral für das Zusammenwachsen der Weltgesellschaft sind interkulturelle Organisationskontakte (Reimann 1992, 269).

Die verstärkte Internationalisierung der Werbung führt neben Massentourismus, Kulturaustauschprogrammen, internationaler Arbeitsteilung usw. zu einem Anwachsen der transkulturellen Kommunikation und des kulturellen Austausches. Die zunehmende Verkabelung mit erhöhtem Angebot ausländischer Fernseh- und Rundfunksender, die Inbetriebnahme außerirdischer Sendestationen, in der letzten Zeit vor allem das Internet begünstigen den Informationsfluss über Ländergrenzen hinweg (Reimann 1992, 307). Die Werbung richtet sich an die Jugend und einen konsumorientierten Lebensstil. Der Ferntourismus als Aktionsfeld für interkulturelle Kommunikation ist ein bis heute immer wieder infrage gestelltes und kritisiertes Phänomen. Auch Entwicklungshilfeprojekte müssen den Einsatz von Medien im Inhalt ihrer Aufklärungskampagnen mit den jeweiligen Wertnormen und Weltsichten einer Kultur abstimmen. Die Berichterstattung der Medien insgesamt über sogenannte Dritte-Welt-Länder muss ebenfalls infrage gestellt werden (Reimann 1992, 320-322). Oftmals tauchen Stereotype auf, die abgebaut werden müssen.

Das interkulturelle Gespräch ist begleitet von einer vierdimensionalen hermeneutischen Dialektik: (1) geht es um ein Selbstverständnis Europas durch Europa. Trotz aller inneren Unstimmigkeiten hat sich Europa zum größten Teil unter dem Einfluss außerphilosophischer Faktoren, den Nichteuropäern als etwas Einheitliches präsentiert. (2) gibt es das europäische Verstehen der nichteuropäischen Kulturen, Religionen und Philosophien. Die institutionalisierten Fächer der Orientalistik und Ethnologie belegen dies. (3) gibt es nichteuropäische

Kulturkreise, die ihr Selbstverständnis heute auch selbst vortragen und dies nicht anderen überlassen. (4) gibt es ein Verstehen Europas durch die außereuropäischen Kulturen. In dieser Situation stellt sich die Frage: wer versteht wen, wie und warum am besten? Es mag Europa überraschen, dass Europa heute interpretierbar geworden ist (Mall/Schneider 1996, 1f).

Huntingtons These vom Kampf der Kulturen besagt: Die USA sollte ihren Anspruch auf weltweite Vormachtstellung zu Gunsten eines Systems mehrerer, ungefährlicher, gleich starker Blöcke aufgeben. Huntington schlug eine Aufteilung der Welt in Kulturkreise vor. Es geht ihm nicht um Globalisierung, sondern um Rückbesinnung auf die eigenen Traditionen und die kulturellen Unterschiede. Zivilisationen sind die Kultur des industriellen technischen Fortschritts (Mokre 2000, 7-12). Huntington appelliert stark an die Gefühlsebene seiner Leser. Ein durchgängiges Ordnungsprinzip ist nicht erkennbar. Für das 19. Jahrhundert postuliert er einen Kampf der Nationen, für das 20 Jahrhundert einen Kampf der Ideologien und für das 21. Jahrhundert einen Kampf der Kulturkreise. Er geht von sieben Kulturkreisen aus, dem Westen, Lateinamerika, der Orthodoxie, dem Islam, dem Konfuzianismus und vielleicht von Afrika. Die Definitionsmerkmale sind für ihn die Zugehörigkeit zu einer Religion. Politische Akteure aber sind immer noch an den Nationalstaaten orientiert. Huntington identifiziert Bruchlinienkriege, Kernstaatenkonflikte und intrakulturelle Konflikte. Die Bedrohung Europas durch die Islamisierung war ein geschichtliches Phänomen. Der Niedergang Europas ist mit dem Niedergang des Christentums verbunden. Die Herausfordererkulturen sind Asien und der Islam. Die Geschichte des Islams ist gekennzeichnet durch gewaltsame Auseinandersetzungen mit anderen Kulturkreisen. Vor allem die Nähe von Islam und Christentum als Religion führte zu Auseinandersetzungen. Eine große antiwestliche Koalition in näherer Zukunft ist aber doch eher unwahrscheinlich. USA, Europa und Lateinamerika sollen sich gemäß Huntington zusammenschließen, zu Russland gute Kontakte pflegen, vor allem dann, wenn eine konfuzianisch-islamische Allianz entsteht. Interventionen in anderen Kulturkreisen sollte man eigentlich unterlassen (Mokre 2000, 15-21).

Huntingtons Konzept der Kulturkreiseinteilung ist nicht konsistent. Außerdem ist der Erklärungswert des Kulturkreiskonzeptes fraglich. Die Zugehörigkeit zu unterschiedlichen Kulturen und Religionen ist nicht die Ursache von Konflikten, sondern ein Potential, das sich die Kriegsführer häufig genug zu Nutze machen. Das Schüren von Ängsten und der Aufbau neuer Feindbilder ist dem dienlich. Ostasien hat einen tiefgreifenden Wandel traditioneller Wertvorstellungen durchlaufen und versucht eine Synthese von asiatischer und westlicher Welt. Auch die These vom Kulturverfall muss kritisch betrachtet werden. Die Kulturen erscheinen bei Huntington als Organismen und agieren auch als solche. Dies ist methodisch äußerst fragwürdig (Mokre 2000, 20-27). Weltkarten sind immer ein Konstrukt, und Huntingtons Spontansoziologie ist nicht plausibel. Modernisierung ist nicht zwingend mit Amerikanisierung und Verwestlichung gleichzusetzen. Die Kritik am Modernisierungstheorem ist bei Huntington nicht radikal genug. Es ist zu fragen, in welcher Weise strukturelle Modernisierung auch kulturell nachvollzogen wird, also eine Angleichung der Lebensstile, der Verkehrsformen und der Werte bewirkt. Wie gelingt es, in den verschiedenen historisch-politischen Kontexten einen strukturellen Wandel kulturell zu bewältigen? Moderne Bürokratie und Technologie, Urbanität und Teilhabe am Bildungswesen entfalten ihre traditionsfeindlichen Funktionen. Es geht um Muster der kulturellen Bewältigung sozialen Wandels, insbesondere wenn er technologisch induziert ist. Huntingtons methodologischer Holismus macht eine plausible Erklärung des gesellschaftlichen Wandels unmöglich. Dabei wird ein gewisser Kulturdeterminismus behauptet. Gesellschaften werden aber niemals nur durch kulturelle Wertsysteme integriert. Starke Traditionen bilden einen harten Kern stabilisierter Präferenzen und Praktiken. Kontinuität wird zu Legitimationszwecken gepflegt. Das Werten kultureller Praktiken und kultureller Sinngebungsprozesse basiert auf dem Aushandeln von Bedeutungen. Dabei spielen Kompromissbildungen und Grenzmarkierungen eine besondere Rolle. Krisen und Zerfallsszenarien werden häufig strategisch eingesetzt (Mokre 2000, 33-44).

Jahrtausendelang wurden in Südostasein technische Innovationen wie Technologietransfer durch kulturelle Einbettung verarbeitet, nicht durch Modernisierung. Europäer sollten diese Strategie als Alternative oder zumindest als weitere fundamentale Möglichkeit neben einer partiellen Modernisierung anerkennen. Heteronom organisierter Kulturtransfer stößt auf kulturell motivierten Widerstand bzw. Nichtbeachtung. Beim Technologietransfer ist der Sachverhalt etwas anders. Er wird nicht mit Kulturtransfer identifiziert und führt auch nicht automatisch zu kultureller Modernisierung auf breiter Front, sondern zu – sicher langsamer als es das Modernisierungsparadigma fordert – einer Geschwindigkeit kultureller Anpassung, die mithilfe des Einbettungsparadigmas bewältigt werden kann.

Die gegenwärtige Aufgabe einer transkulturellen philosophischen Diskussion besteht also darin, integrative Versionen von Modernisierung zu etablieren. Vielen Nachhaltigkeitsmodellen liegt heute ein holistisches Naturmodell zugrunde, nicht selten verknüpft mit Harmonie- und Gleichgewichtsvorstellungen, die mit Aspekten einer ausgleichenden und verteilenden Gerechtigkeit verknüpft werden. Mit dieser holistischen Sichtweise sowohl der Natur wie der Gerechtigkeit bürdet sich das Nachhaltigkeitskonzept eine Last auf, die kaum zu bewältigen ist. Das Methodenideal der Neuzeit hingegen besteht darin, Probleme in ihre Einzelschritte zu zerlegen und dann Details zu analysieren. Es gibt also Spannungen zwischen weltanschaulichen Nachhaltigkeitsmodellen und der wissenschaftlichen Vorgehensweise.

Die westlich-liberale Interpretation der Menschenrechte, nach der das Individuum gegen den Staat geschützt werden soll und kann, ist zwar universalisierbar, möglicherweise aber nur eingeschränkt anwendbar in anderen Ländern. In Asien existiert keinerlei Konsens darüber, ob es nicht doch so etwas wie „asiatische Werte" gibt (Krull 2000, 39). Für eine globale Menschenrechtspolitik muss man sich bei den Menschenrechten von der unbewussten Fixierung auf die Freiheit lösen (Krull 2000, 72). Die Grundausrichtung an Langzeitverantwortung und der Gedanke der ökologischen Gerechtigkeit werden hoffentlich auch die Menschenrechtskonzeption durch Berücksichtigung der Idee einer zukünftigen Menschheit im Kontext einer zukünftigen ökologischen Gesamtvernetzung auf der Erde verändern. Dabei stellt sich die Frage, ob es sich um künftige Individualrechte handelt, wie derzeit bei Menschenrechten üblich, oder um ein Kollektivrecht einer zukünftigen Menschheit. Nachhaltige Entwicklung als Realisierung von Langzeitverantwortung hilft bei der Realisierung wichtiger Dimensionen von Menschenwürde und Menschenrechten. Dabei ist ein Menschenrecht auf Entwicklung sicher nur im Sinne eines Gruppenmenschenrechtes realisierbar. Die Menschenrechte sichern Grundfreiheiten, nachhaltige Entwicklung soll zunächst das Überleben sichern und zwar von Mensch und Natur. Ob individuellen Rechten ein Vorrang vor dem Recht auf Entwicklung eingeräumt werden müsste oder ob sie der Entwicklung einzelner oder auch mehrerer Individuen geopfert werden dürfen, ist eine der zentralen Fragen.

So wie die Aufklärungstradition den Hintergrund abgibt für die europäische Ausprägung des Menschenrechtsethos sowie von Modernisierungsvorstellungen, gibt es andere kulturelle Interpretationsmöglichkeiten der Menschenrechte. Aufklärungsgedanken aber werden andere kulturelle Traditionen durchdringen. Zudem werden Menschenrechte nicht mehr über das überzeitliche Wesen des Menschen definiert, sondern stellen vielmehr ein Interpretationskonstrukt dar. Die Formulierbarkeit objektiver, internationaler Standards für Menschenrechtsverletzungen wäre erforderlich, um aus ihnen bestimmte Verpflichtungen ableiten zu können. Allerdings stellt sich die Frage, ob die implizite Idee des Individualismus und Legalismus des Menschenrechtsethos europäischer Provenienz weltweit mit vollzogen werden muss. Eine interzivilisatorische Menschenrechtscharta, die nicht nur von Freiheitsrechten ausgeht, sondern von nachhaltiger Entwicklung, also an Überlebenswerte zurückgebunden ist, kann zu einer Neuformulierung des Menschenrechtsethos führen. So kann man letztendlich darüber nachdenken, ob ein Menschenrecht auf Sozialversicherung weltweit durchgesetzt werden sollte.

Die ökologischen Probleme sind nicht nur Folge ökonomischer, sondern letztlich kultureller, mit der technischen Zivilisation verbundener Phänomene, die wir auch auf dieser Ebene lösen müssen. Die sich ausbreitende technische Zivilisation verdrängt immer mehr die Natur (auf der Erde), moderne Technologien machen die menschliche Umwelt künstlicher, Technologie hat die traditionellen Naturwissenschaften längst transformiert oder überholt. So bleibt uns vermutlich zumindest im grundsätzlichen Bereich keine andere Wahl als die, die zukünftige Entwicklung der Menschheit unter einer technologischen Signatur stehend zu begreifen, die gemäß dem Leitbild der Langzeitverantwortung gestaltet wird. Weltweit herrscht heute eine vom Überleben geprägte Kultur. Daher ist Überlebenssicherung neben der Integration der ökologischen Perspektive in ein kulturell geprägtes Entwicklungsmodell eine hochrangige Aufgabe für die Realisierung von Langzeitverantwortung (Irrgang 2002c).

Der Rationalismus der klassischen Systemtheorie und der Sozialtechnologie glaubte, Entwicklung planen und dabei ein Prinzip verrechenbarer Rationalität zugrunde legen zu können. Alles, was diesem Maßstab der Rationalität nicht genügte, wurde als Entfremdung dekretiert. Es mehren sich die Anzeichen, dass das Zeitalter wissenschaftlicher Rationalität im Zeichen des Positivismus zu Ende geht. An seine Stelle tritt zunehmend pluralistische Technologie. Vernunft schreibt sich nun anders. Der Gedanke der lokalen Agenda im Rahmen der Nachhaltigkeitskonzeption ist im Prinzip nicht falsch, wenn unter diesem Namen regionale Entwicklungskonzepte erarbeitet werden, die lokale Besonderheiten berücksichtigen. Technik als Kulturfaktor war nie Selbstzweck. Sie diente dem Überleben, der Religion, der Kunst und den Wissenschaften. Technik um der Technik willen verkehrt die eigentliche Sinndimension der Technik. Die klassische Konzeption technischer Modernisierung wurde immer mehr zu einer Technisierung um der Technik selbst willen. Ökologisch ausgerichtete Technologie ist ein wesentliches Hilfsmittel bei der Realisierung von Langzeitverantwortung, aber keinesfalls mit ihr identisch.

Die Rede von ökologischer Krise impliziert einen normativen Maßstab, der bei vielen Kritikern so ähnlich aussehen dürfte, wie ihn die Konzeption der Deep Ecology beschreibt (Irrgang 2002c). Die Umweltethik und wir alle tun so, als ob wir diesen Maßstab, die Norm, das Gesunde kennen würden, aber bei allen diesen Vorstellungen und Ideen handelt es sich um Relationen. Wir müssen handeln, ohne die Norm definieren zu können. Die philosophische Rekonstruktion nicht umweltgerechten Handelns im Sinne der Langzeitverantwortung hat eine paradoxale Struktur. Wir intendieren häufig genug nicht das, von dem wir eigentlich reden. Und wir erreichen nicht das, was wir handelnd zu erstreben verkünden. Das zu erkennen ist aber nur ein Schritt in der Bewältigung des Problems. Daher muss die rein philosophische Betrachtung um die angewandte philosophische Dimension erweitert werden. Das zweite Moment des Scheiterns ist das Verstehen in der Krise. Auf dem Boden einer bloß theoretischen Philosophie kann die ökologische Krise nicht so verstanden werden, dass sie bewältigt werden kann. Hier müssen philosophische Erörterungen auf dem Fundament einer Konzeption eines impliziten Wissens einspringen.

Dem Wettbewerb, von Werbung unterstützt, geht es vor allem um die Abwertung von Gütern und Werten (etwas wird unmodern). Kultur hingegen ist traditionsbezogen und damit grundsätzlich werterhaltend (bis mächtige Innovationen zu Anpassungsleistungen zwingen). Die Kastenordnung z.b. dämpft den sozialen Wettbewerb und vermindert die soziale Mobilität. Sie verhindert aber nicht die Anpassung an technologische Neuerungen. Technologisierung und Innovationen auch sozialer Art erzeugen Beschleunigung und kulturelle Anpassungsschwierigkeiten. Entschleunigung aber ist die falsche Antwort, es geht darum, einen Prozess wechselseitiger Anpassung und Akzeptanz zu initiieren und zu ermöglichen. Dazu ist vor allem Bildung und Ausbildung erforderlich. Gelungener Technologietransfer führt zu kultureller Beschleunigung. Kulturelle Entwicklung produziert aber Abfall. Dinge materialer Kultur werden zu Müll. Verstärkte Innovationen und verstärkter Technologietransfer führt daher zu einem Anwachsen der Umweltverschmutzung. Eine anwachsende Umweltzerstörung aber führt in die ökologische Krise. Wir müssen Umweltzerstörung und ökologische Krise als Probleme technischer Kultur verstehen lernen. Die Umweltkatastrophe ist ein Indikator der Zerstörung des Lebens. Es kann nicht das Ziel eines Menschen in der Industriegesellschaft sein, möglichst viel Müll zu hinterlassen.

Wir müssen das klare Bewusstsein entwickeln, dass die Umweltprobleme keine ökologische Krise darstellen, sondern den kulturellen Normalfall beschreiben, dass sie keine Folge der europäischen technischen Moderne sind, auch wenn ökologische Probleme zweifelsohne durch Industrialisierungsprozesse verschärft wurden. Wer die Krise in den Vordergrund stellt, wird die damit verbundenen langfristigen Probleme nicht bewältigen können. Ökologische Probleme sind nicht primär Probleme einer falschen Moral oder einer Aufgabe der Ethik oder nur der Bildung, sondern primär eine Frage der Technologieentwicklung, des Technologietransfers und einer nicht angepassten Technologie. Es handelt sich um Probleme einer möglicherweise falschen, zumindest aber unzureichenden technischen Kultur. Die transkulturellen Aspekte der Technologie, die sich gelegentlich auf eine sog. „asiatische Kultur" berufen, stellen eine Fremdinterpretation dar, die die Selbstinterpretation herausfordern und in einen Diskurs führen sollen. Die asiatischen Religionen sind naturfreundlicher, aber sie vermitteln kein Bewusstsein des Treibhauseffektes und des Zusammenhanges zwischen dem Abbrennen der Feuer und den Klimaänderungen, deren Opfer sie werden. Wir brauchen daher die Vermittlung praktisch ökologischen Wissens, verbunden mit Wissen um Familienplanung und eine sinnvoll bezahlte Arbeit. Diese sind keine automatischen Folgen naturfreundlicher Religiosität.

Nicht Modernisierung oder Antimodernisierung stehen zur Debatte, sondern die Suche nach der jeweils eigenen kulturellen Identität unter Einbezug des Naturschutz- bzw. des Umweltschutzgedankens. Ein nachfrageorientierter Technologietransfer ohne das Leitbild der Konsumgesellschaft, welche vielen Religionen und Traditionen Südostasiens widerspricht, ist zu etablieren, wobei heute immer noch der produzentenorientierte Technologietransfer in der Entwicklungshilfe überwiegt. Ein Kulturtransfer oder Ethiktransfer bzw. der Transfer moderner Weltanschauung ist nicht die Lösung für die Entwicklungsprobleme weltweit. Eine reflexive Modernisierung wird darauf achten, dass der Kulturtransfer moderat erfolgt und anpassungsbereit ist an die jeweils etablierte Kultur. Die asiatischen Religionen sind weder Feinde der Technik (auch nicht der modernen) noch der Marktwirtschaft, allerdings nicht unbedingt Anhänger eines globalisierten Kapitalismus, insofern dieser als systematischer Egoismus betrachtet wird. Insgesamt spielen Umweltbelange beim Technologietransfer eine noch zu geringe Rolle. Dass sich die südostasiatischen Länder trotz weitgehend naturfreundlicher Religionen von selbst zu umweltgerechtem Handeln bekennen können, ist angesichts ihrer im allgemeinen desolaten wirtschaftlichen Lage nicht zu erwarten. Die Realisierung von Langzeitverantwortung ist im Prinzip eine Aufgabe der Modernisierer, da das Konzept der Modernisierung als geschichtsphilosophisches Konzept den meisten dieser Religionen sehr fremd ist.

Der eschatologische Charakter der Modernisierungskonzeption ist eine säkularisierte Weltanschauung, in der deskriptive und normative Elemente zusammenfließen, die in der Regel einer kosmologisch harmonieorientierten Ethik und Religion in Südostasien nicht entspricht. Daher ist zu akzeptieren, dass die Modernisierungsstrategie im Hinblick auf die in Südostasien vorherrschende kulturelle Grundströmung, soweit man eine solche Verallgemeinerung überhaupt wagen kann, nicht antimodernistisch ist, sondern völlig abseits und außerhalb des Modernisierungsgedankens liegt und zwar vom kulturell-religiösen Ansatz her. Dies als antiwestlich oder antimodernistisch oder technikfeindlich zu interpretieren ist reiner Eurozentrismus. Sobald Modernisierungsstrategien die Züge einer Quasireligion annehmen, wird sie allerdings als gegen die eigene Kultur gerichtet wahrgenommen und wohl auch zu Recht von der dortigen Bevölkerung überwiegend abgelehnt. Also bleibt nur der kleine Kreis der jeweiligen Bevölkerung, die von der Modernisierung erheblich profitieren und die selbstverständlich ein Eigeninteresse an Modernisierung in ihrem Land haben.

Modernisierung darf keine Kapitulation der eingebürgerten Kulturen erwarten oder sogar fordern, sondern eine behutsame Transformation der jeweils bestehenden kulturellen Traditionen. Wenn sich Traditionen gegen die Modernisierung wehren, kann dies fälschlicherweise als Kampf der Kulturen interpretiert werden. Eine solche Interpretation aber verhindert die wohl unumgängliche Neuinterpretation der jeweiligen kulturellen, religiösen und moralischen Tradition im Lichte der Modernisierung. Wenn meine Interpretation und Analyse der asiatischen Religionen im Hinblick auf Natur und Technik nicht völlig daneben liegt, so darf wohl im allgemeinen erwartet werden, dass eine solche Neuinterpretation der religiösen Tradition im Lichte der Modernisierungs- und

Technologisierungs- sowie Globalisierungsprozesse geleistet werden kann, sofern Modernisierung und Globalisierung in einem reflektierten, selbstkritischen und sich selbst begrenzendem Maße bzw. als entsprechend formulierte Entwicklungspfade eingeführt werden.

Religion steht in Ostasien immer noch in weiten Bereichen für die Einbettung in Traditionszusammenhänge, die durch rationalistische Modernisierungstheorien nicht zerstört werden sollten. Denn es ist nicht eigentlich die Technik, die Religion zerstört. Die westliche Einbettung von Technik darf nicht als modellhaft unterstellt werden. Technik und technokratische Rationalisierungsprozesse sind zu unterscheiden. Das Verhältnis von Technik und Religion ist kein Thema in der ethnologischen oder sozialanthropologischen Betrachtungsweise von Religion. Daher konnten in diesem Kapitel im Hinblick auf eine Analyse der kulturellen Voraussetzungen von Technologietransfer auch nur einigen vorbereitende Überlegungen ausgeführt werden. Ansonsten bleibt die Formulierung einer Aufgabe für die zukünftige Forschung. Für unsere Thematik hatte sich der Eindruck großer Selbstverständlichkeit ergeben, mit der die traditionelle und stark religiös geprägte Kultur die eingeführte Technik nutzt, zu religiösen wie nichtreligiösen Zwecken. Problematisch für diese religiös-traditionell geprägten Kulturen könnte sich allenfalls der Wandel erweisen, der durch religiöse wie technische Innovationen quasi von außen (insbesondere im Falle von Einwanderung) solchen traditionellen Gesellschaften aufgedrängt wurde. Das eigentliche Problem ist die Modernisierung selbst als Konsequenz europäisch-aufklärerischer Geschichtsphilosophie. Der Westen will, wenn man so sagen darf, eine technologische Modernisierung auf der Basis der weltanschaulichen Mo-derne, die meisten Entwicklungsländer wohl auch, aber sie haben die Hoffnung verloren, Anschluss an die technologische und weltanschauliche Moderne finden zu können. Die Weltgemeinschaft der Vernunftwesen, wie sie sich das das späte 18. Jahrhundert von der Aufklärung erhoffte, war ein fehlerfreies Ideal, aber als solches nicht realisierbar.

Alphonso Alvares geht von der Vermutung aus, dass die eigentlichen Kolonialisierungseffekte noch vor uns liegen, denn wir stehen nach seiner Meinung erst am Anfang des eigentlichen Zeitalters des Kolonialismus. Die anwachsende fehlende Integration nichtwestlicher Gesellschaften in die Weltzivilisation wird erst noch kommen (Alvares 1979, XVI). Wir brauchen ein neues Verständnis für das Verhältnis von Technik und Kultur und müssen einen neuen Rahmen entwickeln für technische Inkulturation (Alvares 1979, XVIII). Unterstellt wird in der allgemeinen Modernisierungsdebatte die Richtigkeit des westlichen Beispiels kultureller und technischer Entwicklung. Die Grundlage für diesen Glauben ist die Annahme, dass es nur eine einzige Form technischer Entwicklung gibt, die als fortschrittlichste und beste gelten darf und dass diese geschichtlich in der westlichen Welt zum ersten Mal aufgetreten ist. Die Fähigkeit der südlichen Länder, ihre eigenen technischen Probleme selbst zu lösen, wird als nicht besonders groß angesehen (Alvares 1979, 18). Und weil wir unterschiedliche Kulturen haben, haben wir auch in Hinblick auf Realität unterschiedliche Paradigmen und verschiedene Programme. Dabei gilt es, ein kulturelles Verständnis von Technologie zu entwickeln. Die technischen Möglichkeiten des Menschen sind innerhalb bestimmter Grenzen verfügbar, Grenzen der natürlichen Umgebung. 1972 hat der Club of Rome die Grenzen des Wachstums herausgestellt (Alvares 1979, 26-30).

Modernisierungskonzepte haben es schwer in Indien. Denn diese setzen eine Geschichtsphilosophie und ein Konzept irreversibler Zeit voraus. Indien kennt aber keine elaborierte Philosophie der Geschichte, nicht den für Europäer fundamentalen Unterschied zwischen Gestern und Morgen. Entwicklung muss hier wohl viel traditionsbezogener und mit Rücksicht auf die kulturelle Dimension von Entwicklung konzipiert werden. Aufklärung wird in Europa und Indien ganz unterschiedlich verstanden. Mit der 1857 durch die Britische Krone begonnenen Bildungsreform setzen auch in Indien umfassende Säkularisierungs- und Modernisierungsprozesse ein, die zu Reformbewegungen im Hinduismus führten. In Indien beginnt eine Art Verständnis für Indien als Nation zu wachsen, der Hinduismus grenzt sich ab von einem für Buchreligionen charakteristischen doktrinalen Verständnis von Religion, der Charakter des kollektiven Individualismus der in Kasten gegliederten Volksgemeinschaft bleibt traditionsbewusst und zugleich anpassungsfähig. Die Autonomie der Dörfer in der Verbindung mit individuellen Lebensmustern ist eine Lebensform und ein Lebensmuster, das auch von Mahatma Gandhi aufgenommen wird, aber in die Mühlen eines europäisch inspirierten Nationalismus gerät, der den indischen Subkontinent in einen Staat der Moslems und einen der Hindus aufspaltet. Auf der einen Seite gibt es von jetzt an eine Einheitssprache in der Verwaltung und in der Ökonomie, auf der anderen Seite zumindest rudimentäre Ansätze zur Entwicklung einer Infrastruktur.

Zentral für den Erfolg des Nachhaltigkeitsleitbildes sind Erfolge im Bereich der institutionellen Modernisierung, also in gewisser Weise Kulturtransfer, insbesondere in der Ausgestaltung des Rechts, wobei traditionelle Vorstellungen Berücksichtigung finden sollten, insbesondere wenn sie die Grundtendenz des Nachhaltigkeitsleitbildes unterstützen. Doch bislang wurden die kulturellen Dimensionen ökosozialer Modernisierung eher unterschätzt oder nicht berücksichtigt. In der ersten Phase der Modernisierungsdiskussion bis in die Mitte der 60er Jahre wurde Technologietransfer als Mittel der Entwicklung und Modernisierung und der nachholenden Industrialisierung auf der Basis von Erdöl als Energiequelle propagiert und in industriellen Großprojekten realisiert. Zu diesen Strategien gehörte auch die Grüne Revolution. Dies verschärfte die ökologischen und ökonomischen Probleme. Ab Mitte der 60er Jahre entwickelten die vom Marxismus-Leninismus inspirierten Dependenztheorien den Begriff des Neokolonialismus als einen Imperialismus, durch den Technologietransfer die Abhängigkeit zwischen Industrie- und Entwicklungsländern verfestigt. Dies gelte letztlich auch für den Transfer von Umwelttechnologie. Die Tendenzen setzen sich im Rahmen der Globalisierung fort und verstärken sich sogar – so zumindest hört man es von den Globalisierungsgegnern. Dennoch wurde in der Modernisierungsdiskussion in der dritten Phase ab 1985 eine pragmatischere Bewertung vorgenommen. Ebenso wurde das Ziel einer angepassten Technikentwicklung im Hinblick auf Sozialverträglichkeit und ökologische Verträglichkeit formuliert.

Im Hinblick auf die Entwicklungsstrategien sind die ökologischen Modernisierer von den ökologischen Strukturalisten zu unterscheiden. Ökologische Modernisierer setzen auf technische Innovation, Entwicklung von Ersatzstoffen, Recycling und präventive Umweltschutzmaßnahmen. Ökologische Strukturalisten gehen dagegen davon aus, dass zunächst im Norden grundlegende Veränderungen von Wirtschafts-, Gesellschafts- und Verhaltensstrukturen notwendig wären, um einer dauerhaften Entwicklung weltweit zum Durchbruch zu verhelfen. Ökologische Strukturanpassungen im Norden setzen aber ein alternatives Wohlstandsmodell voraus. Solange sich aber die Industriestaaten gegen ökologische Strukturreformen wehren, liefern sie den Aufholern gute Gründe, auf Biegen und Brechen ihren ökologisch fatalen Wachstumskurs fortzusetzen (Nuscheler 1996, 263-266). Der Fehler beider Gruppen besteht wohl darin, sich auf die Änderungen in den Industrienationen zu beschränken. Dies wird nicht ausreichen – wir brauchen ein umfassenderes Modell, auch wenn letztlich unterschiedliche Strategien entwickelt werden müssen.

Nachdem das klassische Konzept der Entwicklungshilfe der 70er Jahre immer mehr an seine Grenzen gerät, ist es an der Zeit, eine neue Entwicklungspolitik zu definieren. Diese geht über das klassische Konzept der Entwicklungshilfe hinaus. Entwicklungspolitik ist zum einen globale Friedenspolitik; sie will Nord-Süd-Spannungen abbauen in einer Welt, in der die wirtschaftliche Verflechtung aller Länder zunimmt, sie unterstützt die wirtschaftliche und politische Eigenständigkeit der Entwicklungsländer und ist gegen die Errichtung von Einflusszonen auswärtiger Mächte in der Dritten Welt. Sie orientiert sich an partner-schaftlicher Zusammenarbeit mit den Entwicklungsländern und ist mehr als Entwicklungshilfe. Sie bemüht sich um die Förderung des sozialen und wirtschaftlichen Fortschritts von Schwellen- wie Entwicklungsländern, um ihre Chancengleichheit auf dem Weltmarkt sowie um Gleichberechtigung und Gerechtigkeit für alle Menschen. Sie bekämpft die Massenarmut durch eine Verbesserung der Arbeitsproduktivität und eine Erhöhung der Einkommen, um so die Grundbedürfnisse der Menschen zu befriedigen. Sie ist in erster Linie Unterstützung als Hilfe zur Selbsthilfe; wichtig sind wirtschaftliche und soziale Reformen in den Schwellen- und Entwicklungsländern. Sie respektiert die Souveränität jedes Landes, dessen Eigenverantwortung für seine innere Ordnung und

Bemühungen, die kulturelle Identität zu finden und zu wahren und vertritt in diesem Horizont auch eigene Interessen (Nuscheler 1996, 17).

Der Ost-West-Konflikt hatte klare Weltbilder, Feindbilder, Rollendefinitionen, Selbst- und Fremdzuschreibungen geschaffen, die nun zu oszillieren beginnen. Zwar ermöglichte der Zusammenbruch des sozialistischen Weltsystems eine ordnungspolitische Vereinheitlichung der Staats- und Wirtschaftswelt; gleichzeitig verstärkte sich aber die Ungleichheit der wirtschaftlichen und sozialen Entwicklung zwischen den Weltregionen. Zweifel an der Fähigkeit des Kapitalismus, der seine Überlegenheit als wettbewerbsfähiges Wirtschaftssystem „bewiesen" hat, auch das globale Umwelt- und Armutsproblem zu lösen, wurden vom Misserfolg des Sozialismus überspielt. Zunächst verbanden sich damit auch Hoffnungen auf neue Formen der Demokratisierung. Die Ablösung des Apartheid Regimes durch eine gewählte Mehrheitsregierung in Südafrika zeigte allerdings bald, dass diese Demokratisierungswelle eine politische Konjunktur ohne strukturelle Voraussetzung war.

Der Strukturwandel der letzten 10 Jahre, der auch tiefgreifende und weitreichende Auswirkungen auf die Nord-Süd-Beziehungen hat und haben wird, besteht in Globalisierung, Regionalisierung und Peripherisierung. Einerseits hat sich eine wirklich weltumspannende Wirtschaftswelt herausgebildet. Mächtige multinationale Konzerne beherrschen diese transnationalen Produktions- und Vermarktungsstruktur und ordnen in dieser kapitalistischen Weltökonomie Produktion und Handel von Gütern und Dienstleistungen, aber auch die Verteilung von Einkommen und die Rangordnung von Nationen. Andererseits konzentriert sich die weltwirtschaftliche Dynamik auf wenige Kernregionen und Gravitationszentren (Nuscheler 1996, 25f). Dies führt zu einer Regionalisierung des Welthandels. Von einer Liberalisierung der Märkte werden die meisten Länder profitieren. Allerdings werden die Rohstoffländer noch weiter von der weltwirtschaftlichen Dynamik abgekoppelt. Die Wettbewerbsfähigkeit von Nationen entsteht heute durch den hohen Einsatz von Forschung und qualifiziertem Humankapital. Diese Voraussetzungen bilden hohe Eintrittsbarrieren für die Konkurrenz, z.B. für die Entwicklungsländer. Sie haben allenfalls bei arbeitsintensiven Fertigprodukten und bei Agrarprodukten Wettbewerbsvorteile zu gewinnen (Nuscheler 1996, 27). Die Ökonomisierung der internationalen Beziehungen und der Verlust der politischen Pokerkarte, die der Ost-West-Konflikt der Dritten Welt zuspielte, werden die Marginalisierung der Schwächsten verstärken.

Das traditionelle Konzept der Entwicklungshilfe war Entwicklung durch Wachstum. Dieses Konzept beruhte auf dem Missverständnis von Unterentwicklung als Kapitalmangel und auf dem Glauben, dass genügend Wachstum auch rückständige Regionen und Sektoren in seinen Modernisierungssog ziehen wird. Daher setzte dieses Konzept darauf, dass die stärkere Einbindung der Dritten Welt in den Weltmarkt und größerer Handelsaustausch als Wachstumsmotor wirken und größere Nachfrage auch aus den Industrieländern auslösen könnte (Nuscheler 1996, 46). Aber auch die sozialistischen Länder hatten keine Entwicklungsalternative anzubieten. Hinzu kommt der wachsende Druck auf die Politiker in den Entwicklungsländern selbst aufgrund sozial- und umweltpolitischer Forderungen ihrer Bevölkerung. Zum größten Entwicklungsproblem aber wurde in den 80er Jahren die Verschuldungskrise (Nuscheler 1996, 53-55). Eine Sonderrolle spielten zunächst die Ölländer. Aber das aus der Ölrente finanzierte Schlaraffenleben bedeutet Reichtum, doch nicht Entwicklung (Nuscheler 1996, 81).

Die ehemalige Zweite Welt ist zusammengebrochen. Ihre Bruchstücke nähern sich teilweise der EU, teilweise der islamischen Welt an. Ihr Kernbestand bildet so etwas wie eine neue, nicht mehr ideologisch oder blockpolitisch, sondern entwicklungspolitisch definierte Zweite Welt, die mehr strukturelle Ähnlichkeiten mit Industriegesellschaften denn mit typischen Entwicklungsländern hat (Nuscheler 1996, 89). Die Dritte Welt ist eine konstruierte Einheit und war schon vor dem Zusammenbruch des militärisch-ideologischen Blocks der Zweiten Welt hinter unterschiedlichen Entwicklungen, Interessen und Problemlagen verschwunden. Sie bildeten niemals eine homogene Gruppe und politische Einheit, sondern immer eine lockere Gruppierung in drei Kontinenten. Insofern kann an diesem Begriff heute durchaus festgehalten werden.

Die Eliten der Dritten Welt nehmen mit dem Recht auf Entwicklung auch das Recht auf Umweltzerstörung in Anspruch (Nuscheler 1996, 107). Solange aber eine Weltminderheit von rund einem Fünftel drei Viertel der Weltressourcen verbraucht, bleiben Ermahnungen zu einer nachhaltigen Wirtschafts- und Lebensweise unglaubwürdig und wirkungslos. Schwellen- und Entwicklungsländer befürchten eine Behinderung ihrer nachholenden Industrialisierung und eine Einschränkung des Rechts auf Entwicklung, außerdem einen neuen Ökoimperialismus, der unter dem Vorwand des globalen Umweltschutzes die Verfügungsgewalt über ihre natürlichen Ressourcen wie Regenwald und Fischbestände einschränkt (Nuscheler 1996, 108). In der Zwischenzeit wird auch von einer sogenannten Vierten Welt der absoluten Armut gesprochen.

Man kann Armut als ungenügende Versorgung mit lebenswichtigen Gütern und Dienstleistungen und als mangelnde Teilhabe an lebenswerten Dingen verstehen (Nuscheler 1996, 116). Zugrunde liegt hier eine Armutsspirale, deren Determinanten zeigen, wie stark Gesundheit und Krankheit vom wirtschaftlichen und sozialen Entwicklungsstand, von Lebens- und Arbeitsbedingungen, von Fehl- und Mangelernährung, von Versorgung mit Trinkwasser, Hygiene, Vorsorge und Medizin abhängen. Wer arm ist, wird eher krank und hat weniger Chancen, wieder gesund zu werden (Nuscheler 1996, 119). Hauptgrund für die Verarmung ist der Mangel an bezahlten Arbeitsplätzen, der auch immer weniger durch das Ausweichen auf den sogenannten informellen Sektor der Hinterhof- und Straßenwirtschaft aufgefangen werden kann (Nuscheler 1996, 121).

Ein wesentliches Strukturproblem der Entwicklungspolitik ist der mangelnde Wille von Industrie- und Entwicklungsländern, mehr in soziale Grundversorgung zu investieren (Nuscheler 1996, 134). Unterentwicklung hat einen abwertenden und verletzenden Beigeschmack, der Begriff schert sehr unterschiedliche Tatbestände über einen großen Kamm. Unterentwicklung wurde zudem von Anfang an durch Mangelerscheinungen definiert. Entscheidend aber ist nicht Armut und Reichtum, sondern die unterschiedliche Fähigkeit, Armut zu überwinden. Unterentwicklung ist ein Strukturproblem, Armut eine Folgeerscheinung. Unterentwicklung wird daher definiert als unzureichende Fähigkeit von Gesellschaften, die eigene Bevölkerung mit lebensnotwendigen Gütern und lebenswichtigen Dienstleistungen zu versorgen (Nuscheler 1996, 136).

Das entwicklungspolitische Schlüsselproblem ist die hohe und noch wachsende Arbeitslosigkeit und Unterbeschäftigung. Sie nimmt mindestens einem Drittel der arbeitsfähigen Erwachsenen die Chance, aus eigener Kraft die Armut zu überwinden (Nuscheler 1996, 143). Das eigentliche Problem der Unterentwicklung besteht weniger in einem Mangel an Kapital, sondern in der Verteilung und Verwendung des vorhandenen Kapitals. Bei den ärmsten Entwicklungsländern allerdings würde auch eine höhere Besteuerung der Spitzeneinkommen, eine Unterbindung von Korruption und Kapitalflucht und eine Einsparung bei Militärausgaben oder anderen unproduktiven Ausgaben nicht ausreichen, um aus eigener Kraft die für die Entwicklung notwendige Infrastruktur und größere Investitionen in produktiven Bereichen finanzieren zu können (Nuscheler 1996, 147).

Überall neigen die Reichen dazu, ihre Habe mit der eigenen Tüchtigkeit und die Armut mit Faulheit zu erklären. Inzwischen aber hat man die arbeitenden Armen entdeckt, die hart und lange arbeiten, länger als Arbeiter oder Beamte in den Industriestaaten und am Ende ihre Familien kaum notdürftig ernähren können (Nuscheler 1996, 159f). Häufig erweist sich die geringe Leistungsfähigkeit als Folge von Unterernährung. Auch Kolonialismus als Verursacher der Armut in der Dritten Welt ist eine zu einfache Hypothese. In vielfacher Form setzten die nachkolonialen Regierungen das fort, was die Kolonialverwaltungen begonnen hatten. Die andere These besagt, dass die eigentlichen Entwicklungsblockaden in den Köpfen, Einstellungen und Verhaltensweisen der Menschen sowie in ihren Sozialstrukturen und kollektiven Wertsystemen der traditionellen Gesellschaften liegen. Die Entwicklungsländer sind unterentwickelt, weil und solange sie sich nicht aus den Fesseln der Tradition befreien können. Diese These vermittelt aber nur die halbe Wahrheit.

Denn der Katholizismus in Lateinamerika, die verschiedenen Religionen und Naturreligionen in Afrika, der Islam in Nordafrika, in Mittel-, in Ost- und in Teilen von Südasien und Südostasien, der Hinduismus in Indien und der Konfuzianismus in Ostasien gehören nicht alle gleichermaßen zu den entwicklungshemmenden Traditionen. Schon gar nicht in dieses Bild passen die Gesellschaften im konfuzianischen Kulturkreis, die äußerliche Traditionsgebundenheit mit entwicklungspolitischer Dynamik verbinden und die Tradition als Ressource der Systemstabilität zu nutzen verstehen (Nuscheler 1996, 165). Bildung und Ausbildung war ein wesentlicher Bestandteil des japanischen Modells einer nachholenden Industrialisierung. Auch die Bildungsreform, die die Britische Kolonialverwaltung Mitte des 19. Jahrhunderts in Indien hat durchführen lassen, hat Indien eine Reihe von Vorteilen in der Adaptation von Technologietransfer gebracht. Heute muss Bildung in Schwellen- wie Entwicklungsländern eine Reihe weiterer Aufgaben bewältigen, die insbesondere soziale und ökologische Kompetenzen betreffen und umfassen.

Die alte Modernisierungstheorie ist an der vielfältigen Realität unterschiedlichster Entwicklungsverläufe gescheitert. Es gibt unfreiwillig abgekoppelte Gesellschaften in Schwarzafrika, es gibt stagnierende Gesellschaften, aber es gibt auch deren Gegenteile. In 40 Jahren Entwicklungspolitik hat es keine nennenswerten Erfolge gegeben, unabhängig davon, welche Strategie in den einzelnen Entwicklungsdekaden verfolgt wurde. Trotz anwachsender Verschuldung und sinkenden Anteilen am Weltbruttosozialprodukt ist jedenfalls eine wachsende Lebenserwartung und eine siebzigprozentige Steigerung des realen Prokopf Verbrauches in den Entwicklungsländern erzielt worden. Außerdem hat die Schüler-Lehrer-Relation von 40 auf 30 abgenommen. Allerdings weisen nicht alle Länder die gleichen positiven Zahlen auf. Die Entwicklungszusammenarbeit insgesamt betrachtet muss als eher marginal bezeichnet werden. Dabei kann Nachhaltigkeit als gemeinsames Erfolgskriterium für die Entwicklungszusammenarbeit angesehen werden. Bislang aber gibt es kaum Kriterien für Wirksamkeit und Nachhaltigkeit in der Entwicklungszusammenarbeit (Stockmann/Gaebe 1993, 9-15).

Verhaltensänderungen dienen der Hilfe zur Selbsthilfe. Kapitalakkumulation, Rohstoffreichtum und Verbesserungen des Humankapitals sind Folge von Innovationen, nicht deren Ursache. Warum aber ist die Bevölkerung meistens projektresistent? Wenn eine korrupte Bürokratie die Erträge von Neuerungen abschöpft, so ist es rational, diese zu unterlassen (Stockmann/Gaebe 1993, 27-34). Entwicklungsprojekte beeinflussen oder initiieren Innovationen kaum, am ehesten wird Kompetenz beeinflusst. Sie dürfen nicht gegen gesellschaftlich akzeptierte Normen verstoßen, einen zu hohen technischen Komplexitätsgrad erreichen, nicht demotivieren oder in eine innovationsfeindliche Umgebung eingeführt werden. Die Rahmenbedingungen sind wesentliche Voraussetzungen für die Entwicklung. Eine Weltwirtschaft des Verteilens wird nicht nachhaltig. Hilfe zur Selbsthilfe anstelle nationaler Aufbauprogramme sind von Bedeutsamkeit. Die Technologiewahl ist eine zentrale Frage der Entwicklungspolitik. Die Technologie hängt auf jeden Fall ab von einem institutionellen Umfeld. Deshalb kann sie nicht angepasst sein. Billige Arbeit sollte nicht durch Technologie ersetzt werden. Vielmehr soll Technologie Arbeitsplätze schaffen. Dies setzt zielorientierte Projektplanung voraus, Ziel ist die langfristige Nutzung von Anlagen.

Die Probleme des Bevölkerungswachstums werden wir in menschenwürdiger Weise und im Sinne der Langzeitverantwortung nur lösen können, wenn wir weltweit Berufstätigkeit und Ausbildung massiv ausweiten. Dies setzt vermutlich ökonomisches Wachstum voraus, das – hoffentlich – nicht auf einem gleichartig umfangreichen Ressourcenverbrauch beruht. Arbeits- und personalintensive Technologie und Produktion ist der Ansatz für sich entwickelnde Länder – das Gegenteil der in den Industrieländern verfolgten Strategie. Angepasste Technologie (an die Grundstrukturen der jeweils anderen relativ autonomen Kulturbereiche) ist das Rückgrat für eine menschenwürdige Entwicklung unter Berücksichtigung der wichtigsten jeweiligen Umweltbedingungen. Dieses neue Leitbild einer Politik verpflichtet mit geringen Mitteln möglichst effizient zu arbeiten und befindet sich jenseits der Nachhaltigkeit. Die Auflösung der Großfamilie aufgrund von Urbanisierung und als Antwort auf das Bevölkerungswachstum ist ein „Modernisierungszwang", der kulturell und sozial ausgestaltet werden muss. Der Individualisierungsgrad wird auch in Asien anwachsen, auch wenn er nicht das Ausmaß erreichen wird, wie dies in Industrienationen selbstverständlich zu sein scheint. Ein transkultureller Diskurs über sinnvolle Individualisierungsprozesse ist eine eminent wichtige hermeneutische Aufgabe.

Bei der Strukturierung technisch-ökonomischer Entwicklung müssen wir von oben und von unten zugleich ansetzen. NGOs spielen eine ebenso unverzichtbare Rolle wie internationale Hilfsprogramme, z.B. auch zur Entwicklung regenerativer Energieerzeugung in den Technologie-Zivilisationen. Sie können Formen von Demokratie vorbereiten helfen, die national nicht zu verordnen sind. Sie helfen, ein wenig mehr Gerechtigkeit zu realisieren und brauchen nicht die gigantischen Mittel, die über nationale Regierungen verteilt werden und im Strudel der Korruption versickern, bevor sie die Bedürftigen erreichen. Einem solchen Konzept liegt vor allem ein anderes und neues Technikverständnis zugrunde. Es geht für sich entwickelnde Länder um eine Rückbesinnung auf handwerkliche Kunst, technisches Können und technische Fähigkeiten im Alltag, der noch nicht völlig technologisiert ist und in dem noch improvisiert werden muss. Dazu brauchen wir einfache technische Lösungen, vielleicht in einigen Bereichen wie Energie und Mobilität, Medizin und Nahrungsmittelerzeugung sogar High-Tech-Lösungen, insbesondere in Technologie-Zivilisationen mit hohen Kosten für die Arbeit. Aber in vielen Teilen der Welt genügen einfache technische Lösungen.

Die eingeschlagenen Technologiepfade dominieren die jeweils zukünftige Entwicklung. Technische Innovationen setzen sich am leichtesten durch, wenn sie billig und nützlich sind oder einem akzeptierten gesellschaftlichen Trend folgen. Ökologisch orientierte Innovationen haben es in Südostasien bislang nicht auf breiter Front geschafft, sich diesen Status zu erwerben. Gewohnte und vertraute Technik wird ohne zumindest leichten Zwang nicht aufgegeben. Außerdem bedarf es gut zugänglicher Alternativen. Unsere ökologischen Probleme sind eine Mischung der Folgen traditioneller Reproduktionspraxen, die seit dem Anfang des 18. Jahrhunderts zu Bevölkerungswachstum, kommerzieller Gesellschaft, industrieller Revolution, Kolonialisierung und Globalisierung, industrieller und wissenschaftsbasierter Technik, Massenproduktion und Bevölkerungsexplosion in Schwellen- wie Entwicklungsländern geführt haben. In den westlichen Industrienationen wurden die Probleme des rapiden Bevölkerungswachstums – Arbeitsplatzprobleme, soziale Sicherung, niedriger Lebensstandard – durch Industrialisierung gelöst, zumindest bis ins Zeitalter der Automatisierung, Deindustrialisierung und Technologisierung. Japan, Süd-Korea und einigen Tigerstaaten ist zumindest ansatzweise Ähnliches gelungen. Daher erscheint der Wunsch vieler Schwellen- und Entwicklungsländer nach nachholender Industrialisierung verständlich. Allerdings führte die schnelle Industrialisierung nicht nur in Europa und in den USA zu ökologischen Problemen, sondern auch in Asien.

Da Anpassungsvorgänge in den relativ autonomen Kulturbereichen insbesondere moralisch-weltanschaulicher Art sehr lange dauern und verweigert werden können, sollte Langzeitverantwortung wie umweltfreundliche Technik möglichst traditionskompatibel präsentiert werden. Hierbei sollte dann auf die jeweils regional praktizierte religiöse Tradition zurückgegriffen werden. Langzeitverantwortung ist in besonderem Maße politische Verantwortung auf allen Ebenen (regional, national, international), denn aufgrund von Anpassung setzt sich ohne Gestaltungsprozesse nur das durch, was individuellen Nutzen oder Spaß verspricht. Technische Innovationen und Technologietransfer bedürfen, um akzeptiert zu werden, darüber hinaus der Kompatibilität mit der Grundstruktur des jeweiligen relativ autonomen Kulturbereich, in dem sie sich etablieren sollen. Im Sinne politischer Verantwortung können sich auch Religionsgemeinschaften und Religionen für Langzeitverantwortung einsetzen, nicht weil sie ein harmonisches Naturverständnis haben, sondern weil sie ihre Menschheitsverantwortung erkannt haben. Dann dürfen sie auch mit harmonischen Naturvorstellungen werben, da diese den dort vertretenen Traditionen entsprechen.

Für die Umsetzung von Nachhaltigkeit im Sinne der Langzeitverantwortung müssen wir des weiteren die Leitideen jeweils für einzelne Generationen differenzieren und unterscheiden in drei Phasen:
(1) Kurzfristig (die nächsten 30 Jahre): Dort sind als oberste Leitlinien Krisenmanagement und Katastrophenvorsorge im Sinne der Überlebenssicherung einzuführen. Es geht um den Aufbau sozialer Sicherungssysteme in den Entwicklungsländern, um den Aufbau von Arbeitsplätzen und um die Sicherung der Bildung weltweit. Ansätze zur Umsteuerung in der Ressourcen-, Abfall- und Klimapolitik sind anzustreben.

(2) Mittelfristig (für die nächsten 60 Jahre): Strukturveränderungen zur Annäherung an ein Stoffstrommanagement, das zur Einführung erneuerbarer Energien auf breiterer Ebene führt. Rationalisierung der Energieverwendung in den Bereichen Mobilität, Wohnungs- bzw. Siedlungsstruktur usw..
(3) Langfristig als wohl nicht erreichbare Utopie (für die nächsten 90 Jahre): Realisierung einer weitgehend angenäherten Kreislaufwirtschaft in einer ökosozialen Weltbürgergesellschaft mit institutioneller Absicherung auch in Fragen des Ressourcen- und Klimaschutzes.

Die Realisierung des Modells nachhaltiger Entwicklung setzt einen umfassenden Wertewandel bei den Produzenten, aber auch bei den Konsumenten voraus. Die These von der Wende zu postmaterialistischen Werten in den Industriegesellschaften und vom Erhalt vormaterialistischer Einstellungen durch die traditionellen Religionen in den sich entwickelnden Ländern scheint sich weltweit nicht zu erfüllen. Religiöse Praxis wird fortgeführt, aber mit dem Streben nach sozialem und ökonomischem Aufstieg verbunden. Übernommen wird mit der westlichen Technologie nicht der kulturelle Entwurf von Menschenrechten und Demokratie, sondern der Wunsch nach einem angemessenen Lebensstandard, einem angenehmeren Leben und materialer Grundversorgung. Die Realisierung dieser Wünsche ist für die meisten Menschen noch weit entfernt. Die konservative These von Wertwandel und Werterziehung, die Predigt von Konsumverzicht, Tugendethik und Askese ist eine wirkungslose Antwort auf die Zuspitzung unserer ökologischen Situation. Nur fehlendes Geld (Armut) führt zu Konsumverzicht. Die auf privatem Verzicht beruhende Hoffnung auf Lösung unserer Umweltprobleme läuft ins Leere trotz der Berechtigung der wichtigen Aufgabe von Umweltbildung und Umwelt-erziehung.

Die beiden Dimensionen einer Neuausrichtung der Modernisierung sollten sich stützen auf:
(1) Überlebenssicherung des Individuums durch Arbeitsplatzbeschaffung, soziale und medizinische Grundversorgung und Ernährungssicherung als Voraussetzung für das gute Leben möglichst vieler.
(2) Umwelt- und Naturschutz im Sinne der Ressourcen- und Senkensicherung (Sicherung einer Umwelt, die das Überleben für die Menschheit und möglichst vieler höherer Arten ermöglicht.
Ohne strukturelle Änderungen der Rahmenbedingungen technisch-ökonomischen Handelns (Konstruktion, Produktion und Konsum) im Sinne der Transformationen in anderen Kulturbereichen, wird die Menschheit von der ökologischen Krise „überrollt" werden, je ärmer, desto schneller und brutaler. Strukturveränderungen sozialer und politischer Organisation sind erforderlich und von staatlicher Seite (zunehmend auch durch internationale Organisationen) wie auch von nichtstaatlicher Seite (z.B. durch NGOs) durchzuführen. Nun haben diktatorisch oder totalitär regierte Staaten kein wirkliches Interesse an ökosozialer Modernisierung, da sie nur an ihrem Machterhalt interessiert sind und die

Umweltfrage für sie erst dann bedeutsam wird, wenn gravierende Umweltbelastungen zu massenhaften Demonstrationen gegen das Regime führen. Dabei ist gerade in schwachen und korrupten Staaten zur Verbesserung der Umweltsituation und der schlimmsten Not internationaler Druck und die Arbeit von NGOs erforderlich. Die NGOs verbinden ökologische mit sozialer Arbeit. Vermutlich reicht Nachhaltigkeit als Leitbild nicht aus, Ziel ist eine ökologisch-soziale Neustrukturierung gesellschaftlicher Praxis. Und dies ist eine primär politische Aufgabe, bei deren Strukturierung philosophische Reflexion mithelfen kann.

Vielleicht lässt sich das Leitbild nachhaltiger Entwicklung als globales umweltethisches Leitbild beibehalten. Aber letztlich ist es unrealistisch hoch gesteckt, jedenfalls für die übergroße Mehrzahl der Menschen. Modellvorstellungen ökosozialer Modernisierung lassen sich transkulturell-global wohl nicht formulieren, die Realisierung von Langzeitverantwortung sieht für jede Region ein bisschen anders aus. Vielleicht lassen sich Kulturräume oder Kulturregionen identifizieren, die heute möglicherweise sogar in etwa mit Wirtschaftsräumen und Zonen vergleichbarer technischer Kompetenz identifiziert werden können. Nordamerika und Europa sind solche Zonen, Kultur- und Wirtschaftsräume mit zugegebenermaßen unscharfen Randzonen, vielleicht auch Süd- und Ostasien. Aber diese sind vermutlich heute noch nicht in der Lage, jeweils spezifische Kulturen ökosozialer Modernisierung zu begründen. Am erfolgreichsten erscheint es in dieser Situation, wenn zunächst im Rahmen einer allgemeinen Reflexionskultur moderner Technologien und ihrer ökologisch-sozialen Folgen Umweltstandards festgelegt werden, die von den betroffenen Regionen in eigener Regie modifiziert werden dürfen. Ältere, insbesondere religiöse Traditionen können in diesen Prozess einbezogen werden.

Die Konzeption des technologischen Niveaus lässt sich für das Programm einer ökosozialen Modernisierung fruchtbar machen. Folgende Punkte sind zu berücksichtigen:

(1) Um die für den Technologietransfer erforderliche Standardisierung des Umgangs mit neuen transferierten Technologien erzeugen zu können, ist die Herausbildung eines neuen Leitbildes unter dem Namen Sustainable Development durchaus plausibel. In vielfacher Form lässt sich erklären, warum in Entwicklungsländern alte, nicht-umweltfreundliche Technologien weiter verwendet werden. Einer der Gründe liegt darin, dass mit Hilfe von Technologisierungsschüben in Industrieländern in der Regel Automatisierungsprozesse verbunden werden. Diese Maßnahmen ökonomisch-technischer Rationalität, die Arbeitskraft des Menschen einsparen, sind aber unter den gegenwärtigen Bedingungen des Bevölkerungswachstums in den Entwicklungsländern keineswegs kulturell und gesellschaftlich optimal.

(2) Das neue Leitbild nachhaltiger Entwicklung ist nicht identisch mit traditionellen kulturell-religiösen Leitbildern und sollte letztendlich auch nicht mit ihnen identifiziert werden. In diesem Zusammenhang gibt es Vorteile für univer-

salistische und abstrakte Leitbilder, die allerdings vor dem Hintergrund eingeführter Leitbilder verständlich sein müssen und sich auch übersetzen lassen müssen, z.b. in Vorstellungen von einer Harmonie der Natur. Neue Leitbilder, die im technologischen Paradigma formuliert werden, haben aber möglicherweise eine größere Chance, in den Ländern akzeptiert zu werden, in die sie transferiert wurden, wenn sie eben bestimmte traditionskompatible Elemente aufweisen.

(3) Neue Leitbilder zur Bewältigung der Umweltkrise sind erforderlich aufgrund der neuen Probleme. Globale Umweltprobleme sind jünger als die traditionellen Werte, die eine Gesellschaft bislang für den Umgang mit Umweltproblemen hatte. Das grandiose Bevölkerungswachstum in den Entwicklungs- und Schwellenländern ist etwa zwei bis drei Generationen alt, in den Industrieländern immerhin etwa 8 bis 10. Von daher ist ein gewisser Paradigmentransfer moralisch-kultureller Art möglicherweise sogar gerechtfertigt, wenn er nicht in ökologischen Neokolonialismus ausartet. Der „American way of life" kann dieses Paradigma jedenfalls nicht sein.

(4) Wir müssen die Genese von Paradigmen ökologisch-sozialer Art in diesen Ländern unterstützen, aber nicht von außen an eine Gesellschaft herantragen. So entsteht die Notwendigkeit, eine neue Idee der Kooperation und der Entwicklungszusammenarbeit herauszuarbeiten. Nicht die Moderne ist das Ziel für die Entwicklungsländer, sondern eine ökosoziale Paradigmenausbildung für traditionelle Gesellschaften, in denen z. B. die Religion eine ganz andere Rolle spielt als in den säkularen europäischen Gesellschaften. Also muss der Gedanke der Moderne global umformuliert und gemeinsam eine ökosoziale Ausrichtung von Entwicklung sowie neuen Formen der Kooperation in der Entwicklungszusammenarbeit geschaffen, realisiert und durchgesetzt werden.

(5) Im Hinblick auf die Formulierung und Durchsetzung der neuen Paradigmen ist die Notwendigkeit von Systemführern anzuerkennen, die das neue Paradigma in soziotechnischen und kulturellen Bereichen propagieren und diesem zur Akzeptanz verhelfen. Dies müssen Vorbilder im moralischen und gesellschaftlichen Sinn sein. Sie müssten eine ökologische und soziale Ausrichtung der gesellschaftlichen Entwicklung propagieren und darauf hinweisen, dass in bestimmten Bereichen der kulturellen Entwicklung auch die technische Komponente zu berücksichtigen ist. Um Arbeitsplätze zu schaffen, brauchen wir angepasste, ressourcenschonende und umweltfreundliche Technologie (Irrgang 2002c). Diese sollte bevorzugt in den entsprechenden Ländern selbst projektiert und konstruiert werden. Technologietransfer kann eine weitreichende Umpolung der kulturellen Einbettung von Technologien hervorrufen. Mag man im Westen auch noch hoffen, dass mit der Übernahme westlicher Technologie langfristig auch eine Übernahme westlicher Werte und Kultur wie Demokratie, Umweltbewusstsein und Menschenrechte einhergeht, so muss man befürchten, dass diese Hoffnungen fromme Wünsche bleiben. Westliche technische Sachsysteme

werden gemäß den kulturellen Vorstellungen der Nutzer gebraucht, nicht gemäß den Vorstellungen der Konstrukteure. Und Umweltschutz ist noch kein kulturell etabliertes globales Entwicklungsziel für technische Praxis und ihre Entwicklung. Daher ist es unsere Aufgabe in den Industrieländern, unseren Beitrag dazu zu leisten, den kulturellen Wert ökologisch-sozialer Modernisierung weltweit zu propagieren.

Nicht wenig von dem, was das Modell ökosozialer Neustrukturierung (Modernisierung) der technisch-ökonomischen Entwicklung erreichen möchte, teilt es mit Vertretern der Nachhaltigkeits-Konzepte. Allerdings verzichtet das hier vorgeschlagene Konzept auf Natur als implizitem oder explizitem Maßstab. Natur gehört zu den fundamentalen Rahmenbedingungen technisch-ökonomischer Entwicklung und ist insofern unter Gesichtspunkten von Langzeitverantwortung zu berücksichtigen. Aber die naturalistisch-positivistische Grundeinstellung der meisten Ökologiekonzepte wird Lösungen im Sinne der Langzeitverantwortung nicht zu finden helfen, außer man behandelt ökologische Modelle und die von ihnen gelieferten Daten als ethisch relevante empirische Daten (Irrgang 1998). Langzeitverantwortung schließt Verantwortung für die heute lebenden und um das Überleben bangenden Menschen explizit ein. Ein fiktiver Maßstab wie die Präferenzen zukünftiger Generationen führt hier nicht weiter. Nachhaltigkeit ist also eher ein Leitbild für Industrieländer, während für Schwellen- wie Entwicklungsländer die konkrete Verpflichtung zur Überlebenssicherung und Katastrophenabmilderung gilt. Langzeitverantwortung im eigentlichen Sinn des Prinzips ist wohl gegenwärtig und in naher Zukunft in weiten Teilen der Welt nicht realisierbar.

Kultur basiert auf implizitem Wissen. Aber kulturelle Einbettung meint nicht nur traditionelle Vertrautheit und Sicherheit im Umgang mit der Welt, sondern auch Vorurteile, Ideologien, versteckte Grundannahmen und unaufgeklärte Hintergrundunterstellungen, die reflektiert und interpretiert werden müssen, um ein aufgeklärtes Kulturkonzept zu erreichen. Der Fehler vieler europäischer Modernisierungskonzepte liegt in einer totalisierenden Form der Aufklärung. Nicht alle Formen religiöser Praxis sind Ideologie. Modernisierung ist also eine schwierige hermeneutische Aufgabe zwischen Verherrlichung der Tradition und dem Versuch, die kulturelle Einbettung überhaupt zugunsten einer totalen sozialen Konstruktion einer totalitären und geschichtslosen Gesellschaft ausschalten zu wollen. Eine selbstkritische Hermeneutik der Modernisierung setzt dabei Experten voraus, die sich Kompetenzen im transkulturellen Dialog und in entsprechenden Projekten erarbeitet haben. Die soziale Anerkennung als Experten ist demgegenüber der zweite, weniger wichtige Schritt.

Ein Fehler des im Objektivismus und Positivismus zentrierten Modells europäischer Modernisierung besteht darin, Religion grundsätzlich mit Ideologie identifiziert und als fortschrittsfeindlich deklariert zu haben. Aus diesem Grunde meinte man, in kulturellen Fragen nicht mehr genau hinschauen zu müssen und auf die Analyse der kulturellen Einbettung beim Technologietransfer verzichten zu können. Diese Grundhaltung des Kolonialismus und seiner Nachfolger hat zu einer massiven Verschärfung ökologischer und sozialer Probleme der Entwicklungsländer geführt. In diesem Zusammenhang hat gerade der Philosoph die Aufgabe, weltweit die Rolle eines sorgfältigen Hermeneuten technologischer und kultureller Modernisierung anzunehmen und wahrzunehmen. Denn die Diskrepanz zwischen ideologischer Traditionsverhaftetheit und ideologischer antireligiöser Agitation lässt sich vielleicht nur hermeneutisch auflösen. Denn warum sollte man sich nicht von einem kosmischen Gesamtzusammenhang her verstehen? Nur weil wir Europäer den atomistisch-individualistischen Weg gegangen sind und missionarisch vorantreiben? Die missionarischen Modernisierer sind eine Gefahr für die Modernisierung. Nachholende Industrialisierung erscheint immerhin in gewissen Grenzen realisierbar, Modernisierung hingegen nicht. Der Kern der Konzeption kultureller Modernisierung besteht in der Realisierung von Langzeitverantwortung.

Wer also für Technologietransfer, nachholende Industrialisierung oder Modernisierung plädiert, sollte sich fragen, wozu im Empfängerland eine Technologie oder eine Institution gebraucht wird. Technologien oder Institutionen als reine Demonstration ökonomischer oder politischer Macht sind nicht ohne Risiken, denn sie bringen Prestige auch für das transferierende Unternehmen oder Land verbunden. Daher haben die Geberländer oft ein unverhältnismäßig größeres Interesse an Technologie- und Kulturtransfer als die Empfängerländer. Also werden riskante Formen von Technologietransfer durchgeführt, deren Nutzen zweifelhaft ist. Aber auch hier sind Zweifel nicht unangebracht, denn es gibt keine allseits anerkannten Kriterien für Nutzen und seine Bewertung, so dass es im vorhinein schwierig ist, gegen derartige Formen von Technik- und Kulturtransfer zu argumentieren.

Ist das nun als Plädoyer für Modernisierung und Technologietransfer zu werten? Ich glaube: nein. Technologietransfer gibt es nun zweifelsohne nicht nur zwischen Industrienationen und sich entwickelnden Ländern, sondern auch zwischen technisch entwickelten Ländern mit unterschiedlichen Technik- und Ingenieurkulturen. Untersucht sind vor allem us-amerikanische, englische, französische und deutsche Technikkulturen. Diese national unterschiedlichen Technologiekulturen machen trotz aller Eigentümlichkeiten Technologietransfer nicht unmöglich. Sicher ist auch hier die Anfangsphase oft schwierig, weil noch nicht für alle Bereiche technische Normierungen eingeführt wurden. Die globale technologische Standardisierung und Normierung ist daher eine unabdingbare Voraussetzung für technische Globalisierung. Sie wird aber regionale unterschiedliche (nationale) Technologiestile nicht ausschließen, sondern sogar fördern. Dieses müssen wir Europäer letztlich anerkennen und beginnen, uns für die anderen technologischen Kulturen zu interessieren und diese nicht ständig herabzuwürdigen.

Trotz dieser globalen gemeinsamen standardisierten Technikkultur werden sich regionale Technik- und Ingenieurskulturen herausbilden. Diese sind bislang außer für die klassischen Technologieländer zwar noch nicht in ausreichendem Maße untersucht, aber dies wird sich im Zeichen einer Globalisierung der Technikphilosophie ändern müssen. Zu den bisher untersuchten Ingenieurskulturen sind Arbeiten zur japanischen, koreanischen, chinesischen, indischen und indonesichen Technikphilosophie erforderlich, die um weitere südostasiatische, südamerikanische und afrikanische Varianten ergänzt werden müssten. Regionale oder nationale Technikkulturen konstituieren sich durch spezifische kulturbedingte Bedürfnisse wie Ressourcenangebote wie durch eigentümliche Entwicklungspfade und Lösungstraditionen für bestimmte technische Probleme. Wir Europäer sollten diese Anerkennungsleistung aufbringen, denn inzwischen gibt es nicht unerhebliche Formen des Technologietransfers insbesondere aus Südostasien.

Technologie- wie Kulturtransfer schaffen Formen einer zwar begrenzten, aber dennoch gemeinsamen Praxis, die nicht immer gelingt. Er sollte auf seine Durchführungsbedingungen hinterfragt werden, um die Möglichkeiten seines Gelingens zu erhöhen. Die Regionalanpassung von Technologien lässt sich verstehen als Generierung neuer Entwicklungspfade aufgrund von Verflechtungsprozessen von Zielvorstellung, Lösungswegen und Erfindungen. Eine einheitliche weltweite Technikkultur wird es nicht geben, obwohl sie zumindest in gewissen Grenzen angesichts fundamentaler Risiken wenigstens bestimmter Technologien, die sich nicht regionalisieren lassen, in gewisser Weise wünschenswert wäre. Eine Modernisierung in einem umfassenden Sinn, wie heute noch häufig unterstellt, wird es nicht geben, wohl aber eine weitere umfassende Technologisierung. Der Einfluss kultureller Einbettungsfaktoren wird sich in der Ausprägung regionaler bzw. nationaler Technologiestile manifestieren und die Thesen einer Regionalisierung in der Globalisierung in gewisser Weise bestätigen. Damit bleibt zu erwarten, dass Technologietransfer auch in Zukunft gleich in welcher Richtung riskant und prekär bleibt und auch weiterhin vom Kulturtransfer unterschieden werden muss, wenn auch nicht völlig davon abgekoppelt werden kann. Modernisierung insgesamt bedarf einer neuen Ausrichtung, neuer Utopien, die vom Geist der Nachhaltigkeit und der Langzeitverantwortung inspiriert sind. Eine solche Konzeption gilt für den industrialisierten Westen genauso wie für die sich entwickelnden Länder. Hierfür ist ein Technologie- und Kulturtransfer erforderlich möglichst ohne ideologische Verkürzungen.

Literatur

Adeney, B. 1995; Strange virtues. Ethics in a Multicultural World; Illinios
Agassi, J. 1985: Technology. Philosophical and Social aspects; Dordrecht u.a.
Alvares, C. A. 1979: Homo Faber. Technology and Culture in India, China and the West 1500 bis 1972; Bombay u.a.
Anantharaman, T. R. 1996: The rustless wonder. A study of the iron pillar at Delhi; New Delhi
Auer, M. 2000: Transferunternehmertum. Erfolgreiche Organisation des Technologietransfers; Wiesbaden
Banerjee, M., B. Goswami 1994: Science and technology in ancient india; Calcutta
Bareau, A. u.a. 1964 : Die Religionen Indiens III; Buddhismus, Jinismus, Primitivvölker ; Stuttgart
Batchelor, M., K. Brown 1994: Buddhismus and Ecology; New Delhi (London [1]1992)
Bauer, H. J., B. Hallier 1999: Kultur und Geschichte des Handels; Köln
Baumgartner, H. M., B. Irrgang: (Hg.) Am Ende der Neuzeit? Die Forderung eines fundamentalen Wertewandels und ihre Probleme; Würzburg 1985
Beck, U. 1998: Was ist Globalisierung? Irrtümer des Globalismus – Antworten auf die Globalisierung; Frankfurt [1]1997; [4]1998
Beck, U., W. Bonß 2001: (Hg.) Die Modernisierung der Moderne; Frankfurt
Becker, J. 2004: Chinas 1000 Sorgen. Mehr Geld, mehr Konsum, mehr Probleme. Und kaum Lösungen in Sicht; in: National Geographic Deutschland 3/2004, 114-141
Becker, R. 1990: Handel und Kultur in Asien, dargestellt anhand von Reiseberichten des 19. Jahrhundert – eine historische Untersuchung; Masch. Diss. Dresden
Birg, H. 1996: Die Weltbevölkerung. Dynamik und Gefahren; München
Birnbacher, D. 1988: Verantwortung für zukünftige Generationen; Stuttgart
Birnbacher, D. 1997: Ökophilosophie; Stuttgart
Bose, D. N. 1971: (Hg.) A concise history of science in India; New Delhi
Brackert, H., F. Wefelmeyer 1984: Naturplan und Verfallskritik. Zu Begriff und Geschichte der Kultur, Frankfurt
Bräuer, W. u.a. 1999: Ökonomische Aspekte internationaler Klimapolitik. Effizienzgewinne durch Joint Implementation mit China und Indien; Heidelberg
(Stiftung) Brandenburger Tor 2002: (Hg.) Technikkultur. Von der Wechselwirkung der Technik mit Wissenschaft, Wirtschaft und Politik; Berlin
Braunfels, M. 1964: Einbruch der Technik in die Kunst; in: A. Spitaler u. A. Schieb: Wissen und Gewissen in der Technik, Graz/Wien/Köln, 228-248

Breinig, H. 1990: (Hg.) Interamerikanische Beziehungen. Einfluss – Transfer – Interkulturalität; Frankfurt
Brocker, M., H. H. Nau 1997: (Hg.) Ethnozentrismus. Möglichkeiten und Grenzen des interkulturellen Dialogs; Darmstadt
Brown, L. u.a. 2000: Wie viel ist zu viel? Dimensionen der Bevölkerungsentwicklung; Stuttgart
Bükemeier, R. 2003: Im Palast zum purpurnen Himmel; in: Geo 10/2003, 118-138
Callicott, J. B., R. T. Ames 1989: Nature in Asian Tradition of Thought. Essays in Environmental Philosophy; New York
Camby, C. 1963: Geschichte der Waffe. Landsberg am Lech
Camerling, E. 1928: Über den Ahnenkult in Hinterindien und auf den großen Sunda-Inseln; Rotterdam
Certeau, M. de 1984: The practics of everyday life; übersetzt durch S. Rendall; Berkeley u.a.
Chakraborty, R. 1999: Wachstum, Umweltschäden und Einkommensverteilung in Entwicklungsländern. Das Beispiel Indien; Darmstadt
Chen, E. 1994: (Hg). Technology transfer to developing countries; London New York
Chinesische Akademie der Wissenschaften 1989: (Hg) Wissenschaft und Technik im alten China; übersetzt von K. Zhao; (^{1}1978); Basel/Boston/Berlin
Choi, Ch. 1992: Study of How Koreans View and Utilize Nature; Korea Journal, Winter 1992, 26-46
Corona, N.; B. Irrgang 1999: Technik als Geschick? Geschichtsphilosophie der Technik; Dettelbach
Crosby, A. W. 1991: Die Früchte des weißen Mannes. Ökologischer Imperialismus 900-1900; aus dem Englischen von N. Kadritzke, Darmstadt
De Santis, St. 1995: Nature and Man. The Hindu perspectives; Varanasi
Deutscher Bundestag 1990: Ökologie und Wachstum (Zur Sache 11/90); Bonn
Dosi, G. 1984: Technical Change and Industrial Transformation. The Theory and an Application to the Semiconductor Industry; Houndsmills
Düttmann, A. G. 1997: Zwischen den Kulturen. Spannungen im Kampf um Anerkennung; Frankfurt
Durbin, P. 1989: Philosophy of technology. Practical, historical and other dimensions; Dordrecht u.a.
Eichhorn, W. 1973: Die Religionen Chinas; Stuttgart u. a.
El Shagi, E. S. 1989: Bevölkerungsproblem und wirtschaftliche Entwicklung in der Dritten Welt; in: Aus Politik und Zeitgeschichte B35 (1989) 25.8.1989, 34-46
Esser, J. u.a. 1998: (Hg.) Soziale Schließung im Prozess der Technologieentwicklung; Leitbild; Paradigma, Standard; Frankfurt, New York

Fang, W. 2004: Das Internet und China. Digital sein im Reich der Mitte; Hannover
Feenberg, A. 1991: Critical Theory of Technology; New York, Oxford
Feigenbaum, I. 2003 Chinas techno-warriors national Security and Strategic Competition from the Nuclear to the Information Age; Stanford
Friedmann, Th. L. 1999: Globalisierung verstehen. Zwischen Marktplatz und Weltmarkt; Berlin
Frohn, B., H.-H. Rhyner 1999: Vastu. Die indische Lehre vom gesunden Bauen und Wohnen; München
Geertz, C. 1969: Religion as cultural system; In: Michael Banton: (Hg.) Anthropological approaches to the study of religion; London, 1-46
Geertz, C. 1994: Dichte Beschreibung. Beiträge zum Verstehen kultureller Systeme. Übersetzt von B. Luchesi u. R. Bindmann; Frankfurt
Gellert, J. 1987: China – Natur und Umwelt; Gotha
Gethmann, C. F. u.a. 1993: Langzeitverantwortung im Umweltstaat; Bonn
Gethmann, C. F., G. Kamp 2000: Gradierung und Diskontierung bei der Langzeitverpflichtung; in: D. Birnbacher, G. Pudermüller (Hg.) Zukunftsverantwortung und Generationensolidarität; Würzburg; 137-153
Geyer, C.-F. 1994: Einführung in die Philosophie der Kultur; Darmstadt
Giddens, A. 1988: Die Konstitution der Gesellschaft. Grundzüge einer Theorie der Strukturierung; Frankfurt, New York
Gil, Th. 1992: Kulturtheorie. Ein Grundmodell praktischer Philosophie [1]1990; Frankfurt/M
Glaeser, B. 1994: Umwelt und Entwicklung in China: Zwischen Tradition und Moderne; Wissenschaftszentrum Berlin für Sozialforschung; Berlin
Gouda, J. 1963: Die Religionen Indiens, Band 2: Der Jüngere Hinduismus; Stuttgart
Grove, R. 1996: Green imperialism. Colonial expansion, tropical island, and the origins of environmentalism, 1600-1860; Cambridge
Grunwald, A.; St. Saupe 1999: Ethik in der Technikgestaltung. Praktische Relevanz und Legitimation; Berlin u.a.
Habermas, J. 1988: Der philosophische Diskurs der Moderne; Frankfurt
Hägermann, D., H. Schneider 1991: Landbau und Handwerk 750 v. Chr. bis 1000 nach Chr.; W. König (Hg.) Propyläen Technikgeschichte Band 1 Berlin
Hanig, F. 2002: Die Turbo-Cities; in: Geo 10/2002, 69-90
Hedström, I. 1990: Umweltzerstörung. Eine Herausforderung für die Befreiung der Länder der Dritten Welt; in: Forum für Interdisziplinäre Forschung 2/1990, 23-29
Heimbach-Steins, M. 2002: Bildung für die Weltgesellschaft. Sozialethische Sondierungen; in: Stimmen der Zeit 220, 371-382

Hein, W. 1990: Umweltzerstörung und Abhängigkeit. Die externen Ursachen ökologischer Probleme der Entwicklungsländer; in: Forum für Interdisziplinäre Forschung 2/1990, 11-22

Helmschrott, H. 1986: Technologietransfer und industrielle Forschung und Entwicklung in der Dritten Welt unter besonderer Berücksichtigung von Indien und Südkorea; München u.a.

Hensing, I. u.a. 1998: Energiewirtschaft. Einführung in Theorie und Politik; München, Wien

Hermeking, M. 2001: Kulturen und Technik. Techniktransfer als Arbeitsfeld der interkulturellen Kommunikation. Beispiele aus der arabischen, russischen und lateinamerikanischen Region; Münster u.a.

Höckmann, O. 1985: Antike Seefahrt; München

Höfer, A. u.a. 1975: Die Religionen Südostasiens; Stuttgart u.a.

Hohmann, H. 1989: Die Entwicklung der internationalen Umweltpolitik und des Umweltrechts durch internationale und europäische Organisationen; in: Aus Politik und Zeitgeschichte B47-48 (1989) vom 17.11.1989, 29-45

Hubig, Ch. 2000: Studie nicht-explizites Wissen: Noch mehr von der Natur lernen, Stuttgart 2000

Hughes, Ch., G. Wacker 2003: (Hg.) China and the Internet. Politics of the digital leap forward; London/New York

Huisinga, R. 1996: Theorien und gesellschaftliche Praxis technischer Entwicklung. Soziale Verschränkungen in modernen Technisierungsprozessen; Amsterdam

Ihde, D. 1993a: Philosophy of Technology. An introduction; New York

Ihde, D. 1993b: Postphenomenology. Essays in the postmodern context; Evanston

Irrgang, B. 1989: Ethische Implikationen globaler Energieversorgung; Stimmen der Zeit 207, 607-620

Irrgang, B. 1992: Christliche Umweltethik. Eine Einführung; München, Basel

Irrgang, B. 1994: Gerechtigkeit als Grundlage einer internationalen Umweltpolitik; in: Sozialwissenschaftliche Informationen 23 (1994), I, 40-49

Irrgang, B. 1996a: Von der Technologiefolgenabschätzung zur Technologiegestaltung. Plädoyer für eine Technikhermeneutik; in: Jahrbuch für Christliche Sozialwissenschaften 37, 51-66

Irrgang, B. 1996b: Die ethische Dimension des Nachhaltigkeitskonzeptes in der Umweltpolitik: in: Ethica 4 (1996) H. 3, 245-264

Irrgang, B. 1998: Praktische Ethik aus hermeneutischer Perspektive; Paderborn

Irrgang, B. 1999a: Globalisierung der technologisch-ökonomischen Entwicklung und die Wiederkehr des Verantwortungssubjektes; in: H.-G. Gruber, B. Hintersberger (Hg.) Das Wagnis der Freiheit. Theologische Ethik im interdisziplinären Gespräch. Johannes Gründel zum 70. Geburtstag; Würzburg 1999, 343-353

Irrgang, B. 1999b: Gemeinwohl geht vor Eigennutz. Eine Auseinandersetzung mit dem Kommunitarismus; in: P. Fonk, U. Zelinka (Hg.): Orientierung in pluraler Gesellschaft. Ethische Perspektiven an der Zeitenschwelle. Festschrift zum 70. Geburtstag von Bernhard Fraling; Freiburg, Freiburg, Wien 1999, 149-164
Irrgang, B. 1999c: Nachhaltigkeit als Leitbild für Grüne Gentechnik? in: Dirk Harreus (Hg.) Gentechnologie. Fakten und Meinungen zum Kernthema des 21. Jahrhunderts; Berlin 1999, 146, 195-210, 241f
Irrgang, B. 2000: Technological Development and social progress; in: Instituto del Filosofia Pontificia Universidad Catolica de Chile; Seminarios de Filosofia 12/13 (1999/2000), 41-52
Irrgang, B. 2001a: Lehrbuch der Evolutionären Erkenntnistheorie; ([1]1993) München, Basel
Irrgang, B. 2001b: Technische Kultur. Instrumentelles Verstehen und technisches Handeln; (Philosophie der Technik Bd. 1) Paderborn
Irrgang, B. 2002a: Technische Praxis. Gestaltungsperspektiven technischer Entwicklung; (Philosophie der Technik Bd. 2); Paderborn 2002
Irrgang, B. 2002b: Technischer Fortschritt. Legitimitätsprobleme innovativer Technik; (Philosophie der Technik Bd. 3); Paderborn 2002
Irrgang, B. 2002c: Natur als Ressource, Konsumgesellschaft und Langzeitverantwortung. Zur Philosophie nachhaltiger Entwicklung; Technikhermeneutik Band 2; Dresden 2002
Irrgang, B. 2003a: Technologietransfer transkulturell als Bewegung technischer Kompetenz am Beispiel der spätmittelalterlichen Waffentechnologie; in: Wissenschaftliche Zeitschrift der Technischen Universität Dresden 52 (2003) Heft 5/6, 91-95
Irrgang, B. 2003b: Von der Mendelgenetik zur synthetischen Biologie. Epistemologie der Laboratoriumspraxis Biotechnologie; Technikhermeneutik Bd. 3; Dresden
Janich, P. 1998, Die Struktur technischer Innovationen; in: D. Hartmann u. P. Janich (Hg.): Die kulturalistische Wende. Zur Orientierung des philosophischen Selbstverständnisses; Frankfurt 129-177
Janich, P. 2003: Technik und Kulturhöhe in: A. Grunwald (Hg.), Technikgestaltung zwischen Wunsch und Wirklichkeit, Berlin u.a., 91-104
Jauss, H. R. 1971: Artikel antiqui/moderni; in HWP 1, 410-414
Jonietz, T. 1999: Technologieinduzierter Aspekt des weltwirtschaftlichen Strukturwandels. Dargestellt am Beispiel der lateinamerikanischen Schwellenländer; Frankfurt
Karberg, S., C. Wessling 2005: Chinas Zukunftskloner; Technology Review 6/2005, 44-58
Kaster, H. 1986: Die Weihrauchstraße. Handelswege im alten Orient; Frankfurt

Katz, Ch. u.a.1995: (Hg.) TA-Projekt „Auswirkungen moderner Biotechnologien auf Entwicklungsländer und Folgen für die künftige Zusammenarbeit zwischen Industrie- und Entwicklungsländern; TAB-Arbeitsbericht Nr. 34; Bonn
Kim, S.-S. 1980: Die Tonghak-Bauernbewegung in Korea; Diss. Frankfurt
Kessler, H. 1996: Ökologisches Weltethos im Dialog der Kulturen und Religionen, Darmstadt
Klemm, F. 1999: Geschichte der Technik. Der Mensch und seine Erfindungen im Bereich des Abendlandes; Stuttgart, Leipzig ^{4}1999
Korf-Breitenstein, S. 1995: Menschliche Lebenswelt und technischer Fortschritt. Zur Analyse der technischen Moderne bei Jürgen Habermas; Hamburg
Kramer, G. 1995: Berthold Schwarz. Chemie- und Waffentechnik im 15. Jahrhundert; München
Kristeller, P. O. 1951: The Modern System of the Arts: A study in the history of Aesthetics; in: Journal of History of Ideas 12 (1951), 496-527
Krull, W. 2000: (Hg.) Zukunftsstreit; Weilerswist
Kolb, G. 1983: Kompendium Didaktik Arbeit-Wirtschaft-Technik. Wirtschafts- und Arbeitslehre; München
Koslowski, P. 2001: Natur und Technik in den Weltreligionen, München
Koslowski, P., K. Röttgers 2002: Transkulturelle Wertekonflikte, Hagen
Kurzweil, R. 1993: KI – Das Zeitalter der künstlichen Intelligenz. Aus dem Amerikanischen übersetzt von S. Göttler, V. Koch und E. Heinemann; München
Landes, D. S. 1973: Der entfesselte Prometheus. Technologischer Wandel und industrielle Entwicklung in Westeuropa von 1750 bis zur Gegenwart; Köln
Latour, B. 1987: Science in Action; Cambridge Mass.
Laudan, R. 1984: (Hg.) The Nature of Technological Knowledge. Are Modells of Scientific Change Relevant? Dordrecht u.a.
Leeuw, G. van der 1970: Phänomenologie der Religion ^{3}1970; Tübingen
Lenk, H. 1994: Macht und Machbarkeit der Technik; Stuttgart
Lenk, H. 1998: Konkrete Humanität: Vorlesungen über Verantwortungen und Menschlichkeit; Frankfurt
Leuenberger, Th. 1990: (Hg.) From Technology Transfer to Technology Management in China; Berlin u. a.
Ludwig, K.-H., V. Schmidtchen 1992: Metalle und Macht 1000-1600; W. König (Hg.) Propylen Technikgeschichte Band 2; Berlin
Magnis-Suseno, F. von 1990: Neue Schwingen für Garuda. Indonesien zwischen Tradition und Moderne; München
Mall, R. A. 1995: Philosophie im Vergleich der Kulturen. Interkulturelle Philosophie - eine neue Orientierung; Darmstadt
Mall, R. A., N. Schneider 1996: (Hg.) Ethik und Politik aus interkultureller Sicht. Studien zur interkulturellen Philosophie 5; 1996
Matthes, J. 1992: (Hg.) Zwischen den Kulturen? Die Sozialwissenschaften vor dem Problem des Kulturvergleichs; Göttingen

Mc Cracken, G. 1988: Culture and Consumption. New Approaches to the Symbolic Character of Consumer Goods and Activities; Bloomington/Indianapolis
Menck, K. W. 1981: Technologietransfer in Entwicklungsländer – der Beitrag deutscher Unternehmen; Hamburg
Mitcham, C. 1994: Thinking through technology. The path between engineering and philosophy; Chicago London
Mokre, M. 2000: (Hg.) Imaginierte Kulturen – reale Kämpfe. Annotationen zu Huntingtons „Kampf der Kulturen"; Baden-Baden
Morton, J. A. 1971: Organizing for innovation; A Systems Approach to Technical Management; New York u.a.
Moßmann, P. 1989: Selbsthilfe in der Dritten Welt. Für Armutsgruppen oder Staatsapparate? in: Aus Politik und Wissenschaft B35/25. 8. 1989, 3-11
Münch, R.: 1994: Das Dilemma der Umweltpolitik. Die Rückkehr der Verteilungskonflikte; in: Aus Politik und Wissenschaft B37/ 16. 9. 1994, S. 3-10
Mukerji, Ch. 1983: From graven's images. Patterns of modern materialism; New York
Needham, J. 1993: Wissenschaftlicher Universalismus. Über Bedeutung und Besonderheit der chinesischen Wissenschaft. Ed. Von T. Spengler; Frankfurt
Neuner, J. 1964: Der Hinduismus im Ansturm der technischen Welt; in: A. Spitaler u. A. Schieb (Hg.): Wissen und Gewissen in der Technik; Graz/Wien/Köln 1964, 137-169
Niekisch, S. 2002: Kolonisation und Konsum. Kulturkonzepte in Ethnologie und Cultural Studies; Bielefeld
Nuscheler, F. 1996: Lern- und Arbeitsbuch Entwicklungspolitik [1]1992, Bonn
Ogburn, W. 1969: Kultur und sozialer Wandel. Ausgewählte Schriften; ed. von O. D. Duncan; Neuwied, Berlin
Osterhammel, J. 1995: Kolonialismus. Geschichte – Formen – Folgen; München
Pauer, Erich 1992: (Hg.) Technologietransfer Deutschland - Japan von 1850 bis zur Gegenwart; München
Paulinyi, A. 1989: Industrielle Revolution. Vom Ursprung der modernen Technik; Reinbek
Paulus, St. 1992: Klimakonvention und nationale Energiepolitik: Das Beispiel Indien; WZB F S II 92-401; Berlin
Perpeet, W. 1976: Art. Kultur, Kulturphilosophie; in: HWP (Historisches Wörterbuch der Philosophie, ed. H. Ritter und K. Gründer, Basel 1972ff) Bd. 4, 1309-1326
Petrowski, H. 1992: To engineers is human: The role of failure in successful design; ([1]1982); New York
Petschow, U. u.a. 1998: Nachhaltigkeit und Globalisierung. Herausforderungen und Handlungsansätze; Berlin u.a..
Pfeiffer, W. 1971: Allgemeine Theorie der technischen Entwicklung als Grundlage einer Planung und Prognose des technischen Fortschritts; Göttingen

Picht, G. 1959: Technik und Überlieferung. Die Überlieferung der Technik, die Autonomie der Vernunft und die Freiheit des Menschen; Hamburg
Pickering, A. 1992: (Hg.) Science as practice and culture; Chicago, London
Polanyi, M. 1998: Personal knowledge. Towards a Post-Critical Philosophy; ¹1958
Popplow, M. 2004; Die Emanzipation der Technik. Zwischen Gelehrten und Handwerkern entstand eine technische Intelligenz, die vor allem an Großprojekten ihr Rüstzeug entwickelte; in: Spektrum der Wissenschaft Spezial: Forschung und Technik in der Renaissance 10/2004, 2-5
Quaisar, A. J. 1998: The indian response to european technology and culture (1498-1707); Dehli u.a.
Rahman, A. 2000: (Hg.) History of Indian science, technology and culture AD 1000-1800; Oxford
Rapp, F. 1978: Analytische Technikphilosophie; Freiburg, München
Reile, H. 1988: Theorie und Praxis des internationalen Technologietransfers: Das Beispiel Indien; Regensburg
Reimann, H. 1992: (Hg.) Transkulturelle Kommunikation und Weltgesellschaft. Zur Theorie und Pragmatik globaler Interaktion; Opladen
Rendtorff, T. 1982: Strukturen und Aufgaben technischer Kultur; in: D. Rössler, E. Lindenlaub (Hg.) Möglichkeiten und Grenzen der technischen Kultur, Stuttgart, New York, 9-21
Renn, O., B. Rohrmann 2000: Cross-cultural risk perception. A. Survey of empirical studies; Boston London
Rescher, N. 1980: Unpopular Essays on Technological Progress; Pittsburgh
Robertson-Wensauer, C. 1993: (Hg.) Multikulturalität-Interkulturalität? Probleme und Perspektiven einer multikulturellen Gesellschaft; Baden Baden
Roetz, H. 1984: Mensch und Natur im alten China; Franktfurt, Bern, New York
Roetz, H. 1992: Die chinesische Ethik der Achsenzeit; Frankfurt
Roetz, H. 1995: Konfuzius; München
Rothermund, D. 1995: Indien. Kultur, Geschichte, Politik, Wirtschaft, Umwelt. Ein Handbuch; München
Rottenburg, R. 1994: „We have to do business as business is done!" Zur Aneignung formaler Organisation in einem westafrikanischen Unternehmen; in: Historische Anthropologie; Kultur; Gesellschaft; Alltag 2 1994/2 265-286
Roy, Biren, 1999: Mahabharata. Indiens großes Epos; aus dem Sanskrit übers. u. zusammengefasst v B. Royon; Köln
Sahai, B. 1996: Indian Shipping: A historical survey; Delhi
Sahlins, M. 1994: Kultur und praktische Vernunft; übersetzt von B. Luchisi (¹1976); Frankfurt
Samartha, S. J., L. de Silva 1979: Man in Nature. Guest or Engineer? A Preliminary Enquiry by Christians ans Buddhists into the religious Dimensions in Humanity's Relation to Nature; Colombo

Schmidt, G. 1989: Der europäische Imperialismus; München
Schneider, H. 1992: Einführung in die antike Technikgeschichte; Darmstadt
Schnell, Wu. 2000: Technik und Technikbegriff in der Volksrepublik China; Berlin
Segal, H. 1994: Future imperfect. The mixed blessings of technology in America; Boston
Simmel, G. 1911: Philosophische Kultur. Gesammelte Essais; Leipzig
Simmel, G. 1993: Das Individuum und die Freiheit. Essais; Frankfurt am Main
Simondon, G. 1969: Du Mode d'Existence des Objets Techniques; Paris
Spektrum 3/1996: Spektrum der Wissenschaft, Sonderheft 3/96: Dritte Welt
Spektrum 5/1996: Spektrum der Wissenschaft, Sonderheft 5/1996: Perspektiven für die Energie der Zukunft
Spektrum 2/1997: Spektrum der Wissenschaft, Sonderheft 2/1997: Welternährung
Spengler, T. 1993: Joseph Needham wissenschaftlicher Universalismus. Über Bedeutung und Besonderheit der chinesischen Wissenschaft; Frankfurt
Spring, D. u. E. 1974: Ecology and religion in history; New York u.a.
Stahl-Rolf, S. R. 2002: The role of culture in the process of technical change; Diskussionspapier der Universität Witten-Herdecke Nr 99; Witten-Herdecke
Stengers, I. 2000: The invention of modern science; übers. by D. Smith; Minneapolis, London
Stöcklein, A.; Rassem, M. 1990: (Hg.) Technik und Religion; Düsseldorf 1990
Stockmann, R., W. Gaebe, 1993: (Hg.) Hilft die Entwicklungshilfe langfristig?; Opladen
Subramanian, B. 2003: Anarchist apartheid towards a study of the Weltanschauung of Indian unipluralism; in; Yearbook of the Goethe society of India 2001/2002, 3-26
Szallies, R., G. Wiswede 1990: (Hg.) Wertewandel und Konsum. Fakten, Perspektiven und Szenarien für Markt und Marketing. Landsberg/Lech
Tiles, J. E. 1993: Experiment as Intervention; in: The British Journal for the philosophy of science 44 (1993), 463-475)
Toulmin, St. 1983: Kritik der kollektiven Vernunft. Übersetzt von H. Vetter; Frankfurt (^{1}1972)
Toulmin, St. 1994: Kosmopolis: Die unerkannten Aufgaben der Moderne; Frankfurt
Weidner, H. 1989: Die Umweltpolitik der konservativ-liberalen Regierung. Eine vorläufige Bilanz; in: Aus Politik und Zeitgeschichte B47-48 vom 17.11.1989, 16-28
Weizsäcker, E. U. von 1990: Erdpolitik. Ökologische Realpolitik an der Schwelle zum Jahrhundert der Umwelt; Darmstadt

White, L. 1994: The historical roots of our ecologic crisis; in: L. Gruen, D. Jamieson (Hg.): Reflecting on nature. Readings in environmental philosophy; New York, Oxford, 5-14

Winner, L. 1992: Autonomous technology. Technics-out-of-control as a theme in political thought; Cambridge Mass. 1992; ¹1977

Wöhlcke, W. 1990: Umweltzerstörung in den Entwicklungsländern und Probleme der umweltorientierten Entwicklungspolitik; in: Forum für Interdisziplinäre Forschung 2/1990, 3-10

Young, R. 1995: Colonial desire. Hybridity in theory, culture and race; London, New York

Zilleßen, H. 1988: Die normativen Voraussetzungen der Umweltpolitik. Zur Wiederannäherung von Ethik und Politik; Aus Politik und Zeitgeschichte B 27/88, 3-14

Zimmerli, W. Ch.1989: Technik als Natur des westlichen Geistes; in: H.-P. Dürr, W. Ch. Zimmerli (Hg.); Geist und Natur. Über den Widerspruch zwischen naturwissenschaftlicher Erkenntnis und philosophischer Welterfahrung; München 1989, 389-409

Zimmerli, W. 1997: Technologie als ‚Kultur'; Hildesheim

Zhou, D. 1994: Umweltverträglichkeitsprüfung in der VR China; mit sieben Fallstudien; Berlin

Zinn, K. G. 1989: Kanonen und Pest. Über die Ursprünge der Neuzeit im 14. und 15. Jahrhundert; Opladen

Dresden Philosophy of Technology Studies
Dresdner Studien zur Philosophie der Technologie

Edited by/Herausgegeben von Bernhard Irrgang

Vol./Bd. 1   Bernhard Irrgang: Technologietransfer transkulturell. Komparative Hermeneutik von Technik in Europa, Indien und China. 2006.

www.peterlang.de

Hans-Martin Gerlach / Andreas Hütig / Oliver Immel (Hrsg.)

Symbol, Existenz, Lebenswelt

Kulturphilosophische Zugänge zur Interkulturalität

Frankfurt am Main, Berlin, Bern, Bruxelles, New York, Oxford, Wien, 2004.
191 S., 1 Graf.
Daedalus. Europäisches Denken in deutscher Philosophie.
Verantwortlicher Herausgeber: Hans-Martin Gerlach. Bd. 16
ISBN 3-631-52201-0 · br. € 39.–*

Kulturelle und religiöse Pluralität sind heute sowohl globale wie lokale Phänomene und gelten häufig als Ursache von Konflikten und Auseinandersetzungen. Auf der theoretischen Ebene treten damit Fragen des Verstehens und des Verhältnisses von Individuum und Kultur ins Zentrum des Interesses. In dieser Situation kann die Philosophie die begrifflichen und praktischen Probleme analysieren und Lösungswege skizzieren. Unter Rückgriff auf kulturphilosophische und kulturtheologische Positionen und unter Einbezug politologischer und ethnologischer Perspektiven werden hier verschiedene Zugänge zur Inter-kulturalität fruchtbar gemacht. Dabei werden grundlegende Fragen nach Begriff, Funktion und Bedeutung von Kultur diskutiert und mögliche Orientierungen in dem Problemfeld entworfen.

Aus dem Inhalt: Interkulturelle Philosophie · Kulturhermeneutik · Beiträge zu Nietzsche, Simmel, Husserl, Heidegger, Jaspers, Patoèka, Cassirer, Tillich, Geertz und Huntington · Philosophiehistorische Vorgeschichte des Problems

Frankfurt am Main · Berlin · Bern · Bruxelles · New York · Oxford · Wien
Auslieferung: Verlag Peter Lang AG
Moosstr. 1, CH-2542 Pieterlen
Telefax 00 41 (0) 32 / 376 17 27

*inklusive der in Deutschland gültigen Mehrwertsteuer
Preisänderungen vorbehalten
Homepage http://www.peterlang.de